新闻传播学术原创系列

编辑部场域中的新闻生产
——基于《南方都市报》的研究

张志安　著

復旦大學 出版社

目录

序：新闻生产社会学视角下的案例研究 ……………… 1
前言 ……………………………………………………… 1
第一章　场域理论：新闻生产研究的范式 …………… 1
　　第一节　核心问题、研究方法及意义 ………… 1
　　第二节　新闻生产：三种主要的研究取向 ……… 11
　　第三节　文献综述：新闻生产社会学研究 ……… 17
　　第四节　研究范式：布尔迪厄的场域理论 ……… 26
　　第五节　场域理论的运用意义及分析方法 ……… 37
第二章　发展历程：主流化及场域的历史建构 ……… 43
　　第一节　作为线索的自主性 …………………… 43
　　第二节　转向主流的发展历程 ………………… 47
　　第三节　主流的话语建构与转型动因 ………… 74
　　第四节　发展历程与社会控制的互动 ………… 85
　　第五节　场域的历史建构及结构特征 ………… 102
第三章　常规生产：理念、机制及编辑部场域 ……… 113
　　第一节　新闻理念与编辑流程 ………………… 113
　　第二节　常规生产的原则及策略 ……………… 126
　　第三节　常规生产与社会控制的互动 ………… 134
　　第四节　编辑部场域特征及生产惯习 ………… 148
第四章　时评：公众言说与精英启蒙的交响 ………… 157
　　第一节　时评发展轨迹及变化动因 …………… 158

第二节　编辑形态及生产机制 …………………… 172
　　第三节　时评生产中的社会控制 …………………… 182
　　第四节　南都时评的多重意义 ……………………… 192
　　第五节　时评场域与知识场域的互动 ……………… 208
第五章　深度报道：抵达真相的路径 …………………… 214
　　第一节　南都深度报道的发展轨迹 ………………… 216
　　第二节　生产理念、机制及报道特点 ……………… 223
　　第三节　个案分析："孙志刚事件"报道 …………… 236
　　第四节　深度报道与社会控制的互动 ……………… 250
　　第五节　深度报道的多重意义 ……………………… 269
结语：专业生产与公共传播 ………………………………… 276
参考文献 ……………………………………………………… 297
后记 …………………………………………………………… 313

序：新闻生产社会学视角下的案例研究*

2005年暑假，正在复旦大学新闻学院攻读博士的我，来到广州大道中289号的南方报业集团，进入南方都市报社进行实地观察，为博士论文收集一手数据。2006年6月，我的博士论文《编辑部场域中的新闻生产——〈南方都市报〉个案研究（1995—2005）》顺利通过答辩。我拿到传播学博士学位之后留在复旦大学新闻学院任教。2011年6月，我离开母校复旦大学，转至中山大学传播与设计学院任教，之后近水楼台，多次参加《南方都市报》组织的研讨会、论坛和活动。从学生到教师，我的目光始终追随着这份主流都市报的步伐，尽管近年来很少再写关于它的学术论文，但透过它去观察媒体转型和社会变迁的思考却从未停止。

为写这篇文章，我上中国知网的硕博士论文数据库，以"新闻生产"作为标题关键词检索了一下①。2005年，复旦大学洪兵博士的论文《转型社会中的新闻生产——〈南方周末〉个案研究（1983年—2001年）》是中文论文中第一篇聚焦"新闻生产"的研究生学位论文②。

---

* 本文首发于《新闻记者》2017年第5期。原文标题为《新闻生产社会学视角下的田野观察和案例研究——从博士论文〈编辑部场域中的新闻生产〉谈起》。
① 检索时间为2017年3月6日。
② 洪兵：《转型社会中的新闻生产——〈南方周末〉个案研究（1983年—2001年）》，复旦大学博士学位论文，2005年。

2005—2016年12年间,共有82篇硕士论文、11篇博士论文的标题中含有"新闻生产"。其中,拙作下载量5 575次,被引量98次,下载和被引次数均是第一。下载量排在第二、第三的论文分别有3 806次和3 461次,被引分别是11次和3次。这个数字多少让我有些欣慰,且不论质量高低,至少说明这篇博士论文在新闻生产社会学研究领域还有一些影响,对后来的研究者多少有点启发。

这篇论文应该是国内最早运用人类学的实地观察和深度访谈法来研究编辑部组织中新闻生产的学位论文。我的导师李良荣教授和几位评审专家在《评阅意见书》中都给予了不少肯定。李良荣教授说:"新闻生产过程及其产品具体而微地反映出一个传媒组织的内在文化、价值取向和一个国家的新闻政策,反映出一个国家内政府、市场、媒体三者的博弈关系。这篇论文以《南方都市报》为个案,考察新闻生产,这在新闻传播学研究中还是第一次,具有开拓性意义。"芮必峰教授说:"本篇论文是我读到的中国大陆学者中第一篇从编辑部组织层面研究新闻生产的学术论文……深入研究中国现实语境下的新闻生产的重要性和必要性应该说是不言而喻的。"黄旦教授认为,这篇论文"通过田野调查等方法,深入报纸内部,在掌握大量一手材料的基础上,把该报置于新闻生产与社会互动的脉络中进行分析,这种视野、取向、方法及其努力,在中国的新闻学研究中,具有开拓和创新的重大意义,十分值得赞许和充分肯定"。单波教授评价说:"这是一篇质量很高的博士学位论文,特别是文章中透露出的务实而又理想主义的研究气质令人欣赏。"

同时,专家们也指出了论文存在的缺憾。例如,一些分析不够透彻,"常用二手的结论来验证自己的材料,由此削弱了论文的理论深度","有些章节存在以'述'代'论'的现象,个别章节的理论概括不很明晰"。我也在《自评表》中这样总结论文的三点不足：一是，文章对《南方都市报》发展历程及一些报道个案的梳理，尚停留在叙述层面，未能深刻而清晰地揭示出背后的控制逻辑和力量关系；二是，"场域"概念所包含的权力关系、时空结构等理论意涵未能全面、有机地贯穿于各章的叙述与阐释中；三是，"厚重描述"与"理论阐释"之间的把握，在文中不少段落上有割裂感。

十多年之后，回过头来总结这篇博士论文的得与失，似乎有一种走得越远、看得越清的感觉。如同生活中的很多遭遇，若在当下，难免因为沉浸其中而过于兴奋，经历一些沧桑之后，回过头看便会有更深体味。2014年4月，我应南京大学新闻传播学院胡翼青教授之邀，做客该院的"博士之家"系列讲座。当时我的报告主题是《遗憾的起点》，主要从博士教育训练和个人精力分配的遗憾说起，总结了重新审视博士论文时所体验到的遗憾。现在，要对写作这篇论文的心得和感受做总结，最想谈的还是问题意识、研究方法和案例研究这三个话题。

一、研究对象与问题意识之间的逻辑

现在，我在指导博士生时，最强调"问题意识"。当年，我在自己做博士论文选题时，为了搞清楚什么是"问题意识"，却委实经历了一番痛苦的折磨，也走了一段弯路。

硕士阶段，我曾经对报业经营管理研究怀有兴趣，做了不少媒介营销的案例研究。博士开题时，就拟定了一个题目《新闻生产与报业组织管理——以编辑部为视角的研究》，研究问题初步确定为"如何寻求报业组织的价值目标与员工价值目标的一致性，从而达到上下一致（即组织目标与个人目标最大程度的协调），以提升报业组织内部管理的绩效"，研究对象选择的是解放日报报业集团下属的《新闻晨报》，当时这份报纸的影响和利润都颇为可观。拿着这个题目,去找导师,找黄旦、陆晔、孙玮等教授,几乎都被泼了冷水,普遍的反应是太过策略导向,而且媒介经济学视角的论文很难有理论创新,也抓不住"新闻生产"研究的重大问题。

一般来说,研究层次大体可以区分为描述、解释、应用和追问四个层次。描述,解决的是"是什么"的问题,要呈现研究对象的诸种特征;解释,解决的是"为什么"的问题,要辨析现象背后的影响变量和复杂机制;应用,解决的是"怎么办"的问题,要落脚于可操作的措施、有启发的建议;追问,解决的是"又怎样"的问题,即研究的终极意义和人文关怀。一项好的研究,应该着力于"为什么",能够在现象描述的基础上进行理论阐释,从中把握本质、找到规律。对照这四个维度,我的第一个题目基本只停留在"是什么"和"怎么办"的层面,显然理论不够有深度,研究不够有意义。

那段时间,真是非常痛苦,跟师长、跟室友反复讨论的就是"问题意识"。没有人给我标准答案,只是不断接受各种质疑:你的问题意识是什么?你这个选题有啥意义?你还没有找到研究问题……犹记某天晚上,我跟同宿舍的博士同学孙藜一起讨论,到底什么是"问题意识"。提对策,显然不是问题,因为谁能接受你的建议?没数据,显然无法成为问题,因为如何论证你的观点?缺对象,到哪里去收集有价值的材料?少概念,如何定义你的研究对象,又如何建立研究的学术框架?没理论,如何论述和展开你的观点,如何阐释和提炼你的研究?

我们的讨论大体达成了共识,好的社会科学研究,其"问题意识"大体包括这些要素:其一,具有典型意义的研究对象,既能够拿到鲜活的一手资料,还能在理论创新上有所突破;其二,高度契合且具有解释力的概念,能够"概念化"研究对象,并直接体现出理论视角和研究旨趣;其三,超越现象描述,追求阐释深度,能够在复杂现实的论证基础上提炼出规律,找出关键变量或揭示出深层机制,在认识现实和解释现实层面有所贡献①。

对照这些"问题意识"的要素,我的第二个论文选题确定为《编辑部场域中的新闻生产——〈南方都市报〉个案研究》,研究视角也完全从媒介经济学转移到新闻社会学,并大体形成了研究问题:选择具有代表性的《南方都市报》作为个案,考察其创办以来十年间的发展路径以及新闻生产的动态过程,从编辑部组织的视角来研究社会控制因素与媒介机构新闻生产的互动关系。

对比两个选题,其差异可以大体回应对"问题意识"的寻求。首先,相比《新闻晨报》市场化运营的成功,《南方都市报》在深度报道、新闻时评等方面具有更大作为,"孙志刚案"的报道更使其赢得专业口碑,构建起"一篇报道推动一项制度"的职业权威形象和品牌。研究前者,其意义落脚于提高编辑部组织的生产绩效;研究后者,其意义归结为对转型社会中编辑部生产机制的复杂呈现。显然,从新闻学研究的角度看,《南方都市报》比《新闻晨报》更加具有重要性。

其次,探讨《新闻晨报》如何提高其生产绩效,研究层次停留于"是什么"和"怎么办";探讨《南方都市报》新闻生产与社会控制之间的互动机制,并在此基础上阐释编辑部作为一个新闻场域,与

---

① 笔者曾与现任教于上海大学新闻与传播学院的孙藜教授交流,针对"问题意识",他建议新增一条:要把研究问题放在特定脉络下来看待。问题意识往往体现为核心概念、核心概念与其他概念之间的关系,也就是某个理论化的视角。但凡理论,就有着特定的本体预设,存在从不同出发点看待问题的不同视角,而每个视角在学术演进中都会形成若干的知识积累。所有这些,也就形成了对该研究问题进行探究的知识史或学术史的脉络。因此,好的问题意识还应该包含明确的自我反思,即对自己研究问题本身的反思,由此需要交代研究问题的来源、视角的特定性、概念和理论的依据,以及如何作出新的贡献。可见,好的问题意识离不开对学术史的考察,对代表性重要成果深入和充分的汲取。

国家、市场和社会之间的勾连,研究层次则上升到"为什么"层面,因此更加具有理论上追求深化的可能。而且,《南方都市报》所体现的传媒公共性,涵盖了从生产品质新闻到推动社会进步的角色担当,研究这个案例可以在人文关怀上更好地回应"又怎样"的问题。

再次,对我来说,媒介经营视角的研究,很难有新的理论开掘空间,在媒介经济学领域所能作出的贡献是非常有限的。而新闻生产社会学的理论路径,彼时在中国新闻学术界还相当陌生。20世纪70年代,一批美国社会学家进入媒介组织内部进行田野考察,研究新闻生产的"常规"、新闻建构社会现实的机制、新闻实践背后的社会文化意涵,盖伊·塔奇曼(Gaye Tuchman)的《做新闻》、赫伯特·甘斯(Herbert J. Gans)的《什么在决定新闻》等经典著作,还没有翻译成中文进入中国内地学术界。因此,采用人类学的方法,进入媒体组织内部进行考察,研究其新闻生产和社会变迁的关系,无论是方法运用还是问题意识,都具有一定的"拓荒"意义。

在这个领域,我读大学本科时的老师、同门师兄洪兵博士做了积极的尝试。他的博士论文《转型社会中的新闻生产——〈南方周末〉个案研究(1983年—2001年)》,将《南方周末》放在社会历史变迁的时空视角中,考察其从1983年试刊至2001年期间的新闻生产过程及其特点。他的论文视角相对宏观,切入点是整个报社组织,时间跨度也更长。《南方周末》作为强调调查性报道的精英报纸,其定位和特点决定其新闻生产更能体现出"鲜明的服务于公共利益的、参与式新闻业(participatory journalism)的特征"。

相比之下,我的论文选题更加中观,切入点是编辑部组织,时间跨度是10年。而且《南方都市报》的定位更加大众化而非精英化,以社会新闻为主,因此把研究问题更多聚焦在"新闻生产与社会控制的关系"上。正如我在研究内容中这样交代:"本文需要考察和展示社会控制因素和新闻生产在编辑部层面的互动关系,考察编辑部组织内外部的各种控制因素是如何体现在新闻生产的过程中,又是如何体现在个体、群体和编辑部组织的牵制和互动中。"

好的研究,其研究对象与问题意识之间必然紧密勾连。什么样特点的研究对象,往往决定其研究问题的方向;而研究问题的寻求,必然建立在研究对象的特定价值上。因此,研究对象和研究问题的内在逻辑似乎高度契合、密不可分。例如,《中国青年报》既有机关报的属性,又有大众化报纸的风格,研究这份报纸便很难跳开这种混合型组织文化的历史根源和影响因素;中央电视台是国家台,承担着宣传主流意识形态的职责,但又在频道制的运营和广告"标王"中获得巨大利润,其背后的国家权力与经济利润之间的资本转换便是无法回避的重要问题;《东方早报》和澎湃新闻经历了"由死向生"的传承关系,研究这个案例便有助于我们理解传统纸媒的融合发展及其背后相对彻底的数字化转型逻辑。

二、田野观察的主位和客位意识

2005年的《南方都市报》,是业界和学界关注的焦点。这份报纸的组织文化具有较强的专业性、自主性和开放性,一个博士生的"入场"并没有碰到什么大困难。唯一的挑战来自研究者自己,即我的方法论准备是不足的,没有接受过系统的民族志方法训练,主要还是凭着学新闻专业积累的观察能力,做了大量媒体人深度访谈后强化的沟通能力,以及较早在网络公司从业时练下的打字速度。

关于这段持续数月的调研,最常规的生活节奏是,每天在岭南湿热的天气中醒来,望着借住的暨南大学研究生宿舍楼窗外的绿色植物,总是像打鸡血一样怀着满腔热忱和期待去赶公交车。笔记本上记载着当天要聊的两三个记者名单,而访谈的地点多半是在报社附近的"绿茵阁"咖啡屋。毕竟还是博士生,不舍得请他们吃得太好,一般都是三四十块钱点一份意大利面条,再加一杯十几块钱的咖啡或茶,这就是我的调研成本。有时候,少数记者会主动提出要请我,他们觉得我是在给《南方都市报》这份"伟大的报纸"留下记录。

这段调研,还留下了两个有趣的"故事":一是,我前前后后大概花了万把块钱做访谈,没想到半年后,《南方都市报》设立首届南都奖学金,复旦大学新闻学院的特等奖获得者是我,奖金正好是一万元。二是,我曾经跟《南方都市报》记者在五羊新城附近一家叫"黔程似锦"的饭店吃饭,当时觉得店名太讨口彩,想着如果将来某一天我也有机会开家餐馆,名字也必须叫这个。未料到,2006年夏天我即将博士毕业时,真的有个好友把复旦大学附近的一个店面盘给了我,于是我也就真的开了一家叫"黔程似锦"的饭店。终究是外行开店,饭店运营了两年后转手出去了,随后不知从哪儿听到了一种说法——"他是开着饭店一边收银,一边写论文的。"其实,我是在复旦大学研究生宿舍北门附近的一间咖啡馆,连续泡了近四个月才写出博士论文。

回想起这段愉快而充实的田野观察,有三点感触比较深。

其一,实习和研究的角色。最开始进入《南方都市报》,有点担心从上到下未必愿意把所有真实的情况告诉外人,于是先走了实习生的渠道,被分配到社会新闻部体验突发新闻记者的工作。我的带教老师是个年轻的小伙子,他也有点疑惑——实习了这么多年、年龄这么大的博士生还想当记者吗?很快我就意识到,实习生的角色让我无法参加编委召开的选题会,也无法有足够的时间尽快开始名正言顺的深度访谈,而且"暗访"获得的素材将来使用时会有伦理问题。于是,通过介绍找到总编辑,直接告知了我的论文选题和研究目的,获得应允之后就开始正式调研。每天要么是在编辑部旁听编前会,要么在编委或副总编的办公室进行访谈,要么在报社附近约谈不同部门、不同条线的记者,要么就去资料室查阅旧报纸或在电脑边下载《南方新闻研究》或《南方都市报》内网论坛上的各种资料。就这样,一共陆续访谈了30多位南都人,从核心管理层到一线从业者,也拿到了论文各章需要的主要数据。对编辑部的田野观察来说,解决好"入场"角色的正当性非常重要,这种正当性不仅是获得许可,更应该是获得信任,而信任建立的关键是沟通过程中的价值默契和对学术伦理的自觉遵循。

其二,观察和访谈的权重。最开始,我希望多做一些观察和体验,观察的对象可以是人(从业者)、空间(编辑部),也可以是过程(采访、写作、编辑、发稿)和焦点事件(某个典型议题的各方表现)。后来,出于调研效率和收集数据的需要,还是更多地选择了文本分析与深度访谈相结合的方式。比较而言,观察更能捕捉行动者的行动逻辑,而访谈侧重挖掘行动者的观念意识,两者权重的处理关键还是在于解决所要研究的问题。比较好的方式是围绕一个具体问题,通过运用互补的研究方法,拿到基本数据,搞清关键事实,厘清完整过程,并兼顾实践和观念层面的多重互动。例如编辑部的选题判断和把关标准,既要多次参加编前会,准确记下针对不同类型题材的讨论过程、判断方向及其背后的价值导向,还要观察记者报题、编辑定题、稿件入库、编辑加工、上版制作、审校发排的全过程,更要对相关记者、编辑、编委和值班副总编进行及时访谈或事后深聊。由此,才能妥善处理好观察和访谈的权重,力求遵循实证研究的规范要求,拿到可靠的证据材料。

其三,主位和客位的关系。人类学研究中有主位研究和客位研究之分。主位研究强调尽可能以当地人的视角去理解文化,要求研究者深入观察,尽量像研究对象那样去思考和行动。客位研究更多从文化外来观察者的角度思考,运用比较和历史的观点来看待问题,注重跳出来从学理、学术和学者视角进行再分析。进入媒体编辑部进行田野观察,主位意识强调的是研究者要真正浸淫其中、身临其境,调动所有的感知能力去充分掌握情况和获取数据,为"厚重描述"打下基础;客位意识意味着保持独立、有所超越,能够形成对观察对象客观、理性、冷静的评价,让"理论阐释"变得更加精准。主位和客位意识,要求研究者进入田野获得在场的真切感受,同时又在研究中保持对田野的批判观察和独立反思。然而,要真正把握好这种关系的平衡点,并非易事。

从我的《南方都市报》调研体验和对其他相关研究的了解来看,有几个问题需要面对和解决。例如,要避免因为过于热爱而有失客观。多数研究者对自己的研究对象总是抱有热忱,访谈或观察都处于令人兴奋的状态,拿到新的素材、感觉心中有底也会比较激动。这种研究者对调研对象的热爱、对学术事业的热爱,会使其带着满腔热血和过度感慨来写作论文。我自己写论文时,就有意无意地体现出这种对《南方都市报》发自内心的赞赏,读别人类似的论文时,也经常会觉得作者或多或少掉进了"只缘身在此山中"的认知盲点或过度拔高。

再例如,要注意因身处当下而无法看清。我的论文结论部分,谈及负责任公共传播的可能性,对南都模式能否被复制抱有审慎期待。如今回过头去看《南方都市报》近十年的发展,重新把观察视角放在更长的历史维度中,就更加清晰地意识到这种模式可持续发展、普遍化复制的不确定性和风险。一个好的研究,如果能够搁置一段时间,让研究者有机会在更长的历史时空中去回望自己的研究,也许能够获得更加精准的判断。只是时间不等人,我们的学术作品往往需要第一时间完成、最快时间出版,这样时隔多年再回望的机会并不多得。比较可行的解决办法是,当下做结论时更加审慎一些,强化结论的不确定性。

还有就是,要避免因为缺乏自我反思意识而阻碍深度追问。一个好的研究者不仅要观察和思考研究对象,还要有批判性的自我反思,所谓"自反性"(reflexivity)强调的就是这点。研究者要学会不断自我审视和自我追问:我的"入场"方式是否会导致调查结果的不同?我和受访者的交流真的拿到了真实材料吗?有没有因为人际关系或者沟通过程的遗憾,导致某些方面的事实被误导或有所偏差?我在这篇论文中投入的激情、情感和研究状态是否适度并符合学术规范?……研究者越具有自反性,其研究便越具有可信度。如果能做到持续的"三省吾身",田野观察的"入场"和旁观关系就能更好地得以解决,其研究阐释和理论探寻也会更加深入。

三、媒体案例研究的主要经验

我的博士论文做的是案例研究,想通过这个案例来观察中国媒体的社会控制,研究编辑部场域中新闻生产和权力的复杂关系。在这篇博士论文之后,国内学术界又陆续产出了几篇新闻生产社会学视角的案例研究论文,这些研究从不同侧面揭示了中国语境下新闻生产的诸种特征、机制及其影响要素。

例如,复旦大学田秋生2008年的博士论文《市场化生存的党报新闻生产——〈广州日报〉个案研究》,立足《广州日报》来探讨市场与党报,乃至市场与媒体的关系,阐述这种中国式市场新闻业的特殊模式。武汉大学窦锋昌2013年的博士论文《报纸开放式新闻生产研究——以〈广州日报〉为例》,探讨网络影响下的报纸生产方式的变化,总结出开放式新闻生产具有的主要特征及其存在的缺陷。复旦大学刘兆明2013年的博士论文《"融合架构"下的新闻业转型研究——基于新闻生产社会学的视角》,以上海新民网为案例,考察其在融合架构下的新闻生产模式。复旦大学杨保达2013年的博士论文《全媒体时代电视财经新闻生产研究——以第一财经频道为例》,分析了第一财经从"媒体全"到"全媒体"的新闻生产变化和实践,总结出一些特点,提出了一些对策。

综观这几篇研究新闻生产的博士论文,主要聚焦两个层面的研究问题:一是,宣传逻辑、专业逻辑和市场逻辑在媒介场域中的互动,以及在特定案例中的实践特征,例如我的研究和田秋生的研究;二是,以某个媒体为案例,考察新媒体语境下网络这个重要变量对新闻生产过程、机制和逻辑的影响。总体上看,前者是为了揭示中国媒体的"特殊性",后者是为了把握媒体生产的"规律性";前者更具有在"为什么"层面进行理论探寻的努力,后者更具有在"是什么"层面进行新现象、新特征描述的尝试。这两个层面都有其意义,不过若要在理论建构上有更大的雄心,则需要在案例研究基础上去探索普适性的解释框架,提出代表性的学术观点。

如何做好案例研究?香港中文大学新闻与传播学院2014年1月曾经组织过研究方法工作坊,针对"个案研究"达成几条共识性经验①。具体包括:第一,方法和理论的搭配,方法可行;第二,是否一定要个案研究,是否鲜活;第三,清晰定义个案,厘定时空边界;第四,多角度切入,数据之间有机整合;第五,实证材料有说服力;第六,有外部效度、代表性和普适性;第七,可推广至政策层面,

---

① 参见香港中文大学新闻与传播学院教师"@邱林川"微博,2014年1月25日。

有社会意义;第八,符合社会学术伦理;第九,个案讲述有趣,有内在逻辑。

这九条经验中,最重要的恐怕还是:找到一个典型的案例,通过这个典型案例进行的问题研究,在理论研究上有所创新。案例研究的"典型",是有多重意义的。一般来说,有案例的好处是观点论证有依托、有证据,厚重描述的材料很充分、很鲜活,透过案例来提炼的理论有支撑、有说服力,此为案例研究的"信心"。而不少研究,都试图通过典型案例的研究,在阐释时有所抽离或理论上有所拔高,找到更加具有普适性的理论观点,即超越特殊性、找到普遍性,这是案例研究的"雄心"。当前,大部分关于中国媒体案例的新闻生产社会学研究,主要停留于案例本身,很难把案例研究的意义进一步拓展和延伸,这是无法回避的局限。

四、结语和讨论

立足当下中国和全球新闻业的新生态系统,如何进行以案例研究为方法的新闻生产社会学研究?笔者有如下思考和建议:

第一,重新定义"新闻"。新闻不再是组织化、机构化的产物,而是社会化和机构化的共同业态。今天参与新闻业的行动者,不仅有持有记者证的专业记者和编辑,还有网络监督的爆料者、群众利益的维护者、校园里的学生记者、自媒体的操盘手、政府或企事业单位的运营者等。今天的年轻人对"何为新闻"或"新闻价值"的定义亦非传统意义上精英媒体或专业主义所定义的关乎公共利益的重要信息,他们对有用、好玩、有趣、贴近的资讯普遍更加接受,他们往往不再排斥新闻与广告、软文之间的边界混合,不再专门为了解某件大事去找新闻,而是在随时随地的在线链接和网络社交中通过"协同过滤"或"智能算法"来获得定制新闻。所有这些主体、业态和需求的变化,都给我们这些研究者带来新的启示,即如何立足网络化关系社会的全新语境,在重新定义"新闻"的新观念和新思维中去研究"新闻生产"。

第二,探寻新的研究问题。新闻生产的问题不应该停留于生产常规或者社会建构,而需要新的理论假设和研究方向。传统的新闻生产社会学研究,聚焦的还是新闻组织的中观层面,而今天的新闻组织已经日益透明化、开放化,乃至由于新闻生产的社会化而日益边界泛化。因此,新闻生产社会学的案例研究,要对以往运用较多的学术概念进行突破创新,如"生产常规"、"截稿时间"、"事实网"等。

尽管对于什么是新的研究问题,我们恐怕暂时还无法给出明确的回答,但可以努力的方向应该大体清晰:专业化的生产和社会化生产,会怎样互动并形成新的关系格局?以自媒体为代表的非机构化新闻生产,将怎样重新定义新闻专业主义的边界和意涵?技术为受众赋权、去中心化的话语权变革、商业主义和消费主义的主导价值观,将如何重构新的新闻生态?VR、AR等沉浸式虚拟现实技术,会如何重构我们对真实世界的叙述和建构,又将如何影响媒体公共性的角色担当?身处信息世界、心理世界和现实世界的多重空间中,大众传媒的社会功能将怎样变迁?这些问题,都值得我们在认知重启的"否思"(unthinking)起点上进行研究。

第三,聚焦"新行动者"。在传统媒体中,尚未被充分挖掘的重要案例还有《中国青年报》这个特殊案例,既具有历史维度,更具有组织特质,是值得开掘的研究案例。《新京报》这种主流市场化都市报的融合转型、专业逻辑,如同曾经的《南方都市报》一样值得研究。《南方周末》在新的社会控制逻辑中,如何建立新的专业主义、宣传主义的混合文化,值得跟踪关注。不过,我认为更值得研究的是作为平台媒体的商业网站、包括政务微博和微信等在内的机构媒体和自媒体这三类新闻生产的"新行动者"。

在商业门户网站中,新浪、腾讯和网易都值得研究,例如在原创新闻采访权缺失的限制下,它们如何打擦边球,怎样进行边缘突破,而这些突破又是如何因为监管的属地化、集中化而遭遇掣肘。再例如,在商业主义和资本控制主导的企业文化中,专业主义文化是否可以生长或如何生长起来,其又如何与宣传主义、商业主义文化进行互动和调适。在机构媒体中,重点可以研究政务微博和政务微信,前者数量约 20 万个,后者数量约 10 万个,其中一些账号已经在舆论场中扮演着重要角色,而且形成了新的话语表达方式和政权调适机制,那么,它们作为新型生产组织的内在文化和行动逻辑是如何展开的,这个领域的研究还是空白,值得研究者运用民族志方法进行田野观察。在自媒体方面,则可以重点从一些公益、科技、时尚等垂直领域的微信公众号切入,考察它们如何重新定义"工作边界",怎样建构和重塑新的专业话语。

第四,强化政治经济路径。传统的新闻生产社会学研究,尽管也会观照社会与媒体、编辑部之间的互动关系和张力特征,但由于总体视角停留在编辑部组织内部,很容易失之微观,尤其缺乏对宏观的政治经济逻辑的深度阐释[①]。而在当下中国,由于权力逻辑的充分渗透和无所不在,研究特定媒体及其背后的政治经济力量,更多采用传播政治经济学的视角,或可有更大的理论想象。例如,针对腾讯、百度和阿里巴巴这三家企业的研究,可以从国家权力、

[①] 复旦大学新闻学院黄旦教授曾建议,研究新闻业面临的信任危机的根源,可以有三个脉络:其一,从政治视野的角度,也就是新闻专业主义的衰落;其二,从经济视野的角度,新闻业的经济来源衰竭;其三,从媒介视野的角度,新传播技术导致传播、社会和文化形态的变化。参见《传播与中国·复旦论坛(2016)中外学者共议传播与城市》,微信公众号"复旦大学信息与传播研究中心",2016 年 12 月 16 日。

跨国资本流动和内部治理结构等维度研究其信息生产和政治经济逻辑；针对微信公众号这样的平台媒体，研究大量传统媒体的"寄生"存在和其在国家授权下内容监管的关系博弈。笔者以为，置身于中国场域的新闻生产社会学研究，如果能够贡献出可以与国际对话的全球性、原创性理论成果，很可能就在对这些新型互联网巨头的案例研究中。

前　言

　　《南方都市报》(简称"南都")经试刊后,从1997年元旦起由南方日报报业集团①正式出版发行,自诞生起便有着非常明确的市场目标:成为集团继《南方周末》之后的创利大户。其时,集团已经意识到,因为各种因素的控制和政治的风险,《南方周末》的成长空间已经接近临界点,因此迫切需要寻找新的盈利增长点。创办初期,《南方都市报》是比较典型的都市小报,坚持走市民化新闻的道路,以"一种相对比较另类或者说是小报的姿态来切入市场、打开市场",经过三四年,实现了扭亏为盈。从2002年起,南都开始转型打造主流报纸,追求"从强大到伟大"的目标。"我们所提的主流媒体肯定不是以往的机关大报的路子":一是主流的价值观,要具有代表性、普遍性、先进性。作为主流媒体要与国家大事、改革和社会发展的方向对接。二是主流的影响力,追求对社会发展持续、深入的推动力量,承担社会赋予主流媒体的责任(庄慎之,2004)。

　　2003年是《南方都市报》集中进行主流化转型的一年,主要体现在三个方面:第一,报道策划发生改变,由早期注重煽情、娱乐转向注重深层解读和客观理性。例如,过去做娱乐新闻,会用六七个版的规模报道香港小姐竞选;现在做娱乐新闻,实际上是对整个

---

① 2005年7月,南方日报报业集团更名为南方报业传媒集团。在此时间之前,本书写为"南方日报报业集团";在此时间之后,写为"南方报业传媒集团";亦可统一简称为"南方报业集团"。

娱乐业进行全面、权威、深入、高层次的总结(庄慎之,2004)。同年,该报以"孙志刚事件"等一系列重大报道引起社会强烈关注和反响。第二,率先创办时评版,领国内都市报之先,将理念定位于"在大转型的时代关注这个转变的国家与社会",取向与结构设置则追求"彰显独特的认知价值"。都市报时评版还提出、倡导"公民写作"的新理念。第三,版面风格向清晰、规范、有序发展,反对早期的铺张和夸张风格,努力变得权威、严肃和公正。

在十余年中国报业的市场改革与新闻实践中,《南方都市报》是一张值得给予充分关注和研究的报纸。从世纪之交《一日看百年》的经典策划到《深圳,你被抛弃了吗?》彰显的网络力量,从"孙志刚事件"报道对收容制度废除的推动到"南都案"所引发的深度思考,从"华语传媒系列大奖"塑造的品牌影响到"做中国最好的报纸"背后打造主流大报的策略,从一张主流都市报逐渐扩张为一个集报纸、杂志、网站联动的"南都报系"……《南方都市报》不断给读者与公众带来冲击与震撼、赞叹与惋惜、忧虑与期待。本书之所以选择《南方都市报》为个案,研究转型时期编辑部的新闻生产,至少基于两个理由:

其一,《南方都市报》创办、发展的历程,鲜活、生动地体现出十余年来中国社会转型期各种社会控制因素与新闻生产之间的互动关系,可以成为我们解读中国政治、经济和社会系统如何与媒介系统发生勾联[①]的典型案例。

[①] 潘忠党、陆晔在《成名的想象:中国社会转型过程中新闻从业者的专业主义话语建构》一文中,分析新闻改革的一个取向是"分析具有解放意义的关键概念(包括关键词和理念)与改革实践之间的历史勾联(articulation),也就是考察'理论'与'实践'之间的矛盾、张力、渗透和整合及其历史表现"。这里运用"勾联"亦想表达类似的"矛盾、张力、渗透和整合"的意思。勾联也可作勾连,有连结、衔接的意思。

从报业组织结构看，《南方都市报》由南方日报报业集团创办，行政级别上属于处级单位，其编辑部的新闻生产既要直接受报社组织的管理，又要间接受到集团的组织影响；基于国有企业的产权属性，南都在宣传管理上必须接受上级宣传部门的领导，同时又具有非常鲜明的市场导向，新闻生产必须充分考虑如何满足读者市场。因此，转型期的中国传媒在各种力量之间的博弈，在南都身上都可以得到直接体现，包括：党委宣传部门和各级政府的舆论管理和宣传控制，市场化压力下商业利益驱动和影响，集团管理制度和规章的总体要求，读者的需要，以及新闻从业者的专业自律等。此外，以范以锦、程益中、江艺平等为代表的集团、报社管理层在新闻界备受瞩目，他们在新闻实践中的把关、运营策略同样值得关注。所以，如果要研究中国传媒新闻生产与社会控制之间的复杂互动，《南方都市报》是具有典型意义的。

此外，《南方都市报》创办、发展、壮大的十余年，中国社会正在加速转型，新闻改革不断推向纵深。从这个角度看，它既是社会转型的记录者，也是新闻改革的见证者。而且，南都又是报业市场化发展过程中一支最活跃的中坚力量——都市报的典型代表。20世纪80年代以来，中国报业继周末报、晚报后正进入都市报的第三轮热潮，快速崛起的《南方都市报》恰好是这场热潮中积极又显著的实践者。对《南方都市报》进行个案研究还能促使我们更真实、生动地了解整个都市报业乃至中国报业的历程及实质。

其实，南都可供研究的绝非只是一份报纸的新闻生产实践策略、一张集团子报所处的组织结构和权力关系，或是一种报业类型的勃兴轨迹，更有一系列曾经深刻影响新闻界或整个社会的典型报道或事件：以"孙志刚事件"为代表的重大报道使其成为收容制度调整的推动者，以"南都案"为代表的事件使其可能成为新闻改革的见证者,以"彭水诗案"为代表的深度调查及系列评论使其成为推动言论自由的实践者;2001年南都在深圳遭发行"封杀"事件和2003年《深圳,你被抛弃了吗?》系列报道见证了传媒市场开拓、新闻生产与地方政府权力互动的关系;而以两个整版篇幅在国内大力推动报刊时评的创举,又充分传播了"公民写作"的理念,张扬了"思想启蒙"的价值……这些与新闻生产密切相关的典型个案和事件,都能够在不同维度体现出各种控制因素与新闻生产的复杂关系,亦能在不同层面启发我们理解中国传媒独特的制度环境、运行规则和实践方式。

总之,置身于中国社会转型期各种力量和规则变化的历史场景中,置身于中国新闻的市场化改革向纵深推进的关键阶段,置身于报业最发达的广州市场和最成功的报业集团之一——南方报业集团的管理结构中,《南方都市报》的新闻实践为我们理解新闻生产与社会控制、媒介组织与社会变迁的关系提供了生动的案例。这是本书以《南方都市报》为个案进行研究的第一个理由。

其二,《南方都市报》从小报化都市报向主流化都市报的转型,领先于国内大多数都市报的改革实践,亦不同于同行报纸的风格定位,可能预示着都市报在经历了市民化浪潮后寻求突破和改造的典型路径,也为我们思考中国传媒的改革方向和趋势提供了重要的借鉴。

无论制度变革或者新闻生产,就理想层面而言,中国传媒运营指向的根本属性和价值维度应该是公共性。所谓传媒的公共性,概括起来主要体现于三个方面:"第一,传媒服务的对象必须是公众;第二,传媒作为公众的平台必须开放,其话语必须公开;第三,传媒的使用和运作必须公正。"(潘忠党,2008:9)传媒的公共性也是传媒研究的核心议题(陈韬文等,2009),以追求公共性为目标的新闻生产,必须以塑造传媒公共领域为期待,以公共利益至上为目标,以公共话语实践为行动。

哈贝马斯(1999)认为,报纸及其后兴起的其他大众传媒,是资本主义社会公共领域的重要组成,但在资产阶级公共领域的结构转型过程中,传媒的公共性被削弱,逐步由政治性的公共领域的中介转变成被商业性的私人利益侵入的工具。"参与经济利益分配的国家,逐渐控制了原本为公共服务的媒介,媒介的民主功能不断下降,诸多免费的公共服务机构转为私有开始收费,'社会的对话被管理起来'。由此,具有政治功能的媒介集团被意识形态所操纵,公共领域与私人领域趋向融合,从公私分明转向国家社会一体化。"(张志安,2002)

大众传媒坚持公共性是我们对传媒的定位和性质的理想期待,也符合现代社会、公民社会对传媒的切实需求。无论中国传媒的制度怎样调整、市场如何改革,不断提高报道事实和真相的水平,强化代表人民利益、服务公众福祉的意识,提升促进社会和谐发展的功能,都是大众传媒发展的根本方向。关于都市报是否具有公共性,学界尚未有完全一致的共识,但孙玮等学者以逻辑推理、经验研究论证了都市报公共性的存在。"形成公共意见是报纸公共性的功能,提供虚拟空间是报纸公共性的手段,代表普遍利益是报纸公共性的效果。都市报也是报纸,当然具有公共性,只是表现有特殊性。"(孙玮,2001:15)这种特殊性主要来自三个方面:中国社会公共领域的特殊情况,中国现代性状况的特殊性,以及国家和市场力量介入传媒的特殊性。孙玮援引社会学家吉登斯所提的概念"生活形态的政治"对都市报进行研究,指出"'生活政治'的主题,既可看作公共性主题的一个延伸和细化,也可以视为对于现代性政治的一种细致阐释……在当前的中国传媒乃至大众传媒的整体格局中,都市报与'生活政治'的连接异常特别,因此不可替代"(孙玮,2006:4—5)。

据笔者观察,在国内的都市报行业,《南方都市报》倡导和追求的"主流"理念背后所包含的公共利益导向,比较直接地体现出对传媒公共性的追求。作为国内主流都市报的代表,它以大量时政报道、调查性报道监督一些公权力运作中的腐败问题,以系统化的评论生产为精英和大众提供话语表达的公共空间,这些新闻生产的实践代表着中国报纸,尤其是都市报在公共性方面的积极作为。如喻国明(2004)的总结,《南方都市报》的可贵并不仅在于它在孙志刚等一系列事件中的悲天悯人、追求事实真相的卓越表现,还在于它试图成为主流报纸的自觉和激情,它不断地、自觉地、创造性地在体制的容量之内"探底",没有一般媒介的那种"心智枷锁",是一个有着专业主义理想和自觉的媒体①。

香港城市大学李金铨在阅读C·赖特·米尔斯的《社会学的想象力》一书时,曾发出这样的感慨(李金铨、黄煜,2004):"如果有自主选题的余地,就尽量将个人兴趣和公共议题联系起来,把困惑自己的问题——自由、饥饿,或别的——普遍化成为一个社会问题,让研究连缀成一个体系,而非支离破碎的联想。"笔者选择《南方都市报》作为个案,也力图表达这样的期望:将个人兴趣(南都一系列重大报道和事件本身的生产过程和幕后故事)与公共议题(南都新闻实践所体现的对公共利益的追求和传媒公共性的取向)加以联系,并最终呈现一份有关中国传媒新闻实践特征的生动图景。这种图景应该是有代表性的、成体系的,而非特殊的或碎片

---

① 参见南方都市报:《八年》,南方日报出版社2004年版,第182页。

化的。这是本书选择《南方都市报》作为个案的第二个理由。

此外,从新闻生产研究的路径选择和人类学观察的实施基础看,能够自由、宽松地进入一个相对开放的媒介组织内部,进行实地或参与观察、深度访谈,需要获得媒介管理层的支持和新闻从业者的配合。在这个方面,南方报业集团开放包容的组织文化、《南方都市报》同仁对专业研究的尊重认同,提供了此项研究的基础保障。笔者在调研过程中,获得上至集团领导、中至报社管理层、下至基层编辑、记者的真诚帮助。毫无疑问,这也是本书得以完成的必要条件。

关于本书的逻辑结构和内容框架,这里做个交代。

第一章,提出全书研究的核心问题、理论框架、研究取向、意义和方法等,并对中外新闻生产社会学的研究文献进行回顾和述评。其重点在于介绍场域理论(field theory)的基本内涵和关键概念,对运用这种范式来研究新闻生产的意义和方法进行初步介绍。

第二章,梳理南都发展的四个阶段,分析其主流化转型的实质意义,对其发展过程与内外部政治、经济、专业控制因素之间的互动关系进行细致阐述。在此基础上,对其新闻场域的结构性特征、发展历程中的资本争夺/转换策略、新闻生产的惯习特征等加以总结。这一章侧重将整个南方都市报社作为一个相对中观的新闻场域进行整体分析,从而为本书的研究重点——相对微观的编辑部新闻场域提供结构性基础。

第三章,从南都日常的新闻生产过程和编辑机制入手,分析其编辑部的核心价值观、常规新闻生产的机制特点及其与社会控制因素之间的互动。然后,对南都编辑部的场域特征进行概括与把握。

第四章,研究南都时评的发展轨迹,着重叙述其从"公民写作"向"精英写作"、从公共表达向思想启蒙的转向、回归又试图平衡的过程,并阐述都市报时评实践对媒介组织和转型社会的双重功能和意义。

第五章,研究南都的深度报道,先简要梳理其发展过程、编辑机制和报道形态,然后重点分析"孙志刚事件"等报道的新闻生产过程,最后对深度报道的社会功能及场域特征进行总结分析。在探究南都深度报道的操作策略及其新闻生产和社会控制的互动关系时,笔者还尝试提出"策略突围"、"默契协同"等概念,并作初步阐释。

结语部分,先将南都编辑部新闻生产的特征置于中国转型社会、广东区域特色、南方报业集团组织特点等多重场域中,分析南都个案的普遍性和特殊性。然后,以此为角度观察媒介、市场与民主在中国语境下的现实互动关系。最后,就都市报如何在市场化进程中更好地承担公共传播的责任提出若干建议。

第一章 场域理论:新闻生产研究的范式

第一节 核心问题、研究方法及意义

一、核心问题

社会学者、《制作新闻》(*News Making*)的作者伯纳·罗胥克(Bernard Roshco,1994:13—14)认为,新闻具有双重的本质。"首先,新闻是一种社会产物(social product),新闻的内容反映了孕育新闻的社会现实。其次,新闻也是一项组织性的产物(organizational product),它是专门收集、传播新闻的专业组织所制造出来的成果。"在社会现实和媒介组织两个层面的具体作用,而且是相互影响、相互渗透的混合作用下,新闻的社会性应运而生。罗胥克继而说明,使用"社会性"(sociology)这个概念,旨在阐明社会本体与两种因素之间的相互关系:一是某种社会机制(social institution)的组织结构及其文化产物,二是某种社会机制内的成员彼此之间以及与"外界"的互动方式。

罗胥克的观点中强调的"新闻的社会性"恰是研究新闻生产的重要问题。新闻的社会性既来自媒介组织按照一定的生产逻辑来进行新闻生产,又来自媒介组织外部各种社会因素对新闻生产的深刻影响。换句话说,这种社会性是媒介组织与社会环境发生互动关系的结果,是新闻生产受内外部各种因素影响的产物。这些要素既包括组织外部的政治、经济、文化、社会、技术等因素,也包括组织本身以及组织内群体、个体等因素。要做总体性概括并不是件难事,难的是具体揭示这些因素对新闻生产过程的复杂影响。比如,它们到底以何种方式、何种强度进行着何种控制?这种控制在不同组织、不同情境下会以何种方式呈现?这些要素间的相互牵制和影响反映出媒介组织什么样的新闻生产逻辑?回答这些问题,必须进入某个特定媒介组织的编辑部,对其新闻生产的过程进行深入、细致的考察。

新闻生产从来不是在真空中进行的,在新闻的生产过程中必然要形成一定的社会性。本书的研究旨趣便是从新闻的社会性出发,来探讨媒介组织与社会环境之间的互动,这种互动又可以表述为"新闻生产与社会控制"的关系。本研究的核心问题恰在于此:以《南方都市报》编辑部为个案,考察其创办十余年来的发展路径以及新闻生产的复杂过程,力图揭示当下的转型社会中,媒介组织新闻生产与社会控制因素之间的互动关系。通过这项研究,笔者希望较为细致、生动地揭示新闻生产与社会控制因素之间的关联,揭示新闻生产的权力实践过程,揭示潜藏在宏大叙事和简单概括的理论背后的真实、复杂的新闻生产实践和力量规制特征。由此,为解读中国式新闻生产中社会系统与媒介系统的勾连、社会转型与新闻改革的互动提供典型案例和启示。有学者(陆晔,2003:96)把这种研究的重点概括为"通过深入细致地描述媒体的新闻生产实践过程,来考察其中种种权力关系的非正式和动态的特征"。

一般来说,媒介组织内部包括编辑和经营两个部门。其中,编辑部是新闻生产进行的直接场所。因此,本书的研究视野主要放在编辑部层面,考察编辑部组织内外的各种控制因素如何影响新闻生产过程,编辑部组织内的个体、群体与组织内外部之间有怎样的关系,从而揭示社会控制和新闻生产的关系在编辑部层面是如何呈现的。

笔者以为,考察这种关系的具体维度有三种:其一,历史过程分析,即通过历时态的分析来看各种控制因素发挥作用的过程;其二,生产过程分析,即通过新闻生产从消息源到采访、写作、编辑及发布过程的分析来看各种要素的控制特征;其三,不同组织和不同层级的群体分析,即探讨编辑部内部的不同组织(即更加细化的不同部门,如区域新闻部、文化娱乐部等)和不同层级(普通编辑、记者,部主任等中层管理者,编委以上高层管理者)的新闻生产与社会控制的关系。在本研究中,这三种针对编辑部层面的考察维度是相互渗透、相互观照的。

二、研究方法

"本质上,问题及其定义是研究努力的原动力。问题先于研究方法的选定,以避免陷入寻找问题的迷思中。"(David M. Fetterman, 2000:19)明确了研究问题,研究方法自然就有了相契合的选择。本书整体采用个案研究法,针对南都的具体考察则主要采用人类学的方法,以实地观察和深度访谈为主,以参与观察为辅,并适当结合内容分析来进行。将人类学方法运用于编辑部的新闻生产研究,好处在于放弃了传统的功能主义的研究模式,有利于发现新闻生产和社会控制的互动关系在编辑部层面的复杂呈现。

1. 选择理由

新闻生产是一个复杂的社会过程,要揭示其复杂而多元的意义,人类学的质化研究方法比问卷调查等量化研究方法更加有效。如学者臧国仁(1999:6)所言:"新闻研究或应仿照人类学家之田野调查,深入新闻组织以及相关社会行动,爬梳表象后层的社会意义。"

自20世纪90年代开始,美国传播学界在媒介生产研究领域中产生了一种明显趋向,即偏离正统、抽象的理论框架而转向人类学研究方法,这种方法更多地强调参与者自身的感知。"并不是新方法(指人种学即人类学研究方法)对先前的结构理论提出了挑战,而是因为它引出了完全不同于以往的问题;而且,只有读者带着丰富的理解能力去看他们,才能给予他们足够的重视。"(奥利弗·博伊德-巴雷特等,2004:338—399)人类学家格尔兹(Geertz,1973)说,他一远离"田野"(field),心里就不舒坦,"人类学推崇经验研究,经验研究可以一层层排比印证很复杂、很多元的意义"(李金铨、黄煜,2004)。

本书主要采用实地调查法(直接观察)和深度访谈法。其中,实地调查法特别适合"那些不宜简单定量的社会研究或研究议题","最适合在自然情境下研究态度和行为","特别适合跨越时间的社会过程研究"。而且,洛夫兰夫妇(John & Lyn Lofland)在其著作《社会情境分析》中总结的适合实地调查法的"思考的议题"(thinking topics)就包括"关系"、"群体"、"组织"等,而这些议题也恰是本研究的考察对象的关键词(艾尔·巴比,2000:359—361)。深度访谈法,则是"弹性的、反复的、持续的,并非事前加以准备然后受其束缚"(艾尔·巴比,2000:368)。

2. 实施过程

2005年7—8月,笔者在广州南方都市报社进行了为期两个月的调研。第一阶段,先以实习生身份进入区域新闻部进行体验和观察,以初步了解南都编辑部新闻生产的基本理念、采编流程、薪酬制度等,持续 10 天左右。第二阶段,先对借实习身份以了解真实情况的初衷加以解释,获得报社领导的理解和认同后,正式以研究者身份开展人类学考察,进行深入的实地观察和针对从业者的深度访谈。两个阶段共持续 60 多天。

其间,笔者多次旁听了区域新闻部的编前会和时评委员会的每日例会。深度访谈的对象则主要包括时任南方日报报业集团社长兼党委书记范以锦,《南方都市报》总编辑王春芙、执行总编辑庄慎之、前任总编辑程益中、三位副总编辑(夏逸陶、宋繁银、陈朝华)、三位编委(李文凯、王钧、谭智良)和多个部门主任及编辑、记者等,总计 40 余人。其中,基层从业者又以区域新闻部条线记者、深度小组的调查记者和评论部编辑为主。深度访谈遵循先基层、后中层、再高层的顺序,以便将从基层了解到的真实情况与管理层的认识观念、运营策略加以对照。访谈中,笔者尽量遵从人类学田野考察的要求,"身历其境去观察,去问似乎是愚蠢却有洞察力的问题并写下所见所闻"(David M. Fetterman,2000:27)。

此外,笔者还走访了《信息时报》、《广州日报》、《羊城晚报》等广州同城报纸的负责人,以便更好地了解广州报业的竞争格局,以及同行媒体对南都的看法。调研期间,笔者还到报社资料室查阅了南都创办以来的所有报纸,到集团战略规划部索取了部分南方报业集团的内部研究刊物《南方新闻研究》,并从集团内部数据库中检索、下载了大量报道文本和新闻资料。

严格意义上的人类学考察,至少需要六个月到两年,乃至更长的时间。但是,受制于研究经费和进度,笔者在实施过程中压缩了第一次实地调查的时间。此后,又以持续性的方式对《南方都市报》进行跟踪。2007 年 1 月,笔者到报社进行了 10 余天的补充调研,再次访谈了执行总编辑庄慎之、评论部主任李文凯、深度小组负责人陆晖、原副总编辑夏逸陶等管理层和部分编辑、记者,新增加了对总经理魏东、副总编辑崔向红、《南都周刊》副主编张平等人的访谈。

自 2005 年开始到 2008 年的 4 年多时间里,笔者还以 MSN、电话、面谈等不同形式,在不同场合(如新闻研讨会)与南都从业者进行比较密切的交流、沟通。同时,还不定期登录报社内部论坛,阅读和观察报社管理层和从业者对新闻生产中出现的热点、问题发表的意见和进行的讨论。这些相对持续的深度访谈和相对原生态生产观念和过程的"窥探",亦可弥补田野考察的仓促。

在这个过程中,笔者深感采用人类学方法对编辑部组织新闻生产进行研究的艰辛和不易。投入大量的精力和物力不说,更重要的是不断地在实地观察中既保持亲近感又保持距离感,在深度访谈中既保持激情又保持理性。人类学的方法归属于质化研究,是定性而非定量的,实际运用这种方法时必须遵循质化研究的诸多要求,笔者只能在实地考察、深度访谈、文本分析和论文写作过程中尽量遵循和实践。有学者将质化研究的要求和特点概括为以下几个方面(陈向明,2000:7—9)。

第一,自然主义的探究传统。即在自然情境下进行,对个人的"生活世界"或社会组织的日常运作进行研究,并注重社会现象的整体性和相关性。笔者在南都调研时,先以实习生身份进入编辑部实践和观察,再公开调研目的,对报社中高层进行深度访谈,这种做法是希望在不违背伦理的情况下,尽量注重研究对象的"自然情境"。同时,也尽量注意将《南方都市报》置身于南方日报报业集团、广州报业市场以及广东特定的社会环境中加以考察,力图使对研究个案的把握与对整体背景的把握之间形成"阐释的循环"。

第二,对意义的"解释性理解"。即结合个人考察的体验,对研究个案进行意义建构。实地调查前,笔者曾经假设过南都时评版的主要功能是"公共表达",但在2005年的田野考察中却发现"思想启蒙"是其时评版的主要功能。可见,如果真实情况有所不同,就需要不断放弃假设。这种调整有利于理解个人与研究对象之间"解释性理解"的机制和过程,有利于更准确地把握研究结论。

第三,不断演化发展的过程。即这种研究是对多重现实的探究和建构,随着研究进展需要不断反省和调整。在对南都编辑部新闻生产的大量个案进行考察的过程中,笔者深切体味到"再现"和"还原"其生产过程的兴奋。最终体现在本研究的叙述中,诚然充当了"拼凑者"的角色,"试图将某一时空发生的事情拼凑成一幅图画展示给读者",采取的是"即时性策略"。

第四,对归纳法的使用。笔者在撰写本书的过程中,必须解决"厚重描述"和"理论阐释"两个问题,前者要"透过缜密的细节表现被研究者的文化传统、价值观念、行为规范、兴趣、利益和动机",后者要求"从资料中产生理论假设,然后通过相关检验和不断比较逐步得到充实和系统化"。坦白地说,要处理好这两个问题,是十分困难的。如何在厚重描述过程中避免琐碎、表面的叙述,又能在厚重描述基础上理论阐释,委实是一个巨大的挑战。

第五,对研究关系的重视。即要求研究者重视并善于反省、维护与研究对象之间的关系,不仅需要实践人文精神,也要注重伦理道德问题。到南都报社调研之前,笔者曾有过心理矛盾和思想斗争:直接表明研究意图可能会难以接近真相;隐瞒真实意图又可能有欺骗之嫌,或对接下来的深度访谈造成不利影响,甚至引起研究对象的反感和抵制。在实际操作过程中,笔者将第一阶段的实习观察和第二阶段的深度访谈相结合、渗透,前期以观察编辑部外围的日常实践活动为主,并先对《南方都市报》基层编辑和记者进行深度访谈;后期参与编辑部选题会、时评会议进行观察,结合对报社及集团中高管理层进行深度访谈。在这个过程中,没有刻意隐瞒,也没有主动公开,以前后阶段相对自然的转换和后阶段真诚地表明意图获得了报社领导的理解和认可,并最终比较顺利地完成了考察。

三、研究意义

  研究意义与研究目的是密切相关的,达成目的才能实现意义。本书的研究目的主要在于:希望通过人类学研究方法的引入和运用,从编辑部组织层面对《南方都市报》进行考察,探讨其新闻生产与社会控制之间的复杂关系。在此基础上,解读《南方都市报》编辑部新闻生产的场域特征,有助于我们了解和认知新闻生产与社会控制、新闻改革与社会转型之间的复杂勾连。同时,结合其主流化的转型策略和趋势,探讨市场化进程中媒介坚守公共利益的路径、提供高质产品的策略,可能给我们思考中国传媒的发展方向提供有益的参照。

  这种针对《南方都市报》编辑部新闻生产的个案研究,按照曹锦清的观点(2003:1),所确立的第一个"视点"是"从内向外看"与"从下往上看"两个"视角",即"站在社会生活本身看在'官语'与'译语'指导下的中国社会"[①]。借助这种"视点",笔者希望实现潘忠党等所描述的研究意义:"未必向某机构或组织提出了具体

[①] 根据曹锦清的解释,观察中国转型社会的第二个"视点"有两个不同的"视角"——"从外向内看"与"从上往下看"。前者指从西方社会科学理论与范畴(外),通过"译语"来考察中国自身的历史与现实(内);后者指从传递、贯彻各项现代化政策的行政系统(上),通过"官语"来考察与公共领域相对应的社会领域(下)。参见曹锦清:《黄河边的中国》,上海文艺出版社 2003 年版,第 1 页。

的政策建议或发展设想,但是它们为我们提供了一份对现实的理解、一条思考的路线。"(潘忠党、王永亮,2004)

实际上,自20世纪60年代后期至整个70年代,传统的功能主义研究的权威地位遭受了严重挑战。"许多媒介社会学家开始丢弃功能主义的遗产,尽管他们的理论渊源不同,揭示新闻与权力之间关系的雄心壮志有别,但有一点是一致的,即都把目光聚焦于新闻的'生产'上——新闻是被制作出来的,而不是被发现的,媒介组织绝非一个中立的新闻转运站。"(黄旦,2008:16)一批有代表性的研究成果相继诞生,如社会学家盖伊·塔奇曼的《做新闻》(*Making News: A Study of Social Construction of Reality*,1978)、赫伯特·甘斯的《什么在决定新闻》(*Deciding What's News: A Study of CBS Evening News, NBC Nightly News, Newsweek and Time*,1979)、托德·吉特林(Todd Gitlin)的《全世界在观看》(*The Whole World is Watching: Mass Media in the Making and Unmaking of the New Left*,1980)等,本章将在后文概述这些研究的主要内容和意义。这些关于新闻生产的研究,体现出从传统功能主义向社会建构主义的明显转向。"假若功能主义倾向于自然主义和客体主义,强调社会整体重于个体组成部分……那么,在建构主义眼里,人就是具有理解力和创造性的主体,而不是被外在社会结构体系所决定所驱使的角色。"(黄旦,2008:17)

本研究将研究问题聚焦于新闻生产与社会控制,按照传统功能主义的取向,很容易将南都新闻生产的文本特征、价值取向简单归因于组织外部偏中观、宏观的社会控制因素(如政治、经济、文化、新闻政策等)。依据社会建构主义的理论视角,这种阐释显然是表面的、肤浅的,而且忽视了作为新闻生产的主体——从业者和组织的能动性,过度强调结构对实践的决定性作用,看不到实践对结构的反作用。因而,采用人类学方法的好处在于:深入媒介组织内部,观察新闻生产过程,比较细致地揭示出作为主体的媒介组织和从业者,在新闻生产过程中是如何被社会控制因素影响,反过来又作用于社会控制因素的。

采用人类学方法研究《南方都市报》,既是新闻生产研究有效而通行的方法选择,也是从功能主义转向建构主义研究的实践尝试。目前,中国大陆采用人类学方法来研究新闻生产的学者还比较鲜见,从编辑部组织层面切入的相关研究更是几乎空白,少数学者所做的研究也主要只采用深度访谈法,而绝少采用实地观察法——运用这种方法通常面临的主要障碍是,需要投入大量时间和精力,而且必须获得研究对象的充分支持,恰如奥利弗·博伊德-巴雷特等所言(2004:337),"接近新闻组织是件很困难的事",20世纪70年代许多媒介组织都曾"后悔自己曾与研究者眉来眼去"。采用实地观察法,学者必须能够比较顺利地进入媒介组织内部进行自由观察,要与媒介组织保持友好而信任的关系,但又能保持学术研究的独立性和足够的距离感。

本书初稿为笔者2006年年初在复旦大学完成的博士论文《编辑部场域中的新闻生产——〈南方都市报〉个案研究(1995—2005)》(张志安,2006),属于国内最早一批以人类学方法考察新闻生产的尝试。这种建构主义的路径尝试,依据黄旦教授(2008:26)的观点,有利于开拓国内传播研究的眼界,使我们发现"日常实践和生活的经验、事件、习惯、规则等等,可以成为分析的材料……这样,研究和生活实践就不是两张皮,更不是研究者独上高楼、青灯黄卷、冥思苦想,而是在多层次上与社会生活的互动"。因此,本书研究问题的确立、研究方法的运用和研究取向的选择均具有一定的创新意义。

第二节 新闻生产：三种主要的研究取向

本书以新闻社会性的理论为出发点，对新闻生产的社会过程加以研究，因此主要采用媒介社会学的理论框架。同时，由于聚焦于编辑部组织这个层次，将会适当结合组织行为学、组织社会学等理论。美国传播学者赖利夫妇1959年发表的《大众传播与社会系统》一文，较早地提出了这种媒介社会学的研究模式，强调要从社会学的角度去认识传播，"把传播系统置于一个包罗一切的社会系统的框架之中，传播参与者，他们周围的群体以及更大的结构都处于其中"（丹尼斯·麦奎尔等，1997：47—49）。

总体来看，媒介社会学的研究框架为新闻生产的考察和分析提供了从宏观到微观的不同取向。具体来说，"有三种研究新闻生产的视角被人们普遍采用……每一种研究视角的价值因各自就'新闻'的不同方面进行解释而不同"（Michael Schudson，2000：177），包括政治经济学或宏观社会学取向、新闻生产社会学取向、文化研究取向[1]，其关注点分别侧重结构、组织和文本分析。

1. 政治经济学

这种取向相对宏观，侧重将媒介组织新闻生产的过程与国家政治、经济结构联系起来，分析文化产品的生产和流通与国家政治、经济和文化等体系的关系。传播政治经济学的取向主要来自

---

[1] 除这三种研究取向外，对新闻生产的研究还有第四种取向——认知心理学，主要从认知心理的角度来研究从业者如何生产新闻、有经验的从业者和新手生产新闻的差异等。参见黄光玉：《新闻产制专题研究课程大纲》，2001年。

英国的媒介研究,北美一些学者也颇有兴趣,他们的研究比较具有批判性。"聚焦于公共传播的符号向面与经济向面之间的相互作用。它所显示的是,文化生产的不同的财政方式和组织方式,对公共传播的话语和表征的有效范围以及受众对它们的接近所产生的有迹可循的后果。"(Peter Golding & Graham Murdock,2000:70)

以《南方都市报》为例,其新闻生产直接在中宣部以及广东省委省政府、省委宣传部的行政管理下,由南方报业集团承担具体的行政管理和导向把握工作。此外,南都的新闻生产整体以高度市场化、利润最大化为目标,采取市场主导的运营模式。同时,又适度承载起揭示真相、启蒙思想、监督政府的公共职能。而且,在这种政治与经济力量的双向拉动中,由于其都市报的市场定位和集团对其创利功能的确定,政治力量的控制往往是非常态的,而经济力量的主导则是常态的。

2. 新闻生产社会学[①]

有学者(潘忠党,1997)指出,新闻生产社会学是从狭义的传播社会学(media sociology)中单列出来的,侧重于对传媒内容制作过程的社会学分析,其研究都是以"个人和组织的实践活动作为理解新闻体制及其结构的构成因素,由小至大、以微观构成宏观的分析过程"。

[①] 有学者也用"媒介社会学"或"媒介组织社会学"来指代这种研究取向,总体研究路径都侧重于研究媒介组织新闻生产和组织内外部各种因素,尤其是社会因素的互动关系。由于"媒介社会学"的提法相对宏观,从宽泛的角度看,传播政治经济学研究作为市场行为的传播过程中的权力制约因素,同样可以称为"媒介社会学"的宏观层次,因此笔者更倾向于潘忠党教授主张的"新闻生产社会学"一说。考虑到"新闻生产"虽能比较直接地揭示这种研究层次对生产过程的关注和兴趣,但不能直观概括这种研究对媒介组织的侧重和相对中观的研究视野,因此也有学者倾向于采用"媒介组织社会学"一说。

这种研究取向相对中观,侧重将媒介作为社会组织来进行分析,"主要试图理解新闻从业者的工作努力如何受行业和职业要求的牵制,以及新闻生产过程中的各种规范和社会关系的制约,并在这个基础上展开对新闻产品的意识形态意义的考察"(李金铨、黄煜,2004)。因此,其更直接地适用于研究编辑部组织层次的新闻生产方式和过程,以及探讨这种方式和过程中组织内外部各种因素的制约和影响。由于本书的研究问题和层次都与此密切相关,因此新闻生产社会学的研究取向显然更加适用。

迈克尔·舒德森(Michael Schudson)在修订《新闻生产社会学》一文时说:"今天,再次回顾新闻生产社会学的各种理论取向,如果有什么须作特别提倡的话,那就是从社会的或社会组织切入的视角。过去,在媒介研究的种种项目中,'政治-经济的'路径与'文化的'路径之间似乎存在某种惯有的对立,这种对立常常使人们无暇顾及可以在新闻生产这个节点上观察到的种种特定的社会现实——要回答选择什么作为新闻又如何报道这些新闻这样的问题,不同的新闻来源、新闻记者、新闻机构的编辑,还有专业主义、市场与文化传统各自不同的诉求之间的角力与协商,都会在这个关键节点上展开。"(迈克尔·舒德森,2006:164)可见,要想探析复杂的新闻生产过程,这种新闻生产社会学研究取向具有可取之处。

3. 文化研究

这种取向的研究对象更加具体,强调更广阔的文化传统和象征表达系统对于新闻从业者的牵制和影响,侧重考察文化传统和象征表达系统"在专业规范与新闻价值观中的渗透,注重新闻作为叙述形式所包含的价值观念"(潘忠党,1997:36)。如果以这个取向来研究《南方都市报》,则将涉及这些议题:若干重大报道,如《被收容者孙志刚之死》、《深圳,你被抛弃了吗?》背后,新闻从业者掌握的叙述方式和阐释系统有怎样的特征?比较成熟的时政报道和时评文体怎样从本土文化传统和公共表达需要中寻求契合点?借助文化研究,这些问题可以得到答案。

本书研究《南方都市报》编辑部的新闻生产,将主要采用第二种研究取向,即重点放在编辑部组织的视野下,运用新闻生产社会学的理论框架,来考察新闻生产与组织内外部社会控制因素之间的互动关系。在具体的研究和叙述中,第一种研究取向所关注的政治、经济等社会力量将成为本书不可或缺的环境和基础,而且这些媒介组织外部的政治、经济力量以及相关的社会和文化力量等,会随时以不同强度和形式"介入"编辑部组织的新闻生产场域中来。同时,第三种研究取向所关注的新闻表达背后的价值观念,将会在分析南都若干重大报道的文本内容时有所体现。因此,本书的研究取向总体是中观的,聚焦于编辑部组织层面,但又适当兼顾宏观的外部社会环境,而相对微观的文化研究比较少涉及。

倘若将以上三种研究取向都归为媒介社会学的框架,这里的"媒介"是一个比较宽泛的概念,既可以指代媒介的文本产品、单一的媒介组织,也可以指代媒介产业。一些学者认为,媒介社会学中的"媒介"所指对象应该比较具体。例如,李金铨教授将媒介社会学研究集中在媒介组织运作层面(李金铨、黄煜,2004)。他认为,在中国社会历史情境中,媒介研究可以分四个层次:一是在最宏观看政治经济学;二是在中间看媒介社会学,即媒介本身——媒介机构的运作;第三个层次看文本(text),即媒介内容是什么;第四个层次看脉络(context),即解释社群

(interpretive communities)从媒介获得什么意义①。按照这种研究层次的划分,本书的研究取向可以归入媒介社会学的层面。这里的"媒介"并非宏观意义上的传媒行业,而是相对中观的媒介组织,即注重对具体媒介组织的新闻生产和组织运营进行社会学角度的研究。

需要注意的是,采用新闻生产社会学的取向来研究媒介组织的新闻生产,并非意味着对个体、群体或组织外部社会环境的忽视。相反,正因为视野相对中观,才更容易上下兼顾。美国社会学家罗伯特·默顿(Robert K. Merton)认为,人都有具有个性的行为动机,但当个人行为受到某种组织力量的规范时,不同的动机却可以表达在相同的行为上。伯纳·罗胥克据此认为,分析传播媒介的组织行为模式要比研究个人行为差异更能正确解释新闻界的表现。"这样的研究是以社会过程为焦点,而非个人行为动机。同时,新闻从业人员的心理因素和新闻本身的社会因素也较能够清楚区分。"(Bernard Roshco,1994:11)

由于新闻生产社会学的研究对象主要是媒介组织,根据传播学者哈罗德·拉斯韦尔(Harold Lasswell,1948)关于传播模式5W的界定,这种研究又可以纳入传播者(who)研究的范围。社会学家赫斯克(Hirsch P. M.)②曾把传播者的研究归纳为三个分析层次:一

---

① 2005年8月,李金铨在复旦大学"中外新闻传播学理论讲习班"上指出,媒介社会学的研究就是把媒介当成一个组织,组织内部有权力关系;当成一个机构,在整个社会中媒介扮演什么角色;当成一个职业,社会学里有职业社会学,如医生、律师、记者等,都有自身的规范。可见,在他看来,"媒介社会学"中的"媒介"主要指媒介组织,与潘忠党教授的"新闻生产社会学"和其他一些学者的"媒介组织社会学"的核心意思是一致的。

② 李金铨教授在《大众传播理论》一书中将Hirsch译成"何许"。此处,笔者采用黄旦教授的译法"赫斯克"。参见黄旦:《传者图像:新闻专业主义的建构与消解》,复旦大学出版社2005年版,第188页。

是职业角色、生涯,以及传播媒介与组织化个人之间的关系;二是把整个传播媒介组织作为一个分析对象来探讨记者与编辑的协作等;三是传播媒介之间的关系,以及传播媒介与社会经济环境的关系。这三个分析层次由小到大,但并不相互排斥(Hirsch, P. M.,1977,转引自李金铨,2000:22)。依此分析层次的区分看,本书主要介于第二个层次与第三个层次之间,即注重对新闻从业者和媒介组织的考察,同时关注社会各要素与媒介组织之间的互动。在赫斯克看来,确定以传播媒介组织为主要考察对象和分析层次的优点在于:既能看到组织中、下层人员的角色,也可以看到上层决策人员的角色以及他们的经营理念和方针,还可以看到组织结构对媒介产品进行什么控制、产生什么影响,以及组织里各部门的关系等(Hirsch,1977,转引自李金铨,2000:49)。

迈克尔·舒德森概括的这三种新闻生产研究取向,在实际运用中并非是完美无缺的。"迄今为止仍然各自为政,构不成一个相应整体……政治经济学立足于宏观结构的分析,基本上不涉及具体的新闻生产过程。文本分析,侧重于微观的产品,虽然不能与具体生产过程割裂,但大致是从文本对生产过程的回溯。"(黄旦,2008:21—22)虽然新闻生产社会学的研究取向看起来最可能上下兼顾、两头通吃,其实亦存在弱点,单靠一种研究方法永远无法达到研究的完全目的。正如舒德森所言,新闻生产社会学和政治经济学、文化研究一样,"通常都是非历史的,也忽视新闻性质发生变化的各种可能。他们既缺乏历史视野也不谙比较研究……三种理论取向,凭借其本身,没有一种可能解释新闻生产的所有现象和变化"(Michael Schudson,2000:194—195)。

第三节 文献综述：新闻生产社会学研究[①]

本书的研究对象是编辑部的新闻生产，采用的研究取向主要是媒介社会学（新闻生产社会学），因此，研究综述将主要集中于这两个方面展开，并重点关注中外学者运用媒介社会学来研究编辑部新闻生产的学术成果。

在传播模式的研究中，哈罗德·拉斯韦尔（Harold Lasswell，1948）较早提出了5W要素：谁（who），说了什么（say what），通过什么渠道（by which channel），对谁说的（to whom），产生了什么效果（with what effect）。在这个模式中，"谁"既可以指传媒组织，也可以指传媒组织中的新闻从业者。传媒组织由从业者构成，而从业者又是组织化了的个体，两者互为统一。这个模式基本划清了传播研究的不同领域，同时，又给社会学家提供了全新的视野，促使他们更积极地关注、研究媒介组织和新闻从业者，其目的是"想要搞清楚媒介内容的选择过程及其所遵循的基本原则"（奥利弗·博伊德-巴雷特等，2004：333）。

但是，很长一段时间里，传播学者更关注对传播效果的研究，而忽视对媒介生产过程中传媒组织和新闻从业者的研究。显然，这种研究传统有失均衡，忽略对传媒组织和新闻从业者的研究不

[①] 本节内容曾在"中外新闻传播学理论讲习班"（复旦大学，2005年8月）上得到潘忠党、李金铨、赵月枝三位教授的指教与解答，文中潘忠党教授的观点主要来自这次讲习班。此外，也参阅了杨击主译的《大众媒介与社会》（*Mass Media and Society*）一书中文译稿。该书于2006年由华夏出版社出版。特此致谢。

利于全面、深刻地把握传播过程的全貌。针对这种偏颇的研究取向,李金铨(2000:21)认为,一般学者把它(媒介组织和从业者的研究)当作"已知数"或至少当作不太重要的"未知数",导致这种情况的原因跟传播研究初期就接受商业机构赞助的历史密切相关,研究传播效果是这些机构更为需要的东西。此外,"传播媒介势力庞大,组织严密,外人不易渗透进去",研究起来也比较麻烦。

一般认为,对编辑部如何生产新闻的正式研究是从怀特(David Manning White,1950)的"把关人"研究[①]开始的。该理论预设:为了理解新闻选择的过程,有必要研究在新闻组织中对新闻选择和审查新闻起重要作用的个体。1969年,斯尼德(Snider)又对"把关人"做了研究回访。"把关人"研究并没有忽略对新闻选择发生语境的研究,这些语境包括内外部资源、工作环境、竞争对手、职业理念和媒介所处的政治、经济、文化和社会环境等。而且,"许多研究显示,研究这些语境因素比单纯研究个体的日常工作惯例更具解释力"(奥利弗·博伊德-巴雷特等,2004:333—335)。

实际上,新闻生产社会学的研究要比怀特的"把关人"研究早得多。在迈克尔·舒德森(Michael Schudson,2000)看来,新闻生产社会学的研究至少可追溯到马克斯·韦伯(Marx Weber,1921,1946),从社会身份来看,他将新闻记者等同于某种政治人物。罗伯特·帕克(Robert E. Park)是20世纪初美国芝加哥学派中的代表人物,被罗杰斯(1997)誉为"大众传播第一个理论家"。受美国

---

① 此项研究被普遍视为大众传播者研究的开始。学者黄旦曾对此提出质疑,认为在美国早期新闻学的研究中,1937年若盛坦(Rosten, L. C.)对华盛顿记者所做的从业者调查,严格意义上说也是针对传播者的研究。参见黄旦:《传者图像:新闻专业主义的建构与消解》,复旦大学出版社2005年版,第2—3页。

实证主义哲学和芝加哥学派问题意识的影响,帕克对社区报纸有着浓厚的研究兴趣。他曾经深入波兰裔少数民族社区,对数十种报刊进行调查,并于1922年出版了自己唯一的专著《移民报刊及其控制》(The Immigrant Press and its Control),研究了移民报刊的历史及其对移民融入美国主流社会的作用等问题。1940年,他在《作为一种知识形式的新闻》(News as a Form of Knowledge)一文中提出,应该把新闻当作一种社会知识来考察(Robert E. Park,1940),认为知识可以分成两类:一类是经过比较系统的研究、具有理论性、可检验的知识,如物理学、化学、历史学等;另一类就是日常生活中所需要的,例如新闻就是一种社会知识,只不过是不系统的社会知识,给公众提供了解、熟悉外部世界的可能。

从20世纪50年代开始,一批学者开始真正从媒介社会学角度对编辑部新闻生产进行研究,陆续取得了一些比较可观的成果,形成了新闻生产社会学研究的不同传统。例如,沃伦·布里德(Warren Breed,1955)在其名作《新闻编辑部中的社会控制》(Social Control in the Newsroom)中,对新闻编辑部中的社会化因素做了深入考察,试图理解新闻价值、记者实际工作与编辑方针之间的矛盾。研究发现,新闻从业人员在生产过程中受到双重制约:既要服从专业规则,受专业协会的制约,又要作为组织的一员受到组织的制约。在组织的制约中,发行人会设置新闻政策。这些政策会被从业者所遵从。这种在缺乏公开压力情形下的遵从行为就是新闻生产社会化的典型过程。吉伯(Gieber, W., 1964)的研究发现,编辑实际上是被"包裹在一件零件制就的紧身夹克中",个人的主观与媒介组织和其他压力相比是微不足道的(转引自黄旦,2002)。

70年代中期后,一批社会学家相继加入新闻生产社会学的研究中。他们致力于考察新闻作为一种社会知识,其生产过程到底是怎样进行的,这个过程中有哪些因素可以帮助我们理解新闻的社会性特征。如上文所述,这个时期诞生的成果十分丰硕。1978年,社会学家盖伊·塔奇曼出版了《做新闻》一书。她花了十年时间在新闻编辑部进行亲身观察、访谈,从社会建构主义的视角出发,提出新闻生产不是在真空中完成的,不可能是对客观世界的直接反映,而是一种社会建构的过程和产物,"制造新闻的行为就是建构事实本身的行为,而不仅是建构事实后图像的行为"(Gaye Tuchman,1978:12)。新闻的再生产,"不仅定义和再定义、建构和再建构社会意义,它也定义和再定义、建构和再建构做事的方法,那就是现存机构中的现存程序"(盖伊·塔奇曼,2008:184)。对于塔奇曼的研究,有学者(黄旦,2008:21—22)指出,将媒介组织作为研究边界,可以将媒介如何建构现实或媒介建构现实是如何可能的讲清楚,却难以清楚地回答"知道了新闻组织的建构又如何?除了证明是建构以外,在理论上又有何种建树?就这个角度看,塔奇曼的研究还只能说是停留在现象描述层面"。

1979年,社会学家赫伯特·甘斯出版了《什么在决定新闻》一书。他是犹太人,出生于德国,后来到美国,以社会学家的身份研究新闻记者,基本上秉持了美国主流的结构功能主义传统。甘斯主要从新闻价值观的角度研究编辑部,通过不断观察和总结,确定了民族的优越感、利他的民主、负责任的资本主义、小镇田园主义、个人主义、中庸主义、社会秩序及领导素质八种持久价值观。他认为:"新闻记者总试图保持客观,但不管他们或其他任何人都有价值观,新闻对真实的判断中总包含着价值观。"(Herbert J. Gans,1979:39—53)在他看来,这些价值观的结合及与其相联系的真实判断形成"超意识形态",体现在新闻上就是一种专业主义的价值观(沃纳·塞佛林等,2000:360)。

1980年,马克·费什曼(Mark Fishman)出版了《制造新闻》(Manufacturing the News)一书。他关注和考察地方性新闻媒体,通过调研和采访来研究美国州政府的新闻从业者与消息源的关系及其在媒介组织中受到的压力。同年,作为60年代的学生运动领袖,社会学家托德·吉特林在《全世界在观看》①一书中研究体现出批判学派的社会学传统。他主要从争霸的角度考察大众媒介是如何塑造和毁灭新左派运动的,通过事件叙述和语言分析的方法,揭示了学生运动怎样在媒介的微妙干预之下,从最初"吸纳新成员,寻求支持"到"试图颠覆政治舆论,运动已经成为焦点",直到最后"引火烧身,化为灰烬"。此外,吉特林还在1994年出版了《内在的黄金时段》(Inside Prime Time)一书,对媒介生产、传播过程中权力关系的变化进行了研究。

80年代中后期,新闻生产社会学研究又出现了一些新取向和新观点。例如,政治学家班尼特(Bennett, W. L)在《修复新闻:一个新闻范式的案例研究》(Repairing the News: A Case Study of the News Paradigm)一文中,考察了新闻从业者处理、挑战现存"新闻范式"的过程和策略。他的研究延续了结构主义的社会学传统。新闻社会学由此进入政治学家研究的视野②。90年代,芭比·翟利泽(Barbie Zelizer)开始陆续发表论著,例如1993年的论文《作为阐释社区的新闻从业者》(Journalists as Interpretive Community:

---

① 中译本为《新左派运动的媒介镜像》,张锐译,华夏出版社2007年版。
② 学者潘忠党认为,新闻生产社会学研究主要有四个传统,分别是:赫伯特·甘斯的结构功能主义传统,盖伊·塔奇曼的现象学社会学传统,托德·吉特林的批判传统,沃伦·布里德的研究传统。前三个传统基本集中在20世纪70年代末、80年代初形成。

Critical Studies in Media Communication)，"以话语分析的方式来研究新闻生产，从历史话语的角度来看新闻从业人员如何建构自己的专业/职业"（潘忠党，2005）。1994 年，美国学者麦克马内斯（McManus, J.）出版了《市场驱动新闻学》（*Market Driven Journalism*）一书，对市场机制在媒介生产过程中的作用进行了深入细致的研究。

此外，还有一些研究关注的问题日趋多元：媒介组织内部群体对从业者个体的影响，新闻从业者自身的传统文化观念如何影响其新闻判断，某个条线的记者时间久了怎样被该条线的意愿所同化和控制，以及面对突发事件媒介组织内部资源配置的困难等。例如，杰里米·滕斯托尔（Jeremy Tunstall，1971）在对专业记者生产新闻过程的研究中发现，记者的角色行为不仅受到同事所形成"参照群体"的影响，而且受到媒介文化、记者贡献以及其扮演角色的影响（奥利弗·博伊德-巴雷特等，2004：336—337）。他认为，"记者的职业行为可以被视作对不确定的一系列反应"，这些不确定因素包括新闻价值、发稿速度等（Jeremy Tunstall，1971：6）[1]。

简要梳理完外国学者在新闻生产社会学领域的研究，不难发现他们的研究重点和方法的变化趋势。研究重点：早期比较侧重从业者个体新闻选择过程的研究，然后，逐步延伸至对编辑部组织内的从业者群体和群体间相互影响，以及编辑部内外各种因素影响新闻生产过程的研究，研究视野越来越注重媒介组

---

[1] 据赵月枝介绍，一些加拿大学者的新闻生产社会学研究也值得关注，例如艾里克森（Richard V. Ericson）的"三部曲"：《可见的越轨》（*Visualizing Deviance: A Study of News Organization*），1987 年出版；《协商控制》（*Negotiating Control: A Study of News Sources*），1989 年出版；《呈现秩序》（*Representing Order: Crime, Law and Justice in the News Media*），1991 年出版。

织内部、外部的"语境"。虽然有学者运用更宏观的政治经济学视野来考察,但多数学者仍然采用个体、群体和组织的社会学视野。研究方法:从早期单纯的访谈法,扩展到直接观察和参与观察等,同时,人类学方法的引入和运用越来越流行,甚至在媒介历史研究中也扎根下来。"越来越重要的不再是研究特定机构及其制约环境的正统历史,而是将新闻工作实践置身于政治、经济和文化的背景之中加以研究,同时考察新闻人是如何与更广泛的新闻来源和受众环境互动的。"(奥利弗·博伊德-巴雷特等,2004:339)

此外,从学科角度看,近年来西方学者对编辑部的研究正呈现多样化的旨趣,除媒介社会学、政治经济学、传播学外,逐渐拓展至管理学、经济学、伦理学等学科。这些研究主要根据媒介组织和产业遭遇的新问题、新挑战来进行,比如:数字化技术的应用对报业编辑部管理的影响,电视、网络和报业日益融合趋势下的多媒体编辑部的建设,市场化浪潮下编辑部社会责任的坚守问题,编辑部的组织文化和专业文化,编辑部的人事管理,编辑部新闻生产中的职业伦理,电视和报纸媒体编辑部管理中的亚裔美国人等。

令人关注的是,不少海外华人传播学者在新闻生产社会学领域进行了研究,取得了一系列成果(李金铨、黄煜,2004:33)[①]。例如,美国学者潘忠党选择塔奇曼研究媒介社会学的现象学传统,并受法国社会学家皮埃尔·布尔迪厄(P. Bourdieu)的启发,在北京等地做了大量的田野访问。"他强调新闻实践常常因'势'

---

① 关于这些研究成果的评价参见李金铨、黄煜:《中国传媒研究、学术风格及其它》,《媒介研究》2004年3月,第33页。

(situation)而异,由于中国改革的势头暧昧混沌、反复无常,查者往往无固定的常例可循,必须临场想办法应付,所以很不稳定,没有深思熟虑。"加拿大学者赵月枝的兴趣,"是从社会理论来探讨媒介。例如,她认为,中国进入世界贸易组织,加剧国内阶层分化,媒介话语为新兴的中产阶层服务,遗忘广大劳工和农民"。她对中国媒介从商业化到集团化的实践和意蕴做了描述分析,对《北京青年报》和中央电视台《焦点访谈》节目做了考察。

此外,一些港台地区的学者也较早地进行了新闻生产社会学的研究。例如,台湾政治大学的罗文辉(1995)通过研究记者的新闻选择过程发现,消息来源的偏向是记者为迎合截稿时间、提高工作效率、维持新闻可信度及与消息来源互动的结果,如果新闻机构的工作常规及新闻价值体系无法改变,新闻记者将很难改变选择消息来源的习惯与标准。香港学者何舟(1996)以政治经济学为取向,对《深圳特区报》进行个案研究,采取现场观察、深度访谈和内容分析等方法,分析了这家报纸的经营管理结构、行业竞争、广告运营、报道内容及从业人员等内容,指出这家报社在政治和经济的"拔河"中,逐渐从共产党新闻业演化为"党营舆论公司"。其他研究成果还有:陈顺孝(1991)通过参与观察法对台湾报社编辑的把关行为的研究,康永钦(1998)对记者如何规避风险处理新闻策略的研究,吴筱玫(1999)通过对两个案例的个案研究来探讨网络媒体如何影响新闻生产等(转引自黄光玉,2001)。

近年来,少数内地学者也对媒介组织的新闻生产做了社会学的考察。较有代表性的有:陆晔(2002)从新闻专业主义角度对中国大陆新闻从业者新闻生产中的职业意识进行考察,发现专业主义在中国有多个传统的渊源,面临各种力量的制约,在实践中具有碎片和局域的呈现;洪兵(2004)对 1983—2001 年期间的《南方周末》新闻生产进行研究,展现了转型社会语境中精英报纸新闻生产的张力;陈阳(2008)以妇女新闻为个案,对 25 名编辑、记者进行深度访谈,从个体意识、组织常规和体制情境三个层面出发探讨了新闻生产的影响机制;芮必峰(2009)从准入制度、宣传管理、市场逻辑、专业追求等方面,论述了新闻生产中的社会权力;等等。

但总体上,内地学者所做的新闻生产社会学研究非常匮乏,起步时间都较晚(多数在 2000 年之后),而且研究方法也相对单一,主要采用问卷调查和深度访谈,基本没有使用田野访问和实地观察。针对笔者关于在中国内地怎样进行新闻生产社会学研究的问题,潘忠党教授给出了三点建议①:一则,要做个案研究,更多地考察个案的历史变迁,把个案做深、做细;二则,要多阅读文献,范围不应该局限于媒介社会学研究的文献②;三则,可以尝试更加多元的研究方法,例如,迈克尔·舒德森的《发掘新闻:美国报业的社会史》(*Discovering the News: A Social History of American Newspapers*)从历史社会学的角度来研究新闻生产,这种方法在中国内地学者中运用得比较少。

---

① 2005 年 8 月,笔者作为学员,在复旦大学"中外新闻传播学理论讲习班"上向潘忠党教授提问。

② 他建议的阅读文献有:布尔迪厄的《新闻业的场》(*The Field of Journalism*),运用"场"的理论来考察新闻生产的过程;米肖·图的《日常生活中的逻辑》(*The Logic of Everyday Practice*);福柯的《知识考古学》、《事物的秩序》(*The Order of Things*);哈贝马斯的著作。"在以前新闻生产社会学的考察中,基本上没有放在民主发展的大背景下来考察新闻生产的,而我们今天已经面临这样的任务:必须要放在民主发展的大背景下来研究新闻生产。"

第四节 研究范式：布尔迪厄的场域理论

本书对南都编辑部新闻生产的考察，将应用法国社会学家皮埃尔·布尔迪厄的场域理论进行研究。这种反思社会学的理论，对新闻生产社会学的研究来说意味着一种全新范式。

1. 场域

"场域"(field)，也可被译作"场"，本来是物理学中的概念，最早由牛顿提出，用以解释重力的作用原理，之后英国物理学家法拉第用此概念解释电磁力。库尔特·勒温较早地将其引入社会科学，"赋予场论以元理论的地位"，认为应该把场域理论"理解成一种研究方法：一种分析因果关系和建立科学结构的方法"(Kurt Lewin，1951，转引自刘海龙，2008：405）。但是，勒温的研究对象主要是心理学问题，真正将场域理论普遍化运用的则是布尔迪厄作出的重要贡献。

布尔迪厄试图打破传统结构功能主义的窠臼，既避免过度强调客观结构对行动者的决定性作用，又避免过度强调行动者的能动性。20世纪60年代，在大量人类学研究的基础上，他提出了"场域理论"，并对"场域"的内涵作了如下阐释：

> 从分析的角度看，一个场域可以被定义为在各种位置之间存在的客观关系的一个网络，或一个构型(configuration)。正是在这些位置的存在和它们强加于占据特定位置的行动者或机构之上的决定性因素之中，这些位置得到了客观的界定，

其根据是这些位置在不同类型的权力(或资本)——占有这些权力就意味着把持了在这一场域中利害攸关的专门利润的得益权——的分配结构中实际和潜在的处境(situs),以及它们与其他位置之间的客观关系(支配关系、屈从关系、结构上的对应关系,等等)。(布迪厄、华康德,1998:133—134)

根据布尔迪厄的观点,"场"是力量聚集的所在,被各种权力或资本(政治、经济或文化等)占据着不同的位置,场的结构恰是不同的权力或资本分布的空间。"场的概念给我们提供了一个有关经常发生的问题的连贯系统,这个系统把我们从实证主义者的经验主义的理论真空中解救了出来,也把我们从理论主义话语的经验主义真空中解救了出来";"场的概念使我们想到,社会科学的真正对象并不是个体……然而,场才是最重要的,她必须是研究活动的中心";"场是力量关系的场所(不仅指那些具有决定意义的力量),也是针对改变这些力量而展开的斗争的场所,而且也是无止境的变化的场所"(转引自包亚明,1997:149,152,157)[①]。

简言之,从场域的角度进行思考就是从关系的角度进行思考。场域所要表达的"主要是某一个社会空间中,由特定行动者相互关系网络所表现的各种社会力量和因素的综合体",场域的灵魂是"贯穿于社会关系中的力量对比及其实际的紧张状态"(高宣扬,2006:139—140)。

[①] 布尔迪厄认为,场的界线只能由以经验为依据的调查来决定。迈克尔·舒德森的研究同样适用于场的理论:"如果你没有注意到报纸中'客观性'这一现代概念的产生,牵涉到'体面'(因为正是'体面'的标准把'新闻'从小报的纯粹性'故事'中区分了出来),那么,你就无法真正理解在新闻中'客观性'这一现代概念的产生,只有通过对这些世界中的每一个世界都进行研究后,你才能估计出它们是如何被具体地建构的,它们止于何处,到底谁进入了这一世界,谁有没有进入,以及他们是否形成了一个场等。"(转引自包亚明,1997:146—147)

理解和应用场域理论,离不开惯习(habitus,亦被译成"习性")①和资本等其他相关概念。布尔迪厄在《区隔》(1984)一书中提出了分析模式的简要公式,他的"完整的实践模式把行为理论化为惯习、资本以及场域之间关系的结果"(转引自戴维·斯沃茨,2006:161):

$$[(习性)(资本)] + 场域 = 实践$$

由这个公式可见,场域理论强调研究实践者如何在特定的场域中(一种关系型的、权力或资本空间分布的位置结构),通过对各种资本(经济资本、文化资本、社会资本等)②的争夺和运用,形成了一套包含情绪、语言、倾向等在内的一系列行为机制("惯习"或"习性")。场域是实践者采取策略、争夺资源的空间,而实践者的策略又取决于他们在场域中的位置,即特定资本的掌握和分配情况。

2. 资本

在布尔迪厄看来,场域是一个冲突和竞争的空间,甚至类似一个战场。"在这里,参与者彼此竞争,以确立对在场域内能发挥有效作用的种种资本的垄断。"(布迪厄、华康德,1998:18)一个场域可以理解为一种游戏,在这个游戏中,参与者要凭借自己所掌握的资本参与竞争或斗争,资本在特定场域中既是斗争的武器,也是争夺的关键。"只有在与一个场域的关系中,一种资本才得以存在并且发挥作用。这种资本赋予了某种支配场域的权力,赋予了某

---

① "惯习"又被翻译成"习性"或"生存心态"。详见高宣扬:《布迪厄的社会理论》,同济大学出版社 2004 年版,第 113—117 页。

② 其中,文化资本和社会资本又被视作象征资本/符号资本。详见[法]皮埃尔·布尔迪厄:《文化资本与社会炼金术——布尔迪厄访谈录》,包亚明译,上海人民出版社 1997 年版,第 189 页。

种支配那些体现在物质或身体上的生产或再生产工具的权力,并赋予了某种支配那些确定场域日常运作的常规和规则,以及从中产生的利润和权力。"(布迪厄、华康德,1998：139)

在场域的争斗中,行动者能否获取利润或权力,关键看他们所拥有的资本。布尔迪厄主要关注三种类型的资本:经济资本(货币与财产)、文化资本(包括教育文凭在内的文化商品与服务)、社会资本(熟人与关系网络)。此外,还有符号资本(合法性)。这里的资本概念不同于马克思的资本概念,"他并不区分资本主义所独有的工作类型……虽然布尔迪厄主要关注的是权力与统治,但是他的资本概念并不与马克思所理解的榨取剩余价值或原始积累动力的剥削理论相联系"(戴维·斯沃茨,2006：87)。他发现了范围更广的构成权力资源的劳动类型(社会的、文化的、政治的等),而且它们在一定情况下是可以相互转化的。其中,文化资本"实际上应该叫作信息资本,它本身的存在形式又有三种:身体化的、客观化的和制度化的。社会资本,是指某个个人或是群体,凭借拥有一个比较稳定,又在一定程度上制度化的相互交往、彼此熟识的关系网,从而积累起来的资源的总和,不管这种资源是实际存在的还是虚有其表的"(布迪厄、华康德,1998：162)。

在这些资本类型中,经济资本是相对显性的,而社会资本和文化资本是相对隐性的。"如果说布尔迪厄眼中的文化资本在其存在意义上更偏重于虚假或者象征性的资本,那么他眼中的社会资本概念则是实际或潜在资源的集合体,或者说是实的或虚的资源的总和。"三种主要类型的资本可以相互转换,作为最有效的资本形式,经济资本可以被轻易地转换成社会资本和文化资本,而社会资本和文化资本要转换成经济资本"却不是即时性的,而且遭受的风险比较大"(李艳培,2008：137)。

3. 惯习

关于"惯习"(或"习性"),布尔迪厄这样定义:"所谓惯习,就是知觉、评价和行动的分类图式构成的系统,它具有一定的稳定性,又可以置换,它来自社会制度,又寄居在身体之中(或者说生物性的个体里)。"(布迪厄、华康德,1998:171)简言之,习性是一套主导实践行为的倾向,虽然很难经验性地阐述,但"指向一种理想的行为类型,即习惯化的、实践性的、心照不宣的、倾向性的,同时又是结构化的行为类型"(戴维·斯沃茨,2006:326)。作为"可持续的、可转换的倾向系统",习性"倾向于使被结构的结构发挥具有结构能力的结构的功能,也就是说,发挥产生与组织实践与表述的原理的作用"(Bourdieu,1990,转引自戴维·斯沃茨,2006:117)。

布尔迪厄认为,惯习(习性)是一种"社会化的主观性",它与场域之间的关联有两种作用方式:"一方面,这是种制约关系:场域形塑着惯习,惯习成了某个场域(或一系列彼此交织的场域,它们彼此交融或歧异的程度,正是惯习的内在分离甚至是土崩瓦解的根源)固有的必然属性体现在身体上的产物。另一方面,又是种知识的关系,或者说是认知建构的关系。惯习有助于把场域建成一个充满意义的世界,一个被赋予了感觉和价值,值得你去投入、去尽力的世界。"他在使用习性这个概念时,主张抛弃"经济人"的假设,而把实践活动看作是一种"实践感的产物,是在社会建构中的'游戏感'中的产物,就是要说明实践的实实在在的逻辑"(布迪厄、华康德,1998:172—173,164)。

4. 新闻场域

场域对新闻业来说,就是"新闻场"或"媒介场域"。1996年,布尔迪厄在法国巴黎一台做了两场电视讲座,题为"关于电视"和"记者场与电视"。同年,讲座内容以《关于电视》(*On Television*)这本小册子出版。1998年,《关于电视》被翻译成英文,公众和学者对他的研究范式产生了极大兴趣,以美国纽约大学罗德尼·本森(Rodney Benson)等为代表的一批学者(Rodney Benson, Patrick Champagne, Erick Darras, Julien Duval, Erik Neveu)运用场域理论撰写了一系列论文并结集成书①。

在《关于电视》(布尔迪厄,2000:44)一书中,布尔迪厄用"媒介场域"(media field)来分析和批判电视在资本主义社会中的负面功能,力图阐释新闻工作者实践活动的机制。"新闻界是一个独立的小世界,有着自身的法则,但同时又为它在整个世界所处的位置所限定,受到其他小世界的牵制与推动。说新闻界是独立的,具有自身的法则,那是指人们不可能直接从外部因素去了解新闻界内部发生的一切。"这段话非常直接地强调了新闻业或传媒组织与社会之间的互动关系,同时也强调了"媒介场域"这个概念有助于我们从新闻界内部来考察新闻生产。

"一个场就是一个有结构的社会空间,一个实力场——有统治者和被统治者,有在此空间起作用的恒定、持久的不平等的关系——同时也是一个为改变或保存这一实力而进行斗争的战场。"(布尔迪厄,2000:46)②谈论"媒介场域"这个概念时,布尔迪厄的

---

① 详见 Rodney Benson & Erik Neveu, *Bourdieu and the Journalistic Field*, Polity Press, 2005。

② 此外,布尔迪厄强调,新闻场的一个区别于数学场、文学场、法律场、科学场等的特殊点就在于,更容易受到外部力量的钳制。"它直接受需求的支配,也许比政治场更加受市场、受公众的控制。"(布尔迪厄,2000:61)基于布尔迪厄考察电视的具体社会情境和传媒业现实状况,他显然更容易关注和批判商业对电视业的影响和控制,而这种控制很大程度上主要通过收视率来实现。"新闻界是一个场,但却是一个被经济场通过收视率加以控制的场。这一自身难以自主的、牢牢受制于商业化的场,同时又以其结构,对所有其他场施加控制力。"(布尔迪厄,2000:62)"通过收视率这一压力,经济在向电视场施加影响,而通过电视对新闻场的影响,经济又向其他报纸,包括最'纯粹的'报纸,向渐渐地被电视问题所控制的记者施加影响。同样,借助整个新闻场的作用,经济又以自己的影响控制着所有的文化生产场。"(布尔迪厄,2000:66)

分析层次更多界定于对整个新闻业或具体针对电视业而言,而没有涉及具体的媒介组织(如电视台),但这并不妨碍我们运用这个概念去理解媒介组织的新闻生产。他对电视业的批判,不仅以"场"这个重要概念给我们提供了理论上的启发,而且为我们如何具体运用这个概念来分析电视新闻从业者的实践活动提供了方法上的借鉴。

实际上,无论是电视场还是媒介场域,其生产内容主要围绕新闻展开,其行为即新闻实践活动,因而本书侧重以新闻场域(journalistic field)研究来具体运用布尔迪厄的场域理论。之所以将"新闻"(news)与"新闻实践"(journalism)加以区分,并采纳后者作为场域研究的主体,是因为:作为一种文本形态或对事实的"报道",新闻只是形式、过场,在各个社会都有,而新闻实践必须有灵魂,存在于将这种社会实践与民主体制相勾联,包含着对以新闻实践不断促进民主的期待(潘忠党,2005)。

布尔迪厄指出了场内和场外商业等力量的存在,也强调了这些力量的控制与反控制,并对新闻场域自主性的缺失进行了批判。在与文学场、司法场的比较中,他强调新闻场域的特殊之处:比其他场域更容易受到外部力量的干预,甚至比政治场更容易受市场、受众的控制。新闻场域是权力场域的一部分,与文化生产中其他场域相比,"它具有更高程度的他治性"(heteronomy),即"它是一种自主性(autonomous)非常脆弱的场域"(Rodney Benson & Erik Neveu,2005:5)。在对法国电视场(媒介场)的研究中,布尔迪厄将重点放在电视场符号暴力(symbolic violence)的形成机制上,指出这种隐蔽权力发挥着支配性影响,降低了电视对公共事务等重要信息的关注度,以隐藏的审查机制导致意见表达的简单、娱乐和肤浅。

5. 其他概念

介绍完"场域"、"习性"、"资本"等核心概念后,有必要对本书的其他关键概念作简要说明。

(1) 编辑部。

本书所指的编辑部是相对于经营部门而言的,指媒介组织内部直接从事新闻采集、编辑和发布的部门。具体针对南都则主要包括其区域新闻部、珠三角新闻部、经济新闻部等,而不包括广告和发行等经营部门。文中的"编辑部"若非特别指代某个具体的新闻部门,则是这些新闻部门的统称。如果将整个南方都市报社视为一个组织的话,那么,编辑部就是这个大组织下若干个小组织的统称。

(2) 新闻生产。

在本书中,新闻生产包括新闻从采集、制作到传播的全过程,是传播者对新闻事实进行选择、加工和发布的过程,其生产的主体包括消息来源提供者、媒介组织、新闻从业者等。新闻生产是一个名词,可以指代新闻实践的总和;更是一个动词,强调了新闻从变动的事实到被传播信息的过程。伯纳·罗胥克认为,研究新闻的社会性时,"新闻产生过程的解析,远比研究新闻所带来的社会结果更重要"。"传播媒体独特性来自它们是负责收集、传播一些特定的知识,而这项职责使得新闻媒体产生了一些特殊的专业活动,因而有别于其他组织。对新闻媒体这些独特的专业活动,及其产物进行分析、研究,正是新闻社会学家的首要任务。"(Bernard Roshco,1994:11—12)

本书使用"新闻生产"这个概念有两个主要目的:第一,强调本书的研究重点聚焦于媒介组织的新闻实践活动,而非新闻报道的内容或内容对受众的影响,因此,这种研究将集中于对新闻从业者和媒介组织进行整体性研究;第二,强调笔者的研究旨趣所在,即最大可能地从新闻生产的过程来进行研究。从媒介社会学的角度看,新闻既是一种社会现象,又是一种社会过程的产物。在这个社会过程中,哪些因素起着决定作用,哪些内容被选择或筛掉,只有从新闻生产的过程来加以考察才可能找到比较真实的答案。因此,笔者以"新闻生产"这个概念来统指媒介组织和新闻从业者的新闻实践活动。

(3)社会控制。

控制包含约束、限制的意思。在社会学中,社会控制是一种复杂的社会过程,主要指"社会组织利用社会规范对其成员的社会行为实施约束,以保证正常的社会秩序的过程"(社会学概论编写组,1993:309)。社会控制"并不是一个自足的概念,它通过一系列张力作用呈现出来,体现为一种动态关系"(吴靖、云国强,2005)。要理解这个词语,必须消除对其可能产生的直接印象:控制必定是坏的东西。正如黄旦(2003:84)所言:"传播如失去适当的有益的控制也是不可想象的。在某种意义上说,没有控制也就没有自由。'大量存在'且又'毫无例外',就说明新闻事业中存在社会控制绝非偶然,而是有深刻的社会背景和其他原因。"

所谓新闻事业的社会控制,"指社会中的不同组织、势力,通过各种手段,对新闻事业施加压力和影响,使之所传播的内容符合社会或控制者自身的利益和愿望"(黄旦,2003:87)。关于新闻媒介遭遇的社会控制因素,李良荣(2001:161)认为主要包括五个方面:司法控制(以法律来监控)、行政控制(各种规定、税收)、资本控制(大公司的垄断)、媒体自律和公众(最具威慑的因素)。

实际上,新闻生产无时无刻不处于各种社会因素的制约和影响中。这些因素有的来自媒介组织内部(如媒介的价值取向、编辑方针、制度规范和从业者的自我追求等),有的来自媒介组织外部(如宣传管理、政府机构、读者和市场的要求等)。黄旦将新闻生产过程受到的多种控制分成两大类:一类是编辑部内的新闻政策和组织制度,一类是编辑部外的信源压力、商业压力(广告)、政治压力(政府)、同伴压力(其他媒介)等(2005:187—207)。新闻生产所遭受的各种压力启发我们,"新闻是记者所知道的东西,但在我们更好地理解施加于新闻报道上的社会压力之前,我们永远无法理解新闻是什么"(Giber, W., 1964,转引自黄旦,2005:208)。

结合中国社会的现实语境,我们可以将新闻生产所受的各种内部、外部社会控制的因素概括为:第一,宣传管理和行政影响,主要是政治因素,来自宣传部门(各级党委宣传部门)、政府部门(包括新闻出版总署、国家广电总局等媒体行业管理机构,以及各级政府部门);第二,市场因素,包括所处报业市场的竞争格局、本报社的市场目标及企业(广告商)的利益诉求;第三,媒介组织(包括集团、报社及编辑部)的价值取向和管理制度;第四,从业者自身的专业理念和职业追求;第五,所处区域的社会和文化因素;第六,技术因素,如网络的应用等;第七,全球化,主要指西方媒体新闻价值观和实践方法的影响。其中,第一、二、五、六、七个因素主要是编辑部组织之外的社会环境控制因素,第三个因素主要是编辑部组织本身的控制因素,第四个因素则主要是从业者个体或群体的自我控制因素。

(4)组织。

由于本书的研究层面主要集中于编辑部组织,组织也是一个比较重要的概念,因此将适当引入组织社会学和组织行为学的理论。实际上,组织理论原本就是新闻生产社会学研究的重要补充。

"如果说象征互动论或者社会建构论是新闻社会学的一种理论来源的话,那么组织理论或科层制理论(bureaucratic theory)可以作为一种补充。一方面,新闻可以看作是社会生产的'现实';另一方面,也可以看作是某种社会组织制造的产品,如其他制造品一样。"(Michael Schudson,2000:186)

德国社会学家马克斯·韦伯把组织看成一种对外封闭或限制局外者加入的社会关系,其规则"由特定的个人如领导者,以及可能是管理干部(他们通常同时具有代表性权力)来执行"。一个组织既可以是自律的也可以是他律的,自治的或他治的,前者指组织的秩序由组织成员凭借自身的特质建立起来,后者指秩序由组织外的人强加(马克斯·韦伯,2005:63—67)。同样,组织行为学也并非孤立的而是系统地研究组织中人的行为规律,把组织看成一个开放的社会-技术系统,从整体出发来研究组织的运行和发展。它同样也涉及人类学、社会学、政治学等多学科,在研究层次上包括个体、群体、组织和组织的外部环境等(孙志成,2004:2—3)。

从组织的形态看,媒介是一个相对独立的组织,又无时无刻不处于社会环境之中,与社会的各领域发生着紧密关联。"传播媒介是社会经济文化系统之下的次系统(subsystem),相对而言,应该有它的自立性……但传播媒介必须同更高的社会经济文化系统保持动态的互动。"(李金铨,2005:14)当前,媒介组织上至集团、下到报刊,层级越来越多,结构日趋复杂,大组织中还有多层小组织。在本书中,南都报社、南都编辑部、南都经营部门等都是各自相对独立的组织,但它们又发生紧密的互动和联系。其中,编辑部是本书研究的重点。虽然以编辑部组织为考察的中心,但组织内的个体(作为个体的新闻从业者)、群体(作为群体的新闻从业者),以及组织外部的社会环境①都是必须考察的对象,其中尤以社会环境最为重要。新闻生产社会学所研究的核心问题,就是组织内外各种控制因素与组织的互动关系。

第五节 场域理论的运用意义及分析方法

华康德认为,布尔迪厄的社会理论有利于克服社会科学长期分裂的二元对立。"布(尔)迪厄力图克服那种将社会学要么化约为只关注物质结构的客观主义物理学,要么化约为只强调认知形式的建构主义现象学的企图,他认为化约只会使社会学丧失活力。他本人则采用一种能够同时包容两种途径的生成结构主义。"(布迪厄、华康德,1998:4—5)他在方法论上采用"关系主义",打破要么系统、要么行动者的区分,而强调关系的重要性。而从哲学的角度看,布尔迪厄的理论总体上是一种反思性的哲学。

如前文所言,新闻生产社会学的研究自20世纪70年代开始有一种从结构功能主义向建构主义的转向,而布尔迪厄运用场域理论进行分析,试图克服的恰恰是能动/结构、主观/客观的传统社会学分析的二元框架,既关注结构对能动性的影响,也分析个体/实践者的主动性发挥,而且在富有张力的分析、阐释中更深刻、真实、厚重地把握社会实践的复杂形态。"场域理论作为一种社会研究范式是以'实践逻辑'克服'结构决定论'与'主观意志论'之间

---

① 本书中的"社会环境"主要指影响编辑部组织新闻生产的各种社会控制因素,包括管理部门的政策、权力部门和商业机构的利益、区域的经济文化状况等等。

的二元对立,因而在抽象的方法论层面上具有优越性。"(刘擎,2007:254)

针对政治经济学、新闻生产社会学和文化研究三种研究新闻生产的取向,迈克尔·舒德森评价说,它们都有各自显著的优点,把焦点放在特定组织并对这些组织中的新闻生产过程进行考察,也都试图抛弃功能主义的路线。"功能主义总是假定媒介必定服务于某些社会功能(虽然政治经济学的视角尚未完全摆脱功能主义的定位)。"不过,他依然对许多相关的研究感到不满,"功能主义还是尾大不掉,总是强调媒介应该以这样的方式服务于社会——以充足的信息武装普通大众,使他们得以维护自己作为公民的权利"(迈克尔·舒德森,2006:185)。在他看来,对新闻生产的研究,建构主义较之功能主义具有更强的阐释力。

可见,场域理论对新闻生产研究的适用性。"场域"这个概念被引入媒介组织的新闻生产研究中,有助于我们在新闻生产和社会控制的框架下来考察新闻实践活动,更有助于在我们研究新闻生产的过程中运用建构主义的路径。运用场域理论,既立足于内部,又不忽略外部,充分注重内外部力量的互动,能够有效地促进宏观、微观控制因素在媒介组织这个中观层次上的勾连。恰如罗德尼·本森(2003:2)概括的那样,场域理论至少对欧美传统的新闻媒介研究贡献良多。

首先,聚焦于中观层面的"场域"为传统上割裂的宏观的新闻媒介"社会"(societal)模式(诸如政治经济、霸权、文化和技术理论)和微观的"组织"(organizational)研究路径架设了理论与实证合二为一的桥梁。其次,相对于不是集中于新闻机构就是集中于受众(但很少同时集中于这两者)的那些研究,他们的场域理论侧重于两者间的联系。此外,它挑战"被动"-"主动"受众这种二分法,坚持生产和接受周期的预设的和谐。再次,场域理论突显变化的过程,包括媒介场域自身是如何变化的,以及一个重组的媒介场域是如何影响其他主要的社会部门的。最后,与英-美式的严格区分研究与政治间关联的趋势相反,布尔迪厄、尚帕涅(Champagne)等人建议并实施一个将政治和知识分子行动混合在一起的项目,以此为他们所认定的社会顽疾疗伤。

布尔迪厄在对场域、资本和惯习等概念进行界定时,强调应该使用"开放式概念"。"开放式概念的提法可以始终不停地提醒我们,只有通过将概念纳入一个系统之中,才可能界定这些概念,而且设计任何概念都应旨在以系统的方式让它们在经验研究中发挥作用。诸如惯习、场域和资本这些概念,我们都可以给它们下这样或那样的定义,但要想这样做,只能在这些概念所构成的理论系统中,而绝不能孤立地界定它们。"(布迪厄、华康德,1998:132)

如何对一个场域进行研究?布尔迪厄(布迪厄、华康德,1998:143)认为,至少涉及三个必不可少、内在关联的环节:"首先,必须分析与权力场域相对的场域位置①……其次,必须勾画出行动者或机构所占据的位置之间的客观关系结构,因为在这个场域中,占据这些位置的行动者或机构为了控制这一场域特有的合法形式的

---

① 关于"权力场域",是"一个包含许多力量的领域,受各种权力形式或不同资本类型之间诸力量的现存均衡结构的决定。同时,它也是一个存在许多争斗的领域,各种不同权力形式的拥有者之间对权力的争斗都发生在这里。它又是个游戏和竞争的空间,在这里,一些行动者和机构拥有一定数量的特定资本(尤其是经济资本和文化资本),这些数量的资本足以使他们在各自的场域里(经济场域、高级公务员场域或高校场域、知识分子场域)占据支配性的位置……权力场域的组织结构是一种交叉融合式的结构:按照占支配地位的等级制原则进行的分配(经济资本),和处于被支配地位的等级制原则作出的分配(文化资本),恰好是一种反向对称关系。"参见[法]皮埃尔·布尔迪厄、[美]华康德:《实践与反思:反思社会学导引》,李猛、李康译,中央编译出版社1998年版,第285页。

权威,相互竞争,从而形成了种种关系。除了上述两点以外,还有第三个不可缺少的环节,即必须分析行动者的惯习,亦即千差万别的性情倾向系统,行动者是通过将一定类型的社会条件和经济条件予以内在化的方式获得这些性情倾向的;而且在所研究场域里某条确定的轨迹中,我们可以找到促使这些惯习或性情倾向系统成为事实的一定程度上的有利机会。"

概言之,本书研究的重点是《南方都市报》编辑部场域中的新闻生产,必然要总结其惯习特征(倾向和机制等),在探讨其惯习形成原因时需要挖掘"资本"(或力量)的争夺和转换过程,而考察的背景和结构始终是不同权力和资本分布的特定空间——场域。运用场域理论分析需要不断地进行解构和反思,以体现布尔迪厄"反思社会学"的基本精神。

研究过程中,笔者需要具体解决三个问题。

其一,首先应该对南都编辑部这样一个新闻场域进行基本的结构性图示分析,揭示和描绘出它在广东/广州区域性场域、报业行业结构、南方报业集团、南都报社等不同层次中的"纵向位置",并描绘它与经营部门之间的内部"横向位置",以及新闻场与经济场、政治场、文化场/学术场等之间的外部"横向位置"。进而,重点定义和廓清政治资本、文化资本、经济资本、社会资本四种不同类型的资本在新闻场域中的明确内涵。然后,以这些资本的转换、积累、运用、挖掘等为实践的内在动力,去考察新闻生产在不同部门、不同情境中的"习性"特征。

其二,本书要解决的难点和关键在于两个方面。首先,必须型构、确定南都编辑部场域的空间位置,把原先平行的、并列的、宽泛的社会控制因素加以具体化、立体化和层次化,而不止于延续传统,只做结构与行动或生产与控制之间的简单"勾联式"的解释。

其次,在研究日常新闻生产的实践行为时,始终确立"关系"的思维,在考察资本争夺、转换的变化过程中,在对细节的把握和体味中,把"习性"特征(针对新闻场域而言,可以理解为一种新闻生产的倾向或生成机制)概括和提炼出来。

其三,注意不断反思研究者自身的立场,尽量将研究对象客观化。布尔迪厄认为,在分析场域前,研究者需要找到"一个合法的立场",与研究对象保持一定距离,以避免受到媒介场的影响。"研究中,需要时刻反观自己,避免格尔兹所说的'曼海姆悖论'。通俗地讲,就是不要做一面只照别人不照自己的镜子,避免只我例外的自负。"(刘海龙,2008:408)学术研究的前提是与政治权力、商业利益保持距离,如"前言"中所述,公共性又是传媒研究的核心问题。因此,笔者尽量将立足布尔迪厄反思社会学中对三重向度(学术向度、道德向度、政治向度)的思考,坚持学术向度,"在'科学上'和'学术性'的层面进行反思,更需要在'道德上'和'政治性'层面进行反省"(吴飞,2009:126),以传媒公共性为自主性立场进行研究。

* * *

综上所述,场域理论提供了一种富有张力、阐释力的,解释新闻生产实践的理论工具。"场"既是各种类型资本竞争的结果,也是资本竞争的形式。在研究过程中,新闻场域是实践所处的空间,也是实践建构的结构,其包含着不同层次、大小的行动的空间。而本书研究的新闻生产实践,其动态化过程及特征,也就是新闻从业者在争夺各种资本/权力过程中形成"习性"的结果。所以,场域理论与本研究的核心问题(新闻生产与社会控制的关系)有高度的契合性。

由此,社会控制对新闻实践的影响被具体化为两个层面:第一,在相对宏观的层面,新闻场与其他不同场(经济场、政治场/权力场、学术场等)是如何相互影响和作用的。第二,在相对中观/微观的层面,细致探究:从业者新闻生产过程中如何运用各类资本?如何进行各种资本的转化?南都在发展历程中,各类资本的变化有什么特征?不同部门(时评/深度报道部)的新闻生产实践中,资本运用的策略有什么不同?编辑部场域中的新闻生产到底有何"惯习"特征?

最后,有必要强调的是,新闻生产、社会控制等均是此项研究的"描述"型概念,场域理论所包含的场域、习性、资本等则兼具"描述"与"阐释"的双重意义。笔者在分析影响新闻生产的内外部因素过程中,侧重以社会控制来统指行政控制(新闻政策)、资本控制(商业利益诉求)、专业控制(专业主义和新闻自律)等多种因素,而在阐释其新闻生产的行为特征、内在动因和生成结构时,则重点运用场域及其相关概念进行分析。这样做的好处在于,既能比较通俗地描述清楚新闻生产的基本特征,又能避免结构/功能主义研究的不足,充分发挥作为一种全新范式的场域理论对新闻生产进行建构主义取向的研究意义。

第二章 发展历程：主流化及场域的历史建构

第一节 作为线索的自主性

依据布尔迪厄在《关于电视》(2000：44，45，47)中对知识分子和文学场的分析，运用场域理论的基本步骤和方法包括：第一，确定某个场与权力场之间的关系，距离近或远，被影响程度的大或小，要分析与它所处位置有关的一切因素；第二，确定某个场内部的空间位置的关系，或力量格局的基本结构特征，也就是"构成新闻场结构的整个客观的实力对比关系"；第三，研究和把握行动者／实践者的习性特征，进而进行阐释。

由此，本书对《南方都市报》编辑部新闻生产的场域研究涉及三个具体环节：分析新闻场域与权力场域相对的场域位置；勾画出南都编辑部及从业者所占位置之间的客观关系结构；分析南都编辑部及新闻从业者从事新闻生产的惯习。针对中国语境中的新闻场域的研究，有学者建议，首先要在"媒介场生成史的考察中，确定媒介场与其他场域之间的关系"(刘海龙，2008：411)。实际上，这也是我们对南都进行场域分析的基本前提。

较之于《南方都市报》编辑部这个相对微观的新闻场域，我们可将整个南都报社视为相对中观的新闻场域。显然,这个场域的权力分布、空间位置既由与外部其他场域的关系决定,同时也是在其社会实践的历史过程中被逐步建构而成的。布尔迪厄的理论强调,始终要从实践逻辑出发来理解社会现象。他在知识场域研究过程中的"历史建构"意识同样适用于我们对南都媒介场的分析:"对知识场域的研究首先需要对知识生产的社会历史条件进行分析,要求对知识场域与其他场域(尤其权力场域)的关系作出历史性的把握;其次,辨析知识场域的内部规则与资本在社会历史实践中的构成,并勘定不同的知识分子在知识场域中的成员资格与位置,对其惯习引导下的特定行动作出解释。"(Pierre Bourdieu,1977①,转引自刘擎,2007:256)

新闻场域从来都不是静态存在的,而始终在与政治场、经济场、文学场等其他场域的互动中呈现出动态变化。要把握一个新闻场域的基本位置和特征,既要对其当下权力和资本分布的空间进行描绘,更要对其历史建构的过程给予必要回顾和整体把握。众所周知,20世纪70年代末中国社会改革开放之前,大众传媒在宣传方面的政治功能被过度强化,新闻场域基本隶属于政治场域之中,是具有明显"他治性"而缺乏"自主性"的。

伴随市场化改革的进程,传媒在信息传播、娱乐大众、舆论监督等方面的功能被逐渐释放和强化,新闻场域的自主性不断提高。尤其在80年代中后期,政治改革的需求日趋强烈,记者出身的杨继绳甚至提出,新闻场域与政治权力之间应该是一种"柔性联系模式":新闻界不应该受任何政治力量的控制,在报道什么与如何报

---

① 详见 Pierre Bourdieu, *Outline of a Theory of Practice*, Richard Nice, trans. Cambridge University Press, 1977, chapter 2。

道上完全自主;政治力量只能通过立法、召开记者会和与记者交朋友等间接方式来争取新闻界的支持(杨继绳,1988,转引自何舟,1998:22—23)①。显然,这种对新闻场域自主性的期待脱离了中国现实的制度情境。及至90年代中期《南方都市报》诞生之时,大多数中国传媒都在实质上获得了经济独立的地位,尽管市场化并未让新闻场域获得实质性的自主地位,但对其自主性的增进与提高却是不争的事实。例如,陈怀林、陈韬文(1998:53—54)对90年代中国传媒商业化进行观察分析时就曾强调其对新闻自由的影响:

> 中国共产党和政府对大众传媒的控制主要包括所有权的控制、人事权的控制、编辑方针的控制和财政经济的控制。近几年来,前三项控制变化甚微,但是当局对传媒的财经控制却发生了实质性变化。广告、发行和其他经营活动替代政府的财经津贴成为传媒的主要收入来源。可以说,在1990年代的中国,传媒商业化已经取代了少数知识分子的理性追求而成为争取新闻自由的主要驱动力……商业化发展的一个重要结果是传媒角色的重新定位……商业化是一柄双刃剑,它在锲进新闻自由的同时也为其设置了新的障碍。②

本章,笔者试图纵向回顾南方都市报社1995—2008年十余年历程,把握其新闻场域中权力、空间位置的变化轨迹。需要指出的是,分析报社新闻场域是相对整体、外在的,其内核依然是对编辑部新闻场域的关注与研究。而且,在回顾南都新闻场域变化的轨

---

① 详见杨继绳:《试论新闻与政治权力的关系》,《新闻记者》1988年第3期。
② 陈怀林、陈韬文:《鸟笼里的中国新闻自由》,载何舟、陈怀林:《中国传媒新论》,太平洋世纪出版社有限公司1998年版,第50—63页。

迹中,实质寻求的依然是新闻场域自主性的生成过程和可能。如布尔迪厄(Pierre Bourdieu,2005:46)多次强调的那样,对新闻场域来说,"真问题是其自主权"。

《南方都市报》从1995年开始试刊,1997年起正式以日报亮相,到2008年走过近13年征途。通过其1996—2008年的宣传口号(见表2-1),我们能够大体把握这份报纸定位的变化轨迹:从"大众的声音"到"改变使人进步",再到"主流就是力量"、"中国的选择",南都的发展历程既见证了都市报在广州乃至全国的兴起和繁荣,也预示着都市报向主流大报转型的某种策略。

表 2-1 《南方都市报》1996—2008 年宣传口号

序号	时间	宣传口号
1	1996 年	天天报答你(试刊)
2	1997 年	看了都说好
3	1998 年	大众的声音
4	1999 年	你要我也要
5	2000 年	我来了,我看见,我征服
6	2001 年	办中国最好的报纸
7	2002 年	改变使人进步
8	2003 年	主流就是力量
9	2004 年	成熟源自责任
10	2005 年	品牌决定价值
11	2006 年	品位成就地位
12	2007 年	与你同在(创办 10 周年口号)
13	2008 年	中国的选择(改革开放 30 周年口号)

本章将在梳理南都十余年发展历程的基础上,以"主流"的视角对其正在进行的转型过程、动因及实质进行简要分析,并重点从新闻生产和社会控制的关系视角出发加以探讨,进而对其作为新闻场域的特征生成、位置变化及自主性的争取过程进行分析。

第二节 转向主流的发展历程

一、1995—1997年起步:周报"试水"

《南方都市报》到底因何而生?回答这个问题,必须对20世纪80—90年代广东报业的发展过程和历史脉络做一番简单梳理。只有对这个阶段广东报业的状况,尤其对90年代中期《南方日报》在广东报业中所处的境遇有所了解,才能比较准确地理解和把握《南方都市报》创办的真实动因和历史背景。

中国报业的发展轨迹大致可以用"党报—晚报—周末报—都市报"来概括。而广东报业的实践,不仅印证了这个总体性的历史过程,更以其不断创新的举措和改革的业绩大大推动着报业的发展和竞争水平。改革开放以后,广东报业快速发展,很快成为中国报业市场化的重镇、新闻改革的前沿阵地。在第一轮"晚报热"中,1980年复刊的《羊城晚报》很快以贴近城市、贴近生活的平民风格吸引了大批读者,90年代初便成为广东报业的领先者。1994年左右,广州市委机关报《广州日报》开始了中国党报改革的积极探索,新招迭出,效果明显:第一步,带头扩版,领地方报纸扩版之先河;第二步,自办发行,到处搞连锁店,使其网络覆盖了广州的街头巷尾;第三步,进军珠三角,1995年创办珠三角新闻版,开始跟《羊城晚报》、《南方日报》拉开距离。此外,《广州日报》还投资办好印刷厂。

《南方都市报》总编辑王春芙回忆说,1992年邓小平视察南方时,《南方日报》、《广州日报》、《羊城晚报》这三大报基本上处于同一起跑线,广告收入基本上都在9 000万元左右,没有一家超过1亿元,但1994—1995年《广州日报》的成功改革使其迅速与其他两份报纸拉开差距:"1994年,南方报业集团前任领导在投资上失误,赚了钱拿去办水泥厂、陶瓷厂、东方神草、药品公司等,经营完全跟传媒无关,到1996年已经有1.6亿元债务。当时,集团有1 600人,每个人扛着10万元债务。《广州日报》把钱用来投印刷厂,《羊城晚报》把钱存在银行拿利息(1997年存款达到2亿元),而我们却办跟本行无关的行业,教训最深、最吃亏。到1996—1997年,差距更大,《广州日报》取代了《羊城晚报》排第一,《南方日报》却排第三。"①

想要追赶,必须找准症结所在。《南方日报》分析出自身的劣势不在全省而在本地,在于广州这个城市"战场"。要在与《广州日报》、《羊城晚报》的竞争中抢回城市这个市场,单纯依靠省委机关报《南方日报》不可能,靠主攻全国市场的《南方周末》也不可能。于是,最初的计划落在创办《南方日报》的"广州版"。1994年8月,关健向南方日报社编委会提出《关于南方日报广州版的几点建议》。不久后,报社酝酿办一份都市类报纸。由于暂时拿不到全国刊号,不能办日报,只能先用省内刊号办周报。1995年2月,程益中接受报社委托起草办报纲要,明确提出要办一份覆盖广州和珠三角城市群的城市周报,定位为市民报纸,反映大众声音,实

---

① 访谈资料,南都总编辑王春芙,2005年8月10日,广州。本书所有访谈资料均以"访谈资料,访谈对象,时间,地点/形式"注明。

行采访与编辑分离、采编与经营分离的基本制度。"这一制度对都市报成长是方向性的,在当时这不只是在广州,在全国都是独一无二的。那时不少同城媒体还没有实现彻底的经营与采编分离,甚至还鼓励编辑部拉广告。"(南方都市报,2004:14)

1995年3月30日,作为周报的《南方都市报》正式试刊,定位"是《南方日报》主办的城市综合类日报,是中共广东省委机关报在城市宣传的重要补充,是《南方日报》联系城市读者的重要桥梁"(东方源,2002:11)。从一开始,它就有两个比较明显的特点:

其一,彻底的市场化。当时,广州三大报还不是市场化的结果,而是"传统的、单一的、计划经济的产物,而《南方都市报》想做的是一张彻底的市场化报纸"(南方都市报,2004:15)。"集团已经意识到,因为各种因素的控制和政治的风险,'周末'的成长空间已经到底,所以想寻找新的盈利点。"(庄慎之,2004)由于诞生的主要动力来自南方日报社开拓利润增长点的市场需求,因此,南都的出现从最开始就有着非常明确的市场目标:立足广州,参与竞争,扩大南方日报社的城市阵地,成为集团继《南方周末》之后的创利大户。

其二,实行采编分离制度。创刊后不久,时任副总编辑程益中靠交情从鹤山县政府拉到70多万元广告,但没有按惯例拿提成。他想首先做一个采编与经营分离的表率。由于经济困难,报社内部有人提议回到采编、经营合一,总编辑关健和程益中坚决不同意,认为这是办报的底线:"不坚守这条底线,我们这张报纸就失去了唯一的优势——制度优势。"(南方都市报,2004:15)

此后两年,《南方都市报》并没有产生大的市场反响,经营上始终处于困境,但其作为《南方日报》"城市宣传的补充"已见雏形。由于筹备时按日报准备,运营后走的却是周报道路,"一直以省内刊号周刊的形式出现在读者面前,步履维艰,磕磕绊绊,连生存也成问题,更不要说大展拳脚了"(南方都市报,2004:16)。这个阶段,最大的障碍主要来自刊号问题。好在,南方日报社很快决定将《海外市场报》的刊号给南都。南都自1997年元旦起改成日报发行。

二、1997—1999年发展:选择"另类"

1997年1月1日,《南方都市报》正式创刊,由周报改为日报,每天出版16个版。为吸引读者眼球、尽快扩大市场,南都新闻采取了"另类"的处理方式,经营也逐渐摆脱困境、扭亏为盈。这个时期的南都主要遵循市场导向来运营,其策略呈现典型的"市场导向新闻学"的运作模式。一般优势包括:避免新闻受到机构的直接控制,广告商的参与令新闻制作成本降低,注重满足消费者的需要,减少从业人员个人偏见的影响等(苏钥机,1997:215)。从其新闻生产的实践特征看,主要有如下特点:

(1)题材选择:大量刊载社会新闻、暗访新闻,制造轰动效应。

南都改成日报初期,发行量仅几千份。为尽快打开局面,报纸选择非常另类的内容路线,将突发新闻和社会新闻放到突出位置,强调新闻的可读性、轰动性,大胆推出一系列暗访新闻、联动新闻、新闻连载等,封面经常出现重大事故、奇闻趣事。这种做法带有猎奇、恶俗的小报作风,同时也与创办初期的南都缺乏政治资本的困境密切相关。当时,报社面临的压力主要有两点:第一,如何应对激烈的市场竞争,快速吸引读者关注,尽快摆脱亏损困境,实现报社预定的盈利目标;第二,如何应对政府部门的限制,"政府部门开的会议,《南方都市报》的记者不可能接到邀请函,赶到会场也进不去……由于采访时政要闻需要知名度配合,短期内难以奏效"

（南方都市报,2004：22）。

新闻连载方面,记者谭智良自1997年4月3日起连续12天在头版推出《变性丽人的情爱悲歌》,此后连续两年又发表《巴西生死恋》、《亿万富姐的情途商路》等近30部新闻连载,字数高达50万字。这种报道形式直到1999年中期才完成历史使命①。新闻暗访方面,曾华锋、石野、邓世祥等记者不顾危险、频繁出击,做了查访伪劣产品、追查私宰肉等大量揭黑打假题材的报道。其中,尤以1998年3月16日头版头条的《地下作坊潲水提炼花生油》最为典型②。同时,跑线记者也想方设法打破垄断,"钟哲平拿下了公安线,张蜀梅拿下了120线,这两位都是胆子够大、神经坚韧的女记者。一个时尚俏丽,落笔却常写分尸命案;一个长发长裙,则时常要直面血淋淋的事故现场"(南方都市报,2004：24)。此外,报社还大量培养报料人,争取各种新闻线索③。

---

① 有段时间,《变性丽人的情爱悲歌》曾被作为南都是一张小报的证据,在报社内部引发争论,但在当时确实极大地激发了读者的阅读兴趣。对这个时期采写的大量新闻连载作品,后来担任《南方都市报》编委的谭智良曾说："这些作品从现在的眼光看来,可能有一些值得商榷与反思的地方,但当时真的给了我无限的热情、创造力与信心。"参见南方都市报：《八年》,南方日报出版社2004年版,第24、35页。

② 记者邓世祥等为写这篇报道,采用暗访、偷拍等手法,冒着生命危险。报道刊发后,曾接到恐吓电话和匿名信。当时,南都有一批像他们这样的草根记者,不怕吃苦,肯冒风险。"1998年,《南方都市报》仿佛是一个山寨,闯荡江湖的好汉在这里聚集。这些有理想的记者也被人称为'流浪记者'。"他们中的不少人租住在城中村里,每月只有1 000多元月薪。此后,南都曾做过一系列揭黑打假题材的报道,比如暗访血头操纵盲流"献血"、暗访广州医托黑幕、曝光深圳黑豆腐等。参见南方都市报：《八年》,南方日报出版社2004年版,第44—47、53页。

③ 这一阶段,南都除从南方日报社内部挖人外,大量招募"流浪记者",有的大学出身,有的高中毕业或工人出身,还有公务员。一直无法请到名编名记,反而请到各种各样的"怪才"。曾任《新京报》总编辑的杨斌曾感叹："没有都市报的宽容,就不会有像我这样的'流浪记者'的今天。"报社内部的用人之道不拘一格,氛围自由而宽松。这种状况相当程度上是由于创办初期资金匮乏、实力弱小决定的。参见南方都市报：《八年》,南方日报出版社2004年版,第16—17页。

这一阶段,南都其他一些有影响力的社会新闻还有《交100只死苍蝇才能放假》、《中学教师71刀砍妻案》、《"爱家"砍下孕妇4根手指》等。面对一些小报风格的质疑,程益中回应说:新闻没有正负之分,只有真假之分,我们在贩卖消息,要经常替买方想一想。"如果不做出不一样的新闻产品,那么天天出版的都市报就会没人看。"(南方都市报,2004:22—24)由于过分追求煽情、刺激和另类,南都的报道也会出现突破分寸的情况。例如,该报1998年4月2日头版发表的关于广州客村立交"黄色毒瘤"的报道中,记者以暗访身份跟暗娼讨价还价,借嫖客之名到不同暗娼的出租屋里,直到"达成"交易最后一刻才离开。有关部门做完查处后半开玩笑说,南都的报道如同一本《嫖娼指南》(南方都市报,2004:54)。

不过,南都也在新闻生产的实践中不断调整题材选择。经历了1997年和1998年的困境,报纸发行量扩大、影响力提升。从1999年开始,报社通过增加正面报道、专题报道和周刊(《人才周刊》、《电脑周刊》、《食品周刊》)以及经济新闻、社区新闻等,逐步改变单纯以另类取胜的风格,新闻题材和类型趋于多样化、综合化。例如,1998年8月抗洪期间,外派记者到湖北灾区采访,还策划了帮助灾区大学生圆大学梦的报道,"可谓是《南方都市报》第一个成功的大型正面报道"(南方都市报,2004:53);1999年4月《天天财富》开版,成为国内综合类日报中最早开辟专版关注经济现象的阵地,而且开篇就抓到"爱多倒闭"的大新闻,于是紧追不舍、深入挖掘,形成了自身财经报道的基本战术。此外,由于受香港报纸的影响和启发,南都1999年7月推出新版《广州新闻·街区》,从分区将新闻归类,以新闻图下配发短讯的形式,"把街坊邻居间鸡毛蒜皮的事变成新闻"①。

（2）新闻专题：策划报道产生热烈反响，快速提升报纸发行量。

这个阶段，南都的新闻策划和专题报道非常引人关注，以戴安娜车祸遇难专题为开端、《世界杯特刊》为延续、《一日看百年》为高潮，专题策划不仅成为该报扭亏为盈的重要举措，也成为新闻生产中屡试不爽的经典策略。

1997年9月1日，南都借助网络下载和编译稿件，第一时间推出3个版的戴安娜车祸遇难报道，而同城媒体对这条新闻的反应较淡，只发了几百字的消息。9月6日，南都又推出戴安娜葬礼专题《再见，英格兰玫瑰》。一周内报纸发行量几乎翻倍。时任新闻部副主任庄慎之（2004：33）在评报栏上说："我们的对手并不是强大到不可超越，因为他们还是要在一个框定的舞台中跳舞。我们的胜机就在这里。"1998年4月4日，龚晓跃等在南都推出体育评论专栏——《五文弄墨》，以"与现实死掐，给自己找乐"为宗旨，追求个性奔放、自由犀利的另类文风②。同年6月1日，4个版的《世界杯特刊》面世，后增加到8个版，而且采用"双封面"形式把《世

---

① 香港的《东方日报》有专门的"港闻版"，用一图一文形式报道各区发生的大事小事。南都"街区"版的概念来源于此。由于最初确定的版式风格对新闻条数有明确规定，又需要庞大的通讯员队伍，因此，"街区"只维持了不到半年即告停止。后来，再度恢复，成为"广州新闻"中的固定版块，但形式上不再固守一图一文的格式，而采取跟其他版面基本一致的风格。参见南方都市报：《八年》，南方日报出版社2004年版，第70页。

② 这种另类文风从程益中在文集《你嘴上有风暴的味道——"五文弄墨"足球狂想录》序言中的一段话可见一斑："六君子写'五文弄墨'就跟我两岁半的儿子大便一样利索和富有快感……五步一楼，十步一阁。闲庭信步，曲径通幽。满台摇滚，一地鸡毛。东邪西毒，神雕侠侣。旁敲侧击，暗度陈仓。排山倒海，摧枯拉朽。犯上作乱，离经叛道。"参见南方都市报：《八年》，南方日报出版社2004年版，第48页。

界杯特刊》包在正报外面卖。尽管没有特派记者,文字和图片资源也很缺乏,但个性化的体育评论还是大大地刺激了读者的阅读兴趣,也促使南都销量大增——特刊出炉前的5月底,南都发行量不到6万份,而世界杯结束时,一跃上升到15万份(南方都市报,2004:41)。

1999年可谓是《南方都市报》的"策划年",先后推出大量的专题策划。例如,5月9日、10日,针对中国驻南斯拉夫大使馆被炸事件,分别以12版、9版的篇幅推出《抗议北约暴行》专题,用超大黑标题和巨幅图片的组合形式表达"最强烈抗议"、"泪水·怒火",非常醒目,直接展现了愤怒的情绪和报道的张力。6月,针对广州荔枝丰收策划推出《荔枝狂欢》专题,首次用社会新闻的手法报道经济新闻。8月底,以6个版篇幅推出《广州小变大盘点》,"它的面世让那些老觉得南都只能做负面报道的人吓了一跳"。9月27日,推出56版特刊《共和国精彩回放》,以年代为经、事件为纬,串起半个世纪的历史进程。尤其值得一提的是《一日看百年》的专题策划,作为南都历史上时间最长、版面最多的超大型特刊,该专题在365天里每天有两个版与读者见面。栏目包括《世纪脉搏》、《世纪画卷》、《世纪词典》等,全年共出730个版。次年,这个专题获得了广东省新闻奖专栏类一等奖,也充分体现了南都编辑部整体作战、精于策划的能力。

(3)版面编排:大图片、大标题和模块化,充分吸引读者眼球。

从1997年开始,南都就有意识地在头版中上位置采用吸引眼球的大图片和大标题,把文章的形式设计得"浓眉大眼"。最初几个月,标题采用右斜左斜的变形处理,文章版式也变化无常,逐步确定标题不出现竖排字,不能压扁或拉长,版式也改成条块式编排,以模块化的方式处理文章等编排准则。同时,为方便读者携带和阅读,报纸整体采用小开版面。这种版面风格在广州前所未有,遭到"小报"之讥。南都的理由是:"这样的形式是有些离经叛道的,这说明不只是内容,在形式上我们也和同城报纸不一样。"(南方都市报,2004:27)此外,南都的报头颜色一开始是红底白字,1997年年底改成红底黄字,颜色搭配上醒目刺眼,目的就在于足够抢眼、有冲击力。显然,这个阶段,南都的形式与内容吻合,基本立足点都是吸引读者眼球,这点从程益中制定的评级制也可以看出——文字、图片、编辑到版式等10个标准强调的主要是"独家、创新、冲击力、信息量、贴近性、服务性"等。

熬过创刊初期的艰难后,为适应读者和市场需要,南都不断增扩版面。1998年3月由4开16版扩至24版;1999年7月5日又从24版扩至32版;11月18日再次将版数从32版扩至48版,并正式确定头版为"大图+导读"的模式。这种密集型、杂志化的"封面导读"当时在国内媒体中还很少见,其最大特点在于:让巨幅图片传达最有冲击力的事实,让厚重的标题引导读者最有效地阅读。借助改版的契机,南都新闻的信息量更加丰富,产品结构更加多样,版式风格也在调整中逐步告别早期单纯追求醒目的风格,变得简洁、大气。

总体来看,南都发展的第一阶段(尤其是1997—1998年),整体风格和内容定位都十分另类,往往追求与众不同、一鸣惊人的轰动效果。这个阶段的南都,如其1998年打出的口号"大众的声音",走的是纯粹的市民化、平民化的道路。关于为何采取"另类"风格,总编辑王春芙这样概括:

> 失去的战场要抢回来。怎么办呢?用传统的套路,用大

家比较熟悉的操作手法肯定是不行的，必须采取一种引人注目或者"另类的"做法去攻城略地。所以，都市报创办初期热衷于社会新闻，追求轰动效应，对一些题材大篇幅炒作，这些手法都用得很娴熟。这种办法是无奈中的办法、不得不采取的办法。也正是这种手法引起了社会和读者的关注。我们当时有句话："在热闹的马路中栽树，一定要栽大树，而不能栽小树。"怎么栽大树呢？除了把报纸做大，内容上一定要引起注目，所以采取这种手法强行夺回广州市场。①

从经济资本的获取效果看，南都初期以"一种相对比较另类或者说是小报的姿态来切入市场、打开市场"，成效是十分显著的（庄慎之，2004）。这种另类策略很快帮助其扭亏为盈，发行和广告增长迅猛：1997 年年初创刊时，其发行量仅为四五千份，同年 12 月实际印量已达 7 万份，1999 年年底突破 61 万份，2000 年日均发行突破 80 万份。同时，在经营上，报纸熬过了最初两年亏损的艰难时期后开始盈利并快速增长。1997—1998 年，报纸年平均亏损 800 万元左右；到了 1999 年，广告收入达到 9 000 万元，实现收支平衡；2000 年，广告收入则超过 2.6 亿元。

《南方都市报》曾有一个"五年规划"（南方都市报，2004：27）：1997 年解决"有与无"的问题（奠基），1998 年解决"生与死"的问题（摆脱对手堵截），1999 年解决"上与下"的问题（解决温饱），2000 年解决"大与小"的问题（由边缘走向主流），2001 年解

---

① 访谈资料，南都总编辑王春芙，2005 年 8 月 10 日，广州。程益中针对这种"另类"策略曾说："在《南方都市报》刚刚问世的时候，我们不断寻找和张扬与同类其他报纸的差异性，通过差异性谋求市场进入，实现生存价值。不断告诉读者，我们跟它们划清界限，你有必要在读它们的同时读一读我们。"参见南方都市报：《八年》，南方日报出版社 2004 年版，第 77 页。

决"强与弱"的问题(走向强大,建立现代企业)。这个规划的目标不仅基本实现,也大体能够概括周报改日报后最初的四五年间南都的发展脉络。

三、2000—2005年转型：实践"主流"

自2000年开始,有一个关键词出现在南都的广告语中——"主流"。做新主流媒体和绝大部分主流广告客户的主选媒体,成为南都的新目标。也正是在"主流"概念的引导下,南都借助改版开始了从新闻形态到操作理念的全面转型,转型的方向就是做主流大报。具体来说,这种主流报纸的实践过程可以分成两个阶段。

(1) 2000—2002年,酝酿提出主流目标,探索操作模式。

2000年1月1日,经三次扩版已达48版的《南方都市报》的零售价从每份0.5元升至1元,成为当时中国大陆最贵的综合性日报。提价的动因主要有两点(南方都市报,2004：76—77)：第一,报纸零售价格不到印刷成本,不利于提高采编质量和促进市场发展。"因为价位太低,我们报纸的品质、产品成本与价格极不相称。报纸也是一种商品,不合理的定价必须在市场中得到及时修正。"第二,通过提价短期内会引起发行下降,但发行质量会提高,1元价的"全国之最"便于读者和客户记忆,"把自己和其他报纸区别开来……暗示我们的产品比别人的好"。此外,提价也给扩版提供了空间,使得南都战略主动权更大。提价后不久,广州同城其他报纸也相继调价,《广州日报》和《羊城晚报》提到0.80元,《南方日报》也提到0.90元,但均未超过1元。

3月,南都打出广告语"我来了,我看见,我征服",宣传其首创的"新主流媒体"的概念,表明要从"另类"走向"主流","成为新世纪的新主流媒体"。在程益中看来,另类是手段,主流才是目的,另类是为了更主流。所谓"主流",就是要"针对主流社会、锁定主流人群、吸引主流读者"。其动因在于:"只有针对主流读者,才能吸纳主流广告。"而选择 2000 年提出这个目标是因为"一旦等到我们做大了,我们就要跟读者说,我们其实跟它们一样主流,只不过它们已经老化,已经不再主流"(南方都市报,2004:77)。

可见,南都提出"新主流媒体"的主要目的还是吸引更高层次的读者群,更大程度地提升报纸的市场效益。"新主流媒体"的概念改变了南都的广告营销策略。经营部门先后在北京、上海、广州、深圳、重庆五大城市举行客户联谊会,全面展示不断上升的新主流媒体形象。

2000 年,南都的新闻产品在改版扩版和专题策划两方面又有较大突破。

从改版扩版措施看,先是 3 月 1 日启动深圳战略,在 48 个版的基础上增加 8 个深圳新闻版。再是 6 月 28 日扩至 72 个版,并对版面结构进行了重大调整,重新确定了 A 叠新闻(本地新闻、区域新闻)、B 叠财富(天天财富、行业周刊、证券新闻)、C 叠文体(娱乐新闻、体育新闻、城市专刊)、D 叠杂志(广州杂志、深圳杂志)四大版块。这种做法旨在方便读者择叠阅读,根据时长来选择内容,打破了"一般按政府部门的权力分线,新闻的重要性和综合性来划分版面"的传统。

从专题策划看,南都先后推出一系列重大特刊和专题,如《解读中国.com》、《刺激 2000·欧洲杯特刊》、《幸福 2000》、《完全崔健　摇滚中国》等。其中,尤以 9 月 26 日推出的 200 版《国庆消费杂志》和 12 月 29 日推出的 228 版《中国财富白皮书》反响最强烈:前者首次使用塑料袋包装日报,当天发行量达 70 万份,广告收入 600 万元;后者创下全国一日出报最多版数纪录,日广告收入超

800万元。其中,《中国财富白皮书》选题由经济部策划,广告部提出建议,编委会确定策划方案,是采编、广告、发行共同联动的结果(南方都市报,2004:88—89)。

此间,南都因为一次政治事故导致重大人事更迭。"3月19日是一个星期天,国际新闻版编辑按惯例做一周重要新闻的回顾,把两张照片按时间顺序放在了一起,被认为是不应该放在一起的。"(南方都市报,2004:115)这种处理方式触及比较敏感的宗教政策,导致总编辑关健被撤销职务。

2001—2002年,南都不断重申和明确自身要做主流报纸的理念,并继续通过改版扩版、专题策划来完善产品结构、提升新闻品质。关于"主流",2000年年底程益中的诠释是"一份坚持正面宣传为主、高唱主旋律的名副其实的大报"(南方都市报,2004:129),而庄慎之(2004)则把主流诉求概括为两方面意思:一则,价值观是主流的,不仅具有代表性、普遍性,还必须具有先进性,"应该与国家的改革大事,或者说与现代社会的发展方向对接";二则,追求对社会发展的持续、深入的推动力量,承担社会赋予现代意义上的主流媒体的责任。"南都所提的主流媒体肯定不是以往的机关大报的路子。"

这个时期,南都新闻的一个重要转向是开始大力增加正面报道、时政报道的篇幅和比重。2001年9月17日,以反映广州"中变"成就为主题的16版专题《惊变广州》推出,内容包括"市长专访"、"游说中变"、"图说中变"、"百姓故事"四部分。为了这个专题,南都耗费重金租飞机给摄影记者航拍广州,安排50名记者、编辑联合参与,还组织市民参加"惊变广州游"。这个专题的意义被编辑部进行了多层次解读(南方都市报,2004:130):"'中变'特刊足以证明《南方都市报》在主流新闻面前是不计成本、不惜版面、绝对全情投入的";"在'中变'报道之前,《南方都市报》在政府层面并没有被完全认同,该次特刊让《南方都市报》向着'主流'的目标更进了一步";从1999年《广州小变大盘点》到2001年的《惊变广州》,"《南方都市报》在不断实践中摸索出操作'主流'新闻报道的独特模式"。

稳固占领广州本地市场的同时,南都也逐渐瞄准珠三角市场,迈出对外扩张的步伐。深圳是广州之外的首选城市。2001年5月8日,南都在广州、深圳两地同时扩至80版,增加了单独的生活版块《广州杂志》和《深圳杂志》。当天,深圳市报刊发行局发出通知,要求"从5月10日起严禁销售未与发行局签订代理销售协议的'外埠非党报党刊'"。次日,深圳街头1300多个报亭普遍出现南都无报、少报或迟报现象,"此前,南都在深圳的零售量是当地所有报纸零售量的1.5倍"。

5月10日,《南方都市报》针对禁售事件发表声明,表示强烈不满,同时在"禁销令"未撤除前采取自己组织采编人员上街卖报、迁移批发点等做法加以应对。"封杀事件"迅速引起有关部门的重视,广东省工商局组织调查组介入调查(南方都市报,2004:172)。6月16日,南都登出《向深圳市民郑重道歉》的声明:"前不久,本报与深圳报刊发行局在发行问题上产生矛盾纠纷,由于把关不严,本报5月10日、11日擅自将这一矛盾纠纷公开见诸报端,而且言辞过激,炒作过度,随意指责对方为'地方保护主义',违反了新闻宣传纪律,损害了深圳特区的良好形象,给深圳市工作和经济发展带来不应有的负面影响。"当天,《南方都市报》再度在深圳恢复上摊。有法律学者(陈云良,2002)认为,"封杀事件"是"运用政府的强制力强行规制市场主体的经营行为……为自己辖区内的特定产业谋取垄断利益",这种政府管制恰是计划经济时期政府的本能,直接的政府管制既是非经济的也是不谨慎的,应该被间接、经济的市场方法所代替。

遭遇"封杀事件"的南都,并未中止扩张步伐。2003年2月,珠三角新闻部成立。此后,南都陆续进军佛山、东莞、中山等地。2004年2月又进入惠州,4月15日《珠三角新闻》单独成A2叠。同时,南都也通过不断扩版、改版,对本地市场的新闻产品进行完善。2002年3月4日,南都再度改版,每日常规版面增加到88版。这次改版使报纸面貌一新,A叠区域新闻版新辟时评版,B叠设置为国际体育娱乐新闻版块,其他新增版面还有对话、焦点等10多个,且实行全彩印刷。"如果说版面的增加更多体现的是量变的话,那么这次扩版的最大意义是它同时实现了质变。"4月19日,该报又推出《东莞杂志》,标志着全面进军珠三角报业市场(南方都市报,2004:164)。通过内容、版面及编辑策略的调整,南都基本摆脱了创刊初期的另类风格,变得大气、庄重起来。

除新闻生产的理念和方式转变外,报社也在广告、发行、品牌及经营体制等方面进行了改革和创新。例如:充分发挥采编联动、专题创意的优势,打造独立的《黄金楼市》专刊;2001年在集团安排下,报社实行全员竞聘上岗制;成功举办"华语音乐传媒大奖"、"华语文学传媒大奖"、"诺贝尔奖得主广东行"、"中国南方汽车展"等大型活动,或推广品牌,或整合营销。2003年年初,南都正式推出以社务委员会总负责,下设经营委员会、编辑委员会和行政委员会的"三驾马车"式领导体制①。这些采编、经营、制度多

---

① 为配合这项领导体制的出台,南都报社下发了《关于南方都市报领导体制改革及领导班子安排的决定》。改革前的管理体制主要是以主编为领导的编委会负责制;改革后强化了经营和行政的管理职权,有利于企业文化的建设。参见南方都市报:《八年》,南方日报出版社2004年版,第159页。笔者2005年8月在南都调研时,从一位高层处获悉:在社务委员会的成员构成中,编辑委员会所占比例偏大,行政和经营部门负责人的作用还需要不断提高,才能真正发挥应有的职能。

管齐下的举措,大幅度提升了报纸的发行量、广告额和影响力。2001年年底,南都日均发行量已达103万份,广告刊登额达到5.73亿元;2002年广告额又增至8.2亿元,发行量超过120万份。2002年年底,南都获得《新周刊》"年度盘点之年度新锐媒体"称号。学者喻国明(南方都市报,2004:165)表示:"哪怕是一种粗糙的创新也比圆润的墨守成规对社会更有益。"

  南都在酝酿、提出并开始摸索主流化转型的过程中,其新闻生产并非尽善尽美,相反,还会因延续早期另类风格、片面强调对轰动醒目乃至刺激的追求而不时犯错。比较典型的例子有两个:一是2001年5月15日,南都在头版三条位置转载《市场报》关于第四届中国北京高新技术产业周上相关人士的发言,用大黑字体报道《广州列入十大污染城市》一文,被政府认为"伤害了一千万广州人的感情"。后经查实确认是编辑粗疏导致新闻失实,为此,报社做出公开道歉(南方都市报,2004:137)。有评论(东方源,2002:221)认为,"搞出这则假新闻事件,典型地反映出青春期的特征,天不怕地不怕,敢出风头","事实证明,广州其他报纸不转载,并非是查证过这是假消息,而是出于本能的反应"。二是2002年7月25日刊登了《16岁少女被绑入淫窟九昼夜》一文,报道了一名自称打工妹的陈小姐的悲惨遭遇。后经警方调查发现,陈小姐是一名发廊妹。虽然大部分内容与事实并无太大出入,但当事人身份的失实严重伤害了新闻本身。"这篇报道是《南方都市报》刻骨铭心的一次滑铁卢。"(南方都市报,2004:164)关于这个阶段的转变,王春芙曾这样概括:

> 尽管过去有《一日看百年》等专题,但仍然靠社会新闻打天下。到2002年,我们提出"改变使人进步",要改变过去的

小报狂躁、草率、炒作的形态。我们曾经在报纸上跟新闻同行论战(在自己的版面里有意无意跟人论战的内容),实际上很不成熟,像个小孩,动不动说我要揍你怎么怎么样。如果是成熟、稳重的大报,不应该有这样的心态。于是,我们寻求改变,从新闻内容、操作手法上,只有改变才能够进步。我们说的是改变,而不是改革。改变有改革的意思,还有变通的意思。很多东西需要变通,需要一些智慧。我们已经意识到初期强行打进市场的一些手法到办报五年后已不再适用,需要用更高层面的东西提高报纸品格。①

(2) 2003—2005 年积极实践主流改造,改造报纸形态。

从 2000 年"新主流媒体"目标的提出,经过两三年的新闻实践和经营努力,尤其是 2002 年 3 月的战略性改版,《南方都市报》的主流化转型有了比较明确的价值理念、有效的操作策略和基本的主流形态。2003 年,南都的口号定为"主流就是力量"。这一年是集中体现《南方都市报》主流化转型的关键年,也是其打造"主流大报"的标志年。从新闻生产的实践和报纸形态的角度看,其主流改造的具体表现主要有五个方面。

第一,报道风格发生改变,由注重煽情、娱乐转向注重深层解读和客观理性。

南都早期的策划报道形式夸张、视觉冲击力强烈、语言幽默富有活力,整体风格显得激情有余、理性不足。例如,2000 年 10 月中国国际高新技术成果交易会期间,《南方都市报》的系列策划报道标题通过武侠小说中常见的话语结构,如"青梅煮酒"、"盖世英雄"、"剑走风流"等等,从多个层次和角度来展现此次活动的盛

---

① 访谈资料,南都总编辑王春芙,2005 年 8 月 10 日,广州。

况,用语极尽活泼生动之能事①。

从 2000 年,尤其 2002 年之后,《南方都市报》的策划报道、语言风格均有明显转变。例如,2003 年伊始推出的系列策划报道《深圳,你被抛弃了吗?》,转向新闻内容深层解读,具有呈现事实本身重大公共意义与民生价值的取向,通过新老话题的承接和最新背景的引入,不断扩展报道内容,展现报道追求的深层次价值,昭示了《南方都市报》主流新闻报道的经验:"为老百姓宽心,为政府分忧。"(郭小平、杨晓刚,2003)

语言风格的理性克制在 2003 年之后的新闻报道中体现得也比较明显。纵观《被收容者孙志刚之死》一文,除去当事人引言之外,记者叙述语言朴素平淡到了极致。全篇没有看到记者使用带有感情色彩的词汇,体现了最大程度还原事实本身的努力。记者陈峰说:"我们所做的,其实只是报道事实而已。"(李书藏,2004)再以社会新闻的改进策略为例,"要改变过去热衷炒作的小报习气,以前喜欢报道一些烧、杀、掳、掠,现在应该多挖掘和发现有亮点的社会新闻,能够催人上进、令人心灵震撼的……当然,抢劫之类的社会新闻不是不做,而是分量上要适当把握"②。娱乐新闻方面,过去"会用六七个版的规模做香港小姐竞选,现在做娱乐,实际上是对整个娱乐业进行全面、权威、深入、高层次的总结"。同时,版面风格上开始向清晰、规范、有序发展,反对早期的铺张、夸张风格,向权威、严肃、公正的方向努力(庄慎之,2004)。

第二,时政新闻力度加大。

"以前把时政新闻当成党报、机关报做的东西,实际上都市报

---

① 参见《南方都市报》2000 年 10 月 11 日第 A17—A24 版。
② 访谈资料,南都总编辑王春芙,2005 年 8 月 10 日,广州。

大有可为。"王春芙认为,搞时政新闻关键看怎么操作,只要做好了,同样能吸引读者。"可以从市民关心的角度,用都市类报纸的手法去做时政新闻。例如广州最近并区的新闻,如果只报道政策发布的消息,读者没有太大兴趣,但如果从市民关心的角度看,并区后市民生活受到什么影响等,既报道了并区的重大事件,又满足了市民的信息需求。"①这方面,比较成功的报道除《广州小变大盘点》、《惊变广州》外,最值得一提的是关于深圳市市长和网民对话的系列报道。

2002年11月16日,网民"我为伊狂"在人民日报强国论坛上发表网文《深圳,你被谁抛弃?》,产生爆炸性效果。次年1月7日,南都将网民"我为伊狂"的网文拆成10部分,配上记者调查,按照10个层层递进的问句,以7个版篇幅刊出《深圳,你被抛弃了吗?》专题,并配发社论《深圳的未来不是特殊而是特色》。此后,南都进行跟踪报道,以多个层面和多重视角展示深圳的困境、机遇,以及对于深圳的未来规划和期望。最终,还促成时任深圳市市长于幼军和网文作者呙中校(网名"我为伊狂")的直接会面,系列报道也以对话而谢幕。

在这组时政报道中,南都显示出做主流报纸的新闻操作策略。例如:在确定报道主题时,程益中决定"既要对过去积累的问题进行深入的反思,又要提出有建设性、温和的、善意的建议。要帮忙,不要添乱";在总结读者反映的深圳十大问题时,杨斌临时决定变换角度,把"十大检讨"调整为"十大期盼","对它进行完全负面的评价是不公平的,也是有害无利的",这种微妙的转变促使整个深圳问题的讨论向理性、建设性方向深入;而在提出让网民和市长见

---

① 访谈资料,南都总编辑王春芙,2005年8月10日,广州。

面的大胆想法时,又有着理性的判断——对"我为伊狂"来说,可以达成他热爱深圳的初衷;对于幼军来说,他是一个愿干事、有个性的领导,未必不愿意抓住这个机会。基于这些因素,南都成功地完成了这组时政报道,极度张扬了网络舆论的巨大影响。在庄慎之看来(南方都市报,2004:172—174),这组报道表明南都具有主流报纸的自觉,"我们的目的是推动这个社会协调稳定地向前发展",《南方都市报》已经超越了大胆,清楚危险的边界,更关键的是建立了自己的立场。

第三,系统化的时评实践。

如果说报道重点、风格的转变和时政报道的加强是在现有基础上的品质调整和层次提升,那么,南都对时评全面、系统的实践则具有创新性、标志性的意义。

2002年3月改版时,时评版正式诞生,此举开中国大陆媒体之先河。创立之初,时评版风格定位于"拒绝讽刺挖苦,拒绝愤世嫉俗,拒绝上纲上线,拒绝片面偏激",基本原则确定为"积极稳妥有见地"①。操作思路包括:"第一,理性、建设性;第二,提倡和而不同,主张观点交锋;第三,拒绝讽刺和挖苦,不刊发杂文和随笔。"2003年4月改版时,时评又扩充到两个版:"社论"与"来论"。这个阶段,南都时评倡导"公民写作"理念,最有影响力的时评主要是孟波写的两大系列:"孙志刚事件"及收容制度系列评论,深圳新形象及网民对话市场系列评论。

2004年3月,李文凯主持时评版工作后,重新调整了版面结构,确立了"社论"和"个论"两大版块,并增设不定期的宏论版。社论针对每天重大事件发表报社观点,个论则主要给专家、学者

---

① 参见《南方都市报·八年》2004年12月31日第80版《年度词典·2002》。

提供热点评论的平台。李文凯(2004)认为,没有完成基本价值取向的最终共识恰是转型社会的时评有别于其他社会时评的根本所在。南都时评要以建设性的态度与取向为重,也正是因为转型中国的社会责任所系。这种责任促使《南方都市报》以时评关注这个大转型时代的国家与社会:从具体的选题看,《南方都市报》的时评内容多数都可归结到公共利益的价值取向上。从报社的角度来看,这种公共利益的取向是《南方都市报》主流化转型诉求的重要表征;从读者角度来看,又可以为公众提供表达意见和利益的平台。在写作上无论社论还是个论都力求提供判断时事的方式方法而不去下最后的结论,珍惜思想碰撞的火花,珍重所有作者与读者的思想权利(张志安、瞿旭晟,2005)。

为更好地支持时评工作,同年9月,报社专门成立了社论委员会,主要负责操作评论选题、讨论角度尺度、筹划长期关注、落实具体写作。2004年6月1日正式成立评论部(南方都市报,2004:207—208)[①]。至此,南都时评的操作从内容到机制开始全面进入体制化、正规化阶段。在南都管理层看来(南方都市报,2004:4),"如果评论是报纸的旗帜,那么《南方都市报》现在的评论版已经能体现整张报纸的性格"。

第四,做好深度、重点和对话。

这些栏目都被报社视作"拳头产品",尤其是深度与时评一起形成了业务创新和内容改造的两大典范。南都深度主要以调查性

[①] 南都总编辑王春芙介绍说,如果他在广州,天天晚上9点多钟都会看看时评的稿子。"省委书记张德江的秘书告诉我,书记经常看我们的社论,给我们的压力更大。我们的时评时效性很强,可以第一时间给读者以我们对新闻的观点。时评大大提高了南都的格调、品位,吸引了大批高端读者和人群。"

报道为主,立足挖掘动态新闻幕后的事件背景和真相。"实际上,我们做的就是《南方周末》做的,只不过,我们把它拿到日报来做而已。"①在实践中,南都深度小组逐渐摸索出一些操作策略,例如:对突发事件、重大新闻的现场报道,强调及时性、采访的深度和角度、立场的独特;对重大政治、社会事件的报道,重视个人的体验和视角,以及调查的深度和背景知识的广度;对社会趋势的分析报道则更强调判断力和预见(南方都市报,2004:199)。其中,最具影响的报道莫过于 2003 年 4 月 25 日发表的《被收容者孙志刚之死》一文。这篇文章以准确、平实的报道,引发社会各界对孙志刚的深切同情和对城市收容遣送制度的激烈声讨,并通过学者发文响应及上书人大,促成收容制度的最终废止。另外,深度小组有关广东传销的系列调查、"妞妞事件"等文章也都在业界引起广泛关注②。

第五,继续做足特刊、专刊。

在南都的新闻实践中,编辑部总结出一套比较成熟的特刊、专刊的操作经验。善于抓住机会、进行报道策划是该报的强项。2003 年,最有影响的专题有 7 个版的《深圳,你被抛弃了吗?》,以及"非典"系列报道及《非典百日·战疫》特刊等;2004 年,编辑部策划的 408 版的《成熟 2004》特刊、16 版的《新机场百事通》特刊、100 版的《邓小平在广东》特刊、16 版的《市民中心.com》特刊等相继引起读者的积极反馈;2005 年,南都在抗日战争胜利 60 周年之际推出了大型系列专题策划《寻访抗战老兵》,而《广州它世界》则

---

① 访谈资料,南都总编辑王春芙,2005 年 8 月 10 日,广州。
② 2003 年 4 月 1 日,南都深度推出的《对话》栏目定位于采访新闻人物,挖掘和展现其复杂的心路历程和精彩的内心世界,"确立了都市类报纸在此类型报道中的一个典范"。参见南方都市报:《八年》,南方日报出版社 2004 年版,第 199 页。

是当年南都最大型的特刊,以 54 个彩版报道全国首次城市大型生物科考普查活动。

总体上看,从 1995 年到 2005 年,经过十年发展,《南方都市报》的新闻形态和实践策略已经比较稳定、成熟。2005 年 7 月 8 日,南方日报报业集团更名为南方报业传媒集团,正式成立南方报业传媒集团公司。"这件事意义很大,代表着我们既是事业又是企业(单位)。接下来,我们准备在集团公司下面的二级单位中成立子公司,南都也将成立南方都市报经营公司,可以有独立法人代表地位,将进一步把我们推向市场。"①总编辑王春芙曾对外介绍说,南都要理顺体制改革,创造现代报业的体制模式,第一步独立法人,第二步股份制改造,第三步实现上市,2005 年走完前两步(南方都市报,2004:4)。2005 年 8 月,笔者第一次在南都做田野考察时,报社管理层比较一致地认为,发展的最大束缚来自体制问题。"先进的办报理念与滞后的办报体制之间有严重的冲突,但我们现在看到了曙光。"然而,截止到 2008 年,这三步均未实质启动,足见体制改革之难。

四、2006—2008 年扩张:打造"报系"

大体以 2006 年为起步,《南方都市报》逐步开始从一张报纸向集报纸、网站、杂志为一体的"南都报系"扩张。这种扩张战略显然与整个南方报业传媒集团对旗下子品牌系列化的战略实施相关,以《南方周末》为核心的"南周系"(包括《南方人物周刊》、《名牌》等)、以《21 世纪经济报道》为核心的"21 世纪报系"(包括《21 世纪商业评论》、《21 世纪商务旅行》、《理财周报》等)先后打造成

---

① 访谈资料,南都总编辑王春芙,2005 年 8 月 10 日,广州。

形,"南都报系"的打造亦属应有之义。三年多来,其扩张步伐主要集中于三种方式。

(1) 新创周报与周刊。

2006年1月,南方报业集团将停刊的《南方体育》交由南都,改创为一份以新闻、娱乐为主的周刊——《南都周刊》,试图回避"《南方周末》的厚重、沉重,更看中思想的活跃、观点的独到"(冯超,2006)。同年10月1日,南都创办《风尚周报》,重点关注中产阶层,以"提升中国人的品质生活为己任",倡导所谓的"人文物质主义",在北京、上海、广州等城市影响力不断扩大。

(2) 跨区域合作办报。

2007年8月底,南都与云南出版集团达成协议,联办《云南信息报》,南都执行总编辑庄慎之兼任该报总编。9月19日,该报全新改版,面貌一新,发行量和广告额均大幅提升,南都也借此实践了"低成本、见效快、可复制性强"的扩张方式。

实际上,早在2003年11月,南方报业集团便与光明日报报业集团合作,在北京创办《新京报》,要做"一份新型时政类都市报:摈弃传统党报和都市报的缺点,汲取党报的理性、负责精神和都市报的快速灵活反应能力"(南方都市报,2004:193)。初创时期,包括总编辑杨斌在内的骨干主要来自南都。后由于各种原因,南都并未实质上参与《新京报》管理,产权上亦无"子报"关系。这种遗憾经由《云南信息报》得到弥补。双方联合拥有产权,南都管理团队还拥有一定的待持股份,激励机制也更加完善。

(3) 拓展新媒体项目。

2005年,《南方都市报》与深圳热线合作,创办奥一网,成为较早在新媒体领域进行深度试水的传统报纸。经过两年协商,已基本完成南方报业集团控股奥一网的资本运作,控制91.2%的股权。2006年,奥一网推出"有话问市长"大型网络问政平台。2008年又与南都联合推出《岭南十拍》专题,推进了时任广东省委书记汪洋与19名网友的见面会。同年8月10日,南都数字报正式上线,运用多媒体手段,主推南都完整版、精华版和随时报三个产品,注册用户已达30万,日点击量达到600万人次。

结合报系格局的形成,南都提出"全媒体"概念,专门成立"全媒体工作委员会",定期召开"南都报系编务联席会",对不同报刊、网站的资源进行整合、利用。按照报社行政副总监刘庆的概括,"报社这两年最大的变化,就是强调全媒体概念、报系概念"[1]。在打造"南都报系"的同时,报社也通过健全考评体系、设立南都新闻奖、稳定区域市场、强化时政报道等手段,巩固和完善《南方都市报》的主流形态和管理机制。

区域扩张方面:在2003年提出开拓珠三角城市报业市场的基础上,到2005年基本形成"2+5"的榕树式发展战略,主攻东莞、佛山、珠海、惠州等城市。按照主管珠三角业务副总编辑任天阳的说法,"针对珠三角二线城市报业竞争水平低、政治文明程度低的区域特征,采取水库战略和博弈战略夺取珠三角市场"[2]。开拓珠三角的同时,南都也更加重视巩固广州本地市场,2007年成立时事新闻中心,2006年、2008年的两次改版重点提升了地方新闻与经济新闻的质量。

---

[1] 访谈资料,南都行政副总监刘庆,2009年4月20日,电话。
[2] 参见任天阳2008年竞聘上岗演讲稿。来源:《南方都市报》内部网。本节中关于南都管理层的演讲稿均同此。

新闻报道方面：除原有的时评、深度操作形态更加成熟外①（例如，时评增加了公众发言的"来论"版，线下定期举办"公众论坛"；深度增加了颇有特色的"网眼"版，聚焦网络热点现象），还在重大时政新闻、高端报道上有所突破。例如，2007年9—10月党的十七大期间，投入120个版，推出《五年新政》、《国是开讲》等高端访谈专栏；10月22日中午制作了16版的号外《前进！进！》；29日推出了16版的《国是论衡》。2008年全国两会期间，南都记者的身影首次出现在总理记者招待会现场。此外，改革开放30周年、外事记者采访尼泊尔候任总理普拉昌达等大型政治报道，使得南都逐渐"以独立与民间立场进入中国政治新闻报道现场"②。

绩效管理方面：2006年，南都创立"新闻报道奖"及评奖体系，包括校对、编辑、摄影、营销、深度调查、新闻摄影等十多个类别的奖项，对员工进行激励。同年，建立南都采编层级激励管理制度，明确行政体系的晋升通道，每个月进行定性和定量结合的考核。2007年3月，实施了新的采编层级管理激励方案，设计了助理记者、记者、中级记者、资深记者、部门首席、报社首席等不同级别的业务职称，每年评定一次。其中，部门首席的收入与部主任相当，有效激励了从业者的工作积极性③。

---

① 据南都副主编崔向红在2008年竞聘上岗演讲稿中介绍，2006—2007年南都的新闻产品有不少亮点。例如，本地新闻方面，发表了广州BRT调查、深圳公交降价等报道；策划报道方面，推出了唐山大地震、《十年》特刊、深港关系四百年等；深度报道方面，刊载了"彭水诗案"、"高莺莺案"、中日融冰之旅高端访谈、中国水危机等系列报道。其中，"彭水诗案"被司法部评为2006年中国十大典型案件，获得2006南都新闻年度大奖。

② 除内部网外，部分资料援引自广东青年五四奖章官方网站上有关提名奖获得者庄慎之的介绍资料。

③ 访谈资料，南都行政副总监刘庆，2009年4月20日，电话。

表 2-2　南都采编队伍分级层次及所占比例①

类别	级　　　别	所占比例
技术	报社首席 编辑/记者	≤1%
	部门首席 编辑/记者	≤10%
	资深 编辑/记者	≤10%
	中级 编辑/记者	≤30%
	编辑/记者	—
	见习 编辑/记者	—
	助理 编辑/记者	—

当然,受外部政策约束、市场利益诱惑等因素的影响,《南方都市报》的新闻生产依然面临各种问题和考验。例如,笔者 2005 年做田野考察时,南都所处的新闻环境相对宽松;而 2008 年,由于敏感事件频发、主管领导更迭的影响,深度报道生产中的自我审查不断,时评操作的话语空间亦大受限制。这种变化带来的思考,可从副主编崔向红的一番话中得到解读:"在坚持新闻专业主义的同时,要多一些对时局的研判。杨社长提醒我们要注意处理好媒体'小我'与国家利益的关系、社会责任与新闻专业精神的关系、精英意识与媒体姿态的关系、政治规律与新闻规律的关系、报道动机

---

① 此分级考核规定自 2007 年 3 月 1 日起施行。

与社会效果的关系,需要我们不断总结。"在 2008 年竞聘上岗演讲稿《化学品》中,执行总编辑庄慎之将自己的职责之一比作"清新剂",从中亦可见南都新闻生产中遭遇的价值观、运营机制等方面的考验:

> 这里的企业文化,主要是指内部人际关系、工作氛围。我主张并致力于以职业精神、团队精神、平等态度、阳光决策去除南都内部渐有滋生或可能滋生的"官场文化"、"江湖文化"、"黑箱文化"……有些核心的价值会被模糊淡忘甚至扭曲,有些毒素会在内部滋长、渗透、传染……比如有些人将南都品牌与经营业绩的因果关系倒置,有些人严重违背南都采编与经营分开的根本大法,有些人试图搞有偿新闻,有些人抄袭、编造新闻报道,有些人利用南都品牌、打着南都旗号胡作妄为……这都需要消毒。

第三节 主流的话语建构与转型动因

1998 年 3 月,国内第一份都市报《华西都市报》,率先提出"迈向主流媒体"。次年 11 月,都市报的"主流"理念在第二届全国都市报总编会暨理论研讨会上得到认同后(李鹏、陈翔,2002),新闻业界和理论界的相关讨论更加频繁,诸如"都市主流媒体"、"区域主流媒体"、"新锐媒体"、"新主流媒体"等提法不断出现。在这些讨论中,有关"主流"概念的指向、层次和背景不尽一致,普遍存在自说自话的问题。

回顾《南方都市报》1995—2008年的发展历程,不难发现,自2000年以来,"主流"是其新闻生产价值转向、内容调整的战略方向。为此,我们有必要对"主流"的含义做一番梳理和界定,再结合南都向主流转型中的新闻实践,分析其动因及实质。

一、主流的话语建构①

西方对"主流"内涵的阐释呈多元化态势②,中国对"主流媒体"的探讨也表现出多元化视角和差异性理解。概括起来看,这些对"主流"的理解主要有三种观点。

第一种观点,认为党报是最典型的主流媒体,强调其对政治资源的拥有、权威形象的塑造,与新闻业总体性的制度特征、党报承担的宣传角色以及报业改革过程中党报所占的特殊地位有关。持这种观点的除少数学者外,主要是各级党报或报业集团

---

① 此节参考张志安、瞿旭晟:《试论都市报的主流化——兼评〈南方都市报〉的转型》,中国新闻传播学科研究生学术年会,2005年。

② 据不完整的梳理,西方新闻业(主要指美国)对"主流"(mainstream)的探讨有多重价值取向,例如:(一)以是否坚持自由的价值观为区分标准,将"主流"指向坚持自由主义传统的媒体。这种关于"主流"与"非主流"的划分主要以媒介组织的价值观来确定,"主流"往往指向所谓的"自由"(liberal)传统,而"非主流"往往指向传统、保守的价值观念。"自由偏见"(liberal bias)是这类讨论中对于主流媒体最常见的批判。(二)以媒体受众群的语言差异及数量多寡为区分标准,将"主流"指向英语媒体。在这种界定取向中,与"主流媒体"相对应的一个概念是"族裔媒体"(ethnic media)。这种划分标准尽管同样包含价值观的因素,但主要指以语言为基础形成的媒体差别,即各类少数族裔使用的媒体与传统白人主要使用的英语媒体之间存在巨大的反差。(三)与第一种划分标准相似,同样根据价值观来区分,但指向却完全相反。这种划分方法中,与"主流媒体"相对应的是"激进媒体"(radical media),即被认为是一种大众传播极端民主化的表现形式。那些很难在主流媒体发言的人们,可以借助此类激进媒体的渠道,就自己关心的问题发表意见。除这三种价值取向外,关于"主流媒体"的内涵界定中,最常见的对应概念是"小报化"(tabloidization)。两个概念之间的对应关系反映出新闻业自身操作理念的差异:主流新闻业坚持"以事实为基础"的报道传统,而小报化风格则"从来不让事实成为好故事的障碍"。

的管理层。例如,2004年新华社"舆论引导有效性和影响力研究"课题组报告列举了主流媒体的六条标准,包括:承担喉舌功能,有权威地位和特殊影响;体现并传播主流意识形态与主流价值观;具有较强公信力,影响多数人的思想和行动;是历史发展主要脉络的记录者;基本受众是社会各阶层的代表人群;具有较大发行量或较高收听、收视率。依此标准,课题组将中央级新闻媒体、各省市级党报和大型新闻网站作为主流媒体(新华社课题组,2004)。

从党报的功能定位和发展历史看,其在意识形态领域的主流地位从未改变。早期行政命令式的新闻机制,促使党报等喉舌媒体成为事实上的主流媒体。作为党组织的喉舌,党报"不仅是集体的宣传员和集体的鼓动员,而且是集体的组织者"①。1942年延安整风运动时期,党领导的第一次新闻改革从根本上确立了党报的喉舌定位和党性原则。由此开始,无论革命或建设时期,党报都是党和国家方针政策的宣传者、主流意识形态的鼓吹者,成为传媒领域中最受行政保护和控制的核心资源,也在数十年内保持着最高的发行量和最强大的影响力。但是,随着20世纪90年代传媒的大众化、市场化改革,党报曾经长期拥有的垄断市场逐步被新兴的晚报、都市报分割或取代,其发行量普遍下滑,影响力日渐式微。即便如此,从行政背景、权威发布等角度看,党报依然拥有相当的优势资源。不少学者将党报界定为主流媒体,也主要从其耳目喉舌的定位和主流价值观的传播使命角度出发。

第二种观点,强调衡量是否是主流媒体应该倾向于经济指标,即更多地从报纸发行量、广告额等数据来评价其竞争能力和市场

---

① 参见《从何着手?》,《列宁全集》第5卷,人民出版社1986年版,第8页。

地位。持这种观点的除一些学者外,多为市场化报纸的领导者,他们将"主流"理解为商业报纸的实力与规模。例如,深圳特区报业集团总经理陈君聪认为,判断一个地区主流媒体的第一个标准就是"发行量是否在该地区市场上占主导地位,即具有较竞争对手高得多的市场占有率"(陈君聪,2002:67);周胜林(2001)在论及主流媒体必备条件时指出,"应有较大的发行量、收视率……应有较多的广告营业额";喻国明(2003)对主流媒体的界定也是从媒介经济学的角度切入,指出"传媒经济就是影响力经济"。

第三种观点,更多业界及学界人士在使用"主流"概念时侧重强调报纸的社会影响力,虽然没有明确强调报纸在经济或政治方面的影响力,却包含着对报纸读者素质和数量、引导舆论和政策功能等方面的高期望。这种观点认为,主流媒体最重要的一个衡量标准是其影响力,这也是报业核心竞争力所在。这种观点看重报纸社会功能的发挥,注重报纸在设置议程、引导舆论、影响政策等方面所能释放的能量。相关论述如:"所谓'主流',实质是指报纸对于社会生活的影响力"(孙玮,2005);"主流媒体是指以吸聚最具社会影响力的受众(主要指那些具有较高的决策话语权、知识话语权和消费话语权的社会成员)作为自己市场诉求的媒体,即以质取胜的媒体"(龚立堂,2003);以质取胜的价值指向导致主流媒体的本质"是以它的思想影响力受到社会主导阶层的关注,成为社会主流人群每天必阅的媒体"(刘建明,2004);判断主流媒体的众多标准核心是"社会影响力","社会影响力=权威+市场",是报纸的权威性和市场性相结合的产物(罗建华,2004);影响力具体表现在以下几个方面:"面向社会主流受众","代表社会主要思潮","体现主流观念",

并且具有"较高的社会声誉"①。

通过上述分析可见,国内语境下的"主流"内涵的建构主要呈现出三种话语方式,即:以党报为代表,强调媒体舆论引导的功能和权力中心的地位;以市场化报纸为代表,强调媒体在大规模发行量和广告额基础上建立的市场规模;以影响力为核心概念,试图糅合针对读者的经济影响力和针对政府的政治影响力的社会影响力。

因此,探讨主流媒体或都市报主流化相关问题时,必须明晰"主流"的不同内涵以及分析时交错混用的实质。

笔者认为,这三种关于"主流"含义的探讨中,第三种比较妥帖且符合实际。真正的"主流"应该既包含政治意义上符合主流意识形态,更包含经济意义上针对主流人群的影响能力。《南方都市报》所追求的"负责任的主流大报"的"主流"内涵也恰在于此。

> 主流强调的是主流价值观,覆盖主流人群,具有主流影响力。所谓主流价值观,就是代表主流意识形态,也是我们整个国家的意识形态,包括党的方针、政策等;此外,主流价值观也必须有代表性、普遍性和先进性。主流人群就是整个社会的精英,从政治概念看就是党政干部、领导机关和上层人士,从经济概念看就是白领人群。主流影响力是在高端人群中有影响力,而非底层。报纸的发行量不是越大越好,而要追求影响力越大越好。②

---

① 更多阐述参见胡文:《对主流媒体的一些探讨——从几家市党报的重新定位谈起》,《新闻知识》2002 年第 10 期;任琦:《走向主流媒体?——看都市类报纸的转型》,《中国记者》2003 年第 1 期;邵志择:《关于党报成为主流媒介的探讨》,《新闻记者》2002 年第 3 期;等等。

② 访谈资料,南都总编辑王春芙,2005 年 8 月 10 日,广州。

实际上,以上三种对于"主流"内涵的不同界定,反映了都市报从业者、研究者不同的话语建构意图。党报的管理与实践者,从维护自身权威、确立存在合法性的角度,自然要坚持强调主流的政治权威,因而,更多从政治资本的积累及维系来确立评判主流的标准。而都市报的运营者,主要依据发行量、广告额等经济效益来评价主流,实际上就是在政治资本稀缺的劣势下,更加强调自己的优势资源——经济资本,并以此来强调自我的主流。而作为研究者,恰因为利益诉求、观念体系、所持立场的差异,而呈现建构主流话语的不同标准。至于第三种强调社会影响力的主流话语,则体现了前两类话语建构主体试图碰撞、交融的尝试,尽管让"主流"的内涵模糊、不确定,但至少可以各取所需,避免话语分割。

话语建构的不同,其背后的实质是建构话语主体的利益诉求的差异。这三种关于主流的内涵话语,体现了党的新闻事业、市场导向新闻业等不同新闻生产范式(journalistic paradigms)投诸新闻实践所形成的不同话语实践(discursive practices)(陆晔、潘忠党,2002),同时,都是都市报主流化理论探讨和新闻实践的价值呈现,其无论在概念层面或实践层面上彼此都无法完全割裂。在都市报主流化的热潮中,这些价值标准或交错或模糊地使用,共同建构着本土语境中对"主流媒体"概念的现实认知。

二、主流化转型的动因

若要分析《南方都市报》朝主流大报转型的动因,必须置于整个都市报业发展和竞争的历史过程中进行把握。

1995年1月1日,以四川日报社创办《华西都市报》为起点,都市报这种主要以市场为生产导向的报纸类型逐步兴起。此后，在"大报管导向，小报闯市场"的口号之下，各地纷纷效仿，引发了报业改革中独特的"都市报现象"。诞生于这种背景下的"都市报既为市场所催生，又以市场为平台"（童兵，2005）。与传统日报和晚报相比，都市报"最本质的特征是以市民作为报纸的主体，都市报是市民报纸，其中涉及的关键词是都市和市民"（孙玮，2003：7）。如果说20世纪90年代初期和中期，继党报之后周末报和晚报的兴起开启了中国报业的大众化、市场化进程，那么，90年代中后期，都市报的兴起则从更大程度、更高起点上加快了报业的大众化和市场化步伐，极大地促进了报业竞争水平的提升和市场结构的调整。

十余年来，都市报群体在各大城市急速扩张，一批新创都市报应运而生，加上不少报纸纷纷改版成都市报，中国报业出现了"泛都市报化"现象。尤其在北京、广州、南京、成都和上海等中心城市，都市报市场的竞争更加激烈。由此，一定程度上导致了同质乃至恶性竞争局面的出现。这种同质、恶性竞争主要体现在新闻题材相似、报道风格雷同、广告和发行等市场竞争中存在恶意贬低或打压对手等情况。而且，都市报普遍存在的小报化、低俗化报道风格也逐渐受到一些读者质疑，单纯为吸引眼球而小题大作的"噱头"新闻不再能够满足部分中高端人群的阅读需求。面临同质化竞争加剧的格局，一些都市报敏锐地察觉到自身的瓶颈，开始酝酿、实施转型或改革，有学者（童兵，2005）甚至以"第二次创业"来形容都市报的应对策略。1998年3月，成功开创都市报先河并缔造"市民生活报"概念的《华西都市报》率先提出"迈向主流媒体"，并开始所谓"新市民生活报"的转型，从而引导二次创业的浪潮（李鹏、陈翔，2004）。

第二章 发展历程：主流化及场域的历史建构

与《华西都市报》相似，但比其稍晚，《南方都市报》走过了早期的另类道路后，也开始朝着主流方向进行自我改造。自2000年提出要做"新主流媒体"的广告语，2002年去掉"新"字直接使用"要做主流报纸"、"从强大到伟大"，再到2003年以"主流就是力量"作为年度口号，南都的主流化转型同样具有典型意义，至少体现在三个层面：第一，借助四五年的快速膨胀和激情实践，南都已成为中国日发行量最大的都市报，逐渐取代《华西都市报》成为都市报的典范；第二，南都所在的广州市，是报业市场化程度最高的城市之一，都市报竞争格局非常激烈，其转型方式和动因值得研究，对其他报业发达的城市具有启示意义；第三，南都新闻生产的战略转型与当时绝大多数都市报依然坚持的市民报风格迥然不同，其对主流的追求体现出强烈的公共取向和理想精神，意味着某种特殊的发展路径。

上文回顾的《南方都市报》发展历程，比较清晰地体现出其从另类走向主流的演变脉络：创刊伊始，借助鲜活的内容、醒目的编排和大胆的策划得以快速成长，然后经过"戴安娜车祸遇难"（1997）、《五文弄墨》专栏与《世界杯特刊》（1998）、《一日看百年——20世纪珍藏特刊》（1999）、《中国财富白皮书》（2000）等重大策划或报道在市场中站稳脚跟、急速扩张。与此同时，《广州日报》、《羊城晚报》等也不断调整策略，新创的《新快报》和深圳《晶报》又加剧了市场竞争。刚刚进入收获期的南都面临日趋同质化的竞争考验，加之采访、编排、广告等方面的小报化倾向，使其面临发展瓶颈，转型和改革便成为应有之义。为此，《南方都市报》给出求解方案：主流化改造。在程益中看来，只有完成向主流媒体的转变，才能实现报纸社会效益和经济效益的良性互动，继而成为一家真正有长久生命力的报纸。"没有社会效益,报纸最终会失去人心和公信力,而失去人心和公信力的报纸绝对不会有长远的经济效益。用格调不高、粗俗不堪的东西去作为号召,实际是对读者人格的不尊重,也是对自己人格的不尊重,是一种作践他人也作践自己的愚蠢行为。"(程益中,2002)

实际上,南都主流化转型的一个重要动因是市场利益驱动和竞争压力使然。"如果我们是个面向市场的报纸,一定要抓住社会中主流创富的阶层,如果继续做社会新闻做得再好,也无法抓住他们。所以,当我们的资源增加后,肯定要争取这部分读者,进行读者结构的改造。"[①]比照前文对于主流话语的建构,《南方都市报》的主流化转型可以归为"影响力"一类,其注重的恰是"影响力"所包含的政治和经济层面的双重价值。"社会效益和经济效益是不能孤立的,两者实际上相辅相成、不能割裂。《南方都市报》的实践很好地解答了这个问题。"[②]

从南都的生产实践和发展轨迹看,经济价值和市场取向的追求贯穿始终、从未间断,是其诞生之初衷、生存之基础、发展之目的,而政治价值和参与功能的取向是在其成长壮大过程中由从业者专业追求和主流化转型过程合力促成的。正如庄慎之(2004)对南都主流诉求的概括:"一方面是价值观是主流的。这种主流并不是说随大流。它的价值观不仅具有代表性、普遍性,还必须具有先进性,具有领先的优势。作为一个主流的媒体,应该是与国家的改革大事,或者说与现代社会的发展方向是要对接的。另一方面,我们追求的是一种对社会发展的持续、深入的推动力量。这其实

[①] 访谈资料,南都副总编辑夏逸陶,2005年8月12日,广州。
[②] 访谈资料,南都原总编辑程益中,2005年8月8日,广州。

也是这个社会赋予现代意义上的主流媒体对这个社会所应该负的责任。"①

另一位南都编辑也曾经向笔者强调《南方都市报》和《华西都市报》主流化转型的本质差异：

> 究其实质,两张报纸的转型有着根本差异。南都的主流化主要体现在新闻操作上回到新闻本身,以及深度和评论的强化。如果说《华西都市报》的理念是"要做党和人民都满意的报纸",那么,《南方都市报》的理念则是"(相对)独立才是我们追求的"。席文举的路子侧重娱乐化,可以规避政治风险,因此特别重视策划新闻,拳头产品之一就是特稿。面对新闻,《华西都市报》首先考虑的不是新闻价值的大小,而是应该如何把新闻炒大,不仅报道要炒大,还要把经营等考虑进来做大。实际上,他们在制造新闻;但《南方都市报》不会,也许过去会,但现在不会,(现在)越来越多考虑新闻价值本身的因素。我们的新闻策划更多考虑客观和真实,以新闻价值作为第一判断标准。②

有研究者(李明,2006)指出,国内都市报主流化的本质是要实现"小报大报化",规避市场竞争的风险,通过寻求差异化来获得良性发展空间。按照这种看法,绝大多数都市报主流化的本质目的在于获取更大的市场利益。

---

① 这一价值取向在分析《新京报》这种所谓都市报与机关报融合的新型报纸时同样具有说服力。其"发刊词"中强调"对国家和人民利益的看护,对理性的呼唤,对权力的制衡,对本真的逼近,对美好的追求,对公义的捍卫,对丑恶的鞭挞",更多意义上强调了报纸的公共职能。考虑到《新京报》与《南方都市报》的精神和价值勾连,南都主流诉求中包含的政治诉求同样从《新京报》上可见一斑。

② 访谈资料,南都区域新闻部编辑卢斌,2005年7月18日,广州。

倘若这种观点符合实际情况的话,从上述分析看,《南方都市报》的主流化转型就呈现出独特的价值取向和本质意义:不仅寻求市场利益的增长,更看重社会功能的承载和政治影响的提升。南都的可贵在于,无论是关注对象的变化、语言风格的转向,还是表达功能的扩展,其主流化改造都指向社会参与的积极深入。"新闻是报纸介入社会生活最直接有效的手段。在现代民主社会,新闻表现为一种极其重要的话语权。新闻话语权意指主体对于社会真相表述、阐释的权力。"(孙玮,2005)在新闻表现的基础上,时评则从另一个层面表达出对涉及公共、民生利益的社会议题的关切。因此,置身于国内都市报整体的行业领域来看,南都新闻的主流化转向具有一定的特殊意义。

依据对南都发展历程的简要分析及其管理层、从业者的主流话语建构,我们至少从理念层面发现,其主流化转型的实质不仅在于面对激烈竞争、提升读者结构、获取经济利益的市场动力,还在于影响主流人群、推动社会进步的责任动力。尽管都市报"小报大报化"的过程都包含着对经济资本的争夺诉求,南都的主流化改造依然有其独特性:其改造新闻产品、打造主流报纸的生产实践,不仅领先于多数国内都市报,而且价值指向也有所不同。如果说一般都市报在追求主流过程中试图积累政治资本是为了接近权力资源的话,那么,南都则在积累政治资本的过程中始终保持着监督和影响权力资源的立场。

因此,笔者将《南方都市报》主流化转型的动因及实质概括为:争夺经济资本的同时,积累政治资本,不断实现经济资本向政治资本的转换,同时以"影响力"为诉求,试图对公共权力进行影响和监督。在2003年年初的一次内部讲话中,南都时任总编辑曾援引传媒大亨默多克的例子,认为"他从不回避利用媒体资源优势来宣传和报答那些可能会帮助他的企业家和政治家,他与政治相处的原则是理解、适应、配合,而后谋求发展和影响"。他认为,南都的发展同样要处理好这种与权力的对弈与合作的关系:

> 要实现媒体的政治责任和社会责任,就必须解决媒体的生存问题。只有合作,才能生存。只有生存,才能发展。任何一种社会制度,任何一个国家,媒体都只能在制度认同、政治认同的前提下,才能去谈政治责任和社会责任;否则就是死路一条。默多克懂得这个道理,所以他敲开中国报业的大门只是时间的问题。《南方都市报》胸怀报业报国的理想,走的是一条生存为本的实用主义道路。《南方都市报》奉行这样一个原则:只有在坚持党性和人民性的前提下,才能很好地发挥战斗性;批评的前提是表扬,监督的前提是合作,批评报道和舆论监督必须在体制内进行。(程益中,2003)

可见,西方专业主义理念包含的"对抗权威态势"在南都的新闻生产实践中有所体现,但其本质并非来源于媒体"第四权力"的功能定位,而是新闻生产过程中的微观权力实践。同时,这段话中体现的"接近权力是为了监督权力"的意味,也折射出南都追求主流过程中与众不同的特点。也许,这些经验材料尚不足以支撑这个观点,第四节关于南都新闻生产与政治控制的分析将提供更多证据。

第四节 发展历程与社会控制的互动

运用新闻生产和社会控制的互动关系这一理论框架来分析南

都的发展历程,其涉及的内外部控制因素主要包括:经济控制,来自集团和南都确立的参与市场竞争和持续盈利的经济要求;政治控制,包括宣传政策、政府要求等权力部门的约束和限制;专业控制,由编辑部整体的新闻价值观、从业者的专业追求等构成的自我约束。前两者主要来自编辑部组织外部,第三个属于组织的自我控制和内部控制。这些组织内外部因素共同影响着南都的发展历程,同时也形塑着《南方都市报》新闻场域的现实特征。

一、经济控制:放宽与收紧

因市场而"生",必须为市场而"战"。从南都经济发展的整体轨迹看,由周报改成日报的前两年(1997—1998),南都处于严重亏损的境况,1999年扭亏为盈、摆脱困境,2000年以后开始进入快速膨胀、效益陡增的成长阶段。从亏损到持平,再到盈利,效益的增长让南都受到的经济控制由压迫转为释放,由严重紧张转为适度松弛。之所以说"适度",是因为在盈利能力不断增强的过程中,集团下达给南都的盈利指标也在不断提高。

我们来具体分析下南都经济发展的大致脉络。

从报纸的发行量增长情况看[①]:1996年上半年还是周报的南都"广告和发行到了生不如死的窘境"。1997年1月1日刚改日报时,"印量2万份,零售量1 000多份,固定订户4 000多份,免费赠送2 000多份,废报1万多份",年底实际印量达到6万份。1999年,经过7月和11月两次扩版,年底日均发行量突破61万份。2000年,通过不断改版和扩版、推出特刊和专题,发行量快速

[①] 此节有关发行量和广告经营额的各年数据主要来自南方都市报:《八年》,南方日报出版社2004年版。

增长,日均发行量突破 80 万份,最后一周超过 100 万大关。2001年年底又突破 103 万。2003 年 2 月左右发行量达到 118 万,全年日均发行量增长至 140 万。截至 2005 年 1 月,《南方都市报》日均发行量突破 159 万份,零售量列广东省第一。仅广州发行部,包括送摊员和投递员在内,总共有 2 000 多人。

表 2-3 《南方都市报》1997—2006 年发行量增长表

时 间	发行量（单位:万份）	时 间	发行量（单位:万份）
1997 年 1 月	4	2002 年 1 月	105
1998 年 1 月	38	2003 年 1 月	125
1999 年 1 月	50	2004 年 1 月	142
2000 年 1 月	67	2005 年 1 月	159
2001 年 1 月	89	2006 年 1 月	—

从广告收入额和盈利情况看:1997 年、1998 年,集团给南都先后投资 870 万元、920 万元,两年累计亏损约 1 800 万元。为改善和提高经营业绩,1998 年,南都广告部被划分成广州部、广东部和拓展部。1999 年在这三个部门基础上又成立房地产部、行业部、专栏部、招聘部,同时将旅游和美容独立承包经营,最终确立了以行业为经纬,分成行业部、房地产部、专栏部、深圳部四个条线(南方都市报,2004:43)。1999 年,《五文弄墨》和《世界杯特刊》大大促进报纸发行量提升,10 月份提前完成广告任务,实现盈利,年底上交集团利润达 360 多万元。此后,广告经营额飞速增长[①]:

[①] 南都经营部门非常注重与采编部门配合,通过策划特刊来增加广告收入。例如,2000 年 9 月 26 日 200 版的《国庆消费特刊》,版面广告额首次达到 600 万元;12 月 29 日推出的《中国财富白皮书》,日广告收入达到 800 万元。

2000年、2001年、2002年分别达到2.6亿元、5.73亿元、8.2亿元①。2003年,南都全年广告经营额更是突破12亿元,版面平均保持在100个左右,最多时有150个以上(庄慎之,2004)。

表2-4 《南方都市报》1997—2004年广告总量增长图②

时 间	广告额 (单位:万元)	时 间	广告额 (单位:万元)
1997年	800	2001年	57 300
1998年	2000	2002年	82 000
1999年	9 000	2003年	120 000
2000年	26 000	2004年	128 400

经济收入作为一种社会控制因素,在具体的控制形式和功能实践上,按照不同的层面、不同的阶段呈现出不同的强度。从南都的发展历程看,市场环境的外部经济控制、集团组织要求盈利的直接经济控制、南都自身组织内部的经济控制等,在特定情境下都发挥着不同的制约作用。这些经济控制的层次和变化主要体现在三个层面。

1. 集团给报社下达的利润指标

从机制上看,集团对南都的经济控制主要采取二级承包核算的办法,即每年由集团和南都签订一个承包协议,明确利润指标。创办初期,主要由集团投入资金支持。由于连续两年亏损,南都的经

---

① 报纸的广告经营额一般按刊登广告版面的金额——刊例价——统计而成,实际广告收入一般在50%—60%左右。据悉,南都2000年、2001年广告实际收入分别为9 000万元、2亿元左右。而2004年虽然宣称广告收入达12.7亿元,实际数字约为4亿—5亿元,上交集团利润1.7亿元左右。

② 表中数应为南都广告版面营业额,而非实际广告销售到款额。据悉,该报2007年广告实际到款为9.1亿元人民币。

济压力非常大。"集团的投资亏损很大、窟窿很多,大家担心会不会又多个窟窿。那样的经济环境下,有担心也很正常。"1999年开始盈利、2000年快速发展后,来自集团的经济压力适度放宽,"集团内部人心大振,看到了希望"①。但随着南都上缴集团利润不断增长,尤其成为集团盈利的主要支柱后,这种经济压力又再度强化。

2005年左右,整个南方报业集团年利润约为1亿多元,其中,八成左右的利润来自南都②。2008年年初,南都年上交利税扩大到3亿元左右。笔者第一次调研时感受到,集团领导与南都领导对经济指标有着不同看法。集团管理层从整个集团利益出发,强调离退休职工就有600多人,经济负担比较大,要求南都增长利润是合情合理的;而南都管理层则觉得自身发展的经济任务比较重,上交给集团的利润所占比例过大,不利于南都的持续投入和发展。这种集团对报社的经济控制处于微妙的动态博弈中,正从摆脱亏损初期的放宽转向逐步收紧。对此,南都原总编辑程益中认为,集团对南都的利益控制是情有可原的,也是可以理解的,但要掌握好调控的度③。

2. 区域报业市场环境的竞争压力

这种经济控制与区域市场的竞争格局密切相关。整体而言,广州报业的市场竞争日趋激烈,但由于南都自身的经济实力和市场地位在不断加强,因此受到的控制压力也在不断变化——从初期的严峻压迫,到盈利后的比较宽松,再到稳定增长后的良性互

---

① 访谈资料,南都总编辑王春芙,2005年8月10日,广州。
② 据《南方都市报》某副总编辑透露,2004年南方报业集团的总利润达1.6亿元,其中,《南方都市报》交了1.3亿元。根据这两个数字计算,南都所占利润比例为81.25%。
③ 访谈资料,南都原总编辑程益中,2005年8月8日,广州。

动。值得关注的是,从 2000 年南都提价到 1 元、同城报纸相继跟进的举措可以看出,广州报业的竞争基本不打价格战,激烈之余仍保持理性和有序,这也是报界同行感到默契和欣慰的地方。南都也正是在这种相对良性的市场环境中成长起来的。

不过,即便如此,如果同城都市报数量较多,则容易引发同质化竞争①,比如报纸信息和风格雷同、报业结构不合理、读者的差异需求无法满足等。此外,还容易促使都市报群之间陷入低层次的资源消耗战和恶性价格战。为此,国内一些都市报意识到,必须针对经过培育、已经不断成熟的读者市场,以及因同质竞争而可能引起失范的报业市场,对自身定位、风格进行调整,以差异化寻求自身的核心竞争力。如前文所述,《南方都市报》和《华西都市报》的主流化转型的一个重要动因就是避免同质化竞争。

3. 读者需求变化导致的市场影响

一些党报发行下滑、影响力减弱,面临日益被边缘化的困境,但是其流失的读者群并非自然而然地转向都市报。一部分拥有知识、消费话语权的高层次读者,其阅读需求与普通市民有相当的差异。此外,一批受过良好教育的白领阶层、中产阶层正逐渐成长和壮大起来。"随着城市中产阶层的出现,渴望社会稳定的诉求将越

---

① 同质化竞争容易导致资源消耗、成本提升、机会减少、竞争失序等问题,这也成为促使都市报思变的直接动因。以《华西都市报》所在的成都市为例,该报打造的"市民生活报"模式成功后,引发竞争对手快速跟进与模仿。《成都商报》、《蜀报》、《商务早报》、《天府早报》、《四川青年报》等相继改版,报道风格、版面设置、目标读者乃至广告模式与《华西都市报》逐渐趋同,最终导致七报一面。这种同质化竞争的情况,很快在南京、西安、重庆、北京等城市出现,当然也包括《南方都市报》所在的广州(李鹏、陈翔,2004)。不过,对同质化市场竞争,我们不能简单批评。实际上,恰恰是在这个时期,早期创办的都市报拥有了相当规模的经营实力,这也为这些都市报转型打下了坚实的经济基础。而且,正因为同质化所以才要寻求差异化,这种同质化竞争作为外部动力和压力,对都市报走向多元化、差异化提供了直接的驱动力量。

来越强烈。报纸作为媒体的一种形态,其功能除了揭露和监督,更多地要向读者提供有用的资讯和阅读上的愉悦,舆论监督只是其中的一项功能。报纸作为社会公器,更应该重视社会秩序的建构。"(戴自更,2003)

这种新的读者市场需求催生了新的报业市场空间,《南方都市报》的主流化转型——"针对主流社会、锁定主流人群、吸引主流读者、吸纳主流广告"——也是应对和满足这种新兴市场需求的结果(程益中,2002)。关于这个新兴读者需求市场的存在,从《新京报》的初步成功可见一斑。该报在"发刊词"中曾开宗明义地指出,要"咬定高端市场,吸引中端市场,团结低端市场,成为北京政治界、经济界、文化界和主流社会的首选和必读的报纸"[①]。实践证明,在都市报数量相对饱和的北京,该报以富有理性、建设性风格的高端都市报姿态切入,很快占领了一块市场。

除却区域市场竞争格局、集团下达的经济指标、读者需求变化因素之外,南都的扩张战略也受到整体宏观经济形势的影响。例如,2004年南都曾提出计划新办报纸,但由于2005年较为严峻的经济形势,扩张计划便由此停滞。直至2006年年初,南都与深圳热线合作的奥一网、改用《南方体育》刊号创办的《南都周刊》陆续面世,"南都报系"的打造行动才再度升温。

概言之,无论集团内部还是外部市场的经济控制,最终都落实和衍变成南都经济发展的自我诉求和控制。经历了初期亏损时对实现盈利的极度渴望后,南都的经营业绩进入稳定增长阶段。报社管理层均深感重任所在,达成了"在求发展中求进步"的共识。

---

① 参见《新京报发刊词——责任感使我们出类拔萃》,《新京报》2003年11月11日。

在经济上寻求更大的成功是南都上下争取的目标,这种市场诉求和自我控制已经成为南都发展的持续动力。"只要时机成熟,一定要扩张,没有扩张就没有新的经济增长点,南都的骨干也没有新的发展空间。"①

二、政治控制:靠近与疏离

政治因素的控制主要来自宣传部门的政策约束、政府部门的利益诉求。王春芙回顾南都八年发展史时曾感慨地说:"万事开头难,开了头以后更难。《南方都市报》就像一列呼啸狂奔的列车,要把握这列高速列车不越轨、不出事,我整天如履薄冰、战战兢兢,华发骤增。"(南方都市报,2004:5)这段话中"狂奔"主要指南都迅猛的经济增长速度,而"不越轨"指的就是如何遵循宣传政策、规避政治风险,涉及的就是南都对政治边界的把握问题。

关于新闻生产所受政治控制的具体形式,何舟(1998:17)将其概括为八个方面②:第一,在法规上进行调控,对所有新闻和出版机构实行审批和登记制度;第二,在财政上控制财源,掌握新闻和出版机构的经济命脉;第三,在人事管理上进行控制,所有新闻和出版机构的主要负责人都由党和政府任免,而几乎所有新闻和出版机构的从业人员都是党政机构的干部;第四,规避政治敏感或有关部门和负责人认为"不合适"的内容;第五,在重要新闻和出版机构建立一种不成文的"自愿"送审制度,即新闻和出版机构在有重要稿件时将之送交有关部门预审;第六,实行新闻后审,由各

---

① 访谈资料,南都总编辑王春芙,2005 年 8 月 10 日,广州。
② 何舟:《中国大陆的新闻自由:过去、现在和将来》,载何舟、陈怀林:《中国传媒新论》,太平洋世纪出版社有限公司 1998 年版。

宣传和新闻出版部门审阅已经发表之新闻,对之进行评论,并以各种方式告知有关新闻和出版机构;第七,有关领导按照其个人理由对下级新闻机构进行直接干预;第八,通过训练、教育和实际工作,在新闻从业人员中形成一种自审意识,以使其报道符合党的方针。

从新闻实践和报纸发展的过程看,南都编辑部与政治控制因素间的关系大体经历了三个阶段。

1. 疏离阶段

创办初期,南都新闻生产的主要内容是社会新闻、暗访和揭黑新闻,以及另类的体育评论等。由于实力较弱(严重亏损、采编投入不足)、地位较低(属于集团内的子报、处级单位)、影响较小(发行量仅有几万份),得不到政府部门的重视,因此,与政府机构的关系比较疏远。这个阶段,南都也很难从政府部门获取主流的时政新闻资源,只有少数记者靠个人关系和突破能力在某些条线建立消息渠道。副总编辑夏逸陶介绍说:"时政资源是需要积累的。最开始最容易获得社会新闻,所以做到极致……当时,程益中对小报风格是很执着的,遭到了嘲笑但从来没动摇。可能在他心里,报纸就是应该这样做,我们是在往更接近新闻的路上走。我们曾经讨论过,出新闻还是宣传。我们肯定要出新闻,但满目所及肯定是宣传。"①

2. 靠近阶段

1999年以后,随着发行量和影响力的快速提升,加之充分发挥专题和特刊的作用,不断强化时政新闻的力度,南都与政府部门的关系日趋紧密。2000年提出"新主流媒体"时更明确强调南都要加强时政报道、正面报道。至此,南都编辑部受政治控制的力度

---

① 访谈资料,南都副总编辑夏逸陶,2005年8月12日,广州。

有所加强,报社与政府部门的关系逐渐靠近。这种靠近主要表现在新闻生产过程中的互动趋于频繁、消息来源的获取增多、时政新闻的比例不断加大等。报道方面,以《广州小变大盘点》、《惊变广州》、《深圳,你被抛弃了吗?》等系列最有代表性,这些报道充分证明了南都策划和制作主流时政报道的能力,也让政府部门意识到南都社会影响力的提升。

值得一提的是,这种靠近的背后既有政治因素,也有经济因素,例如,版面增加、信息量加大,时政新闻的加强本身也是应有之义。在夏逸陶看来,南都和政府部门的关系改善或靠近是主流化转型、产品改造的实际结果,而"主动规避风险的做法,应该不是最主要的……的确要让政府改变对我们的认知"①。

3. 不即不离阶段

在深度访谈中,不少南都管理层均表示,报社与政府部门的靠近始终出于浓厚的"彼此需要",而非被动的适应、遵从,或者消极的迎合、讨好。编辑部的新闻价值观中,由程益中等人不断倡导和实践的对事实负责的原则、相对独立的原则,使南都与政府部门尽量"靠近"而不"贴近"。2003 年后,这种距离感和疏离性逐步被管理层形容为"不即不离、若即若离"。程益中将其阐释为:"一定要成为对视而不是对立的局面。所谓对视,就是说你有好的,我照样说你好;你有不好的,我也尽量想骂骂你。我觉得这样就是对的,不是故作姿态,不是为了搞你或监督你,更不是给你唱赞歌。媒体应该就是这样一个状态。"②

这种关系集中体现于一些重大、敏感的报道背后编辑部与政

---

① 访谈资料,南都副总编辑夏逸陶,2005 年 8 月 12 日,广州。
② 访谈资料,南都原总编辑程益中,2005 年 8 月 8 日,广州。

府部门的矛盾冲突。以2003年"孙志刚事件"和"非典"报道为例,南都与地方公安、卫生等政府部门的关系一度紧张、恶化,面对组织外部政治因素的控制可能激化、强化甚至僵化的情形,南都管理层试图继续坚持不即不离原则,在相当程度上保持自身相对独立和客观,由此也付出了一些代价。笔者以为,解读不即不离的关系原则和生产实践是非常有意思的,它既反映了南都编辑部的新闻价值观——包含新闻报道的真实、客观、独立和理性原则,又反映了南都所确立的媒介组织与外部权力部门的关系——相互需要但又保持距离。

具体来说,这种不即不离的来源和动因至少包括:

(1)新闻专业主义理念的实践。

实际上,无论是主流化转型还是不即不离的原则,都与原总编辑程益中的新闻理念和管理方式密不可分。在编辑部组织内部,绝大多数从业者都表达了这样的观点:2003年以前的《南方都市报》是一张有着程益中鲜明个性风格,由程益中强烈意志引导和驱动的报纸。因此,南都的新闻价值观很大程度上是由程益中和他的管理伙伴们确立并坚守的:以事实为报道准则和底线,对读者和公共利益负责;对滥权的少数权力部门保持距离和警惕,要持续不断地在体制内进行舆论监督;只有自身具备强大的影响力才能有更大的相对独立性,发展自己始终是最大的命题;针对一些重大报道,即便可能因之得罪某个权力部门,也是值得冒险和突破的。

《南方都市报》的新闻理念中"对权力部门保持距离和警惕",反映着新闻场域对自主性的重视与争取,而这种独立意识在体制现实中具有强烈的理想主义色彩,同时也是专业主义理念的重要组成。学者潘忠党(2003:13)认为,"专业主义强调新闻媒体独立于任何政治的党性倾向,独立于任何商业利益,并采取对抗权威的(adversarial)态势;要求新闻报道以事实为基础,报道手段具有客观中立的特性;宣称新闻媒体必须对什么是公共利益(public interest)和如何表达公共利益作出自己独立的判断,对于侵蚀公共利益的行为,尤其是政府和企业的这类行为,做出适时的揭露"。以事实为基础,揭露政府和企业侵犯公共利益的行为,这些专业主义特征在南都日常的新闻实践中不断呈现出来。因此,一定程度上可以说,专业主义是南都新闻生产的重要动因之一,也是其新闻从业者重要的行为模式之一。既要保持距离、不断监督公共权力,又要在体制内进行、保证自身的存在,这种动态原则正是"不即不离"的具体阐释。

(2)媒介组织社会影响力的提高。

显然,不即不离原则背后是一种独立和客观原则。置身于中国传媒的现实情境中,敢于提出这种关系原则(即便在媒介组织的内部),在新闻生产中倡导不主动迎合、不消极遵从,是非常独特的路径选择。这种相对独立性的建立离不开南都社会影响力的提升,而其影响力的提升又在很大程度上由经济实力的增长所决定。

针对某些政府部门对南都重视又担心的心理,总编辑王春芙介绍说,在广州和深圳,南都与政府部门的关系在不断改善中。"当然,个别领导同志对我们还有所误解,但绝大多数的领导和部门都认同《南方都市报》,关系处理得比早两年好得多。一方面,跟我们报纸不断进步,从幼稚走向成熟分不开;另一方面,因为社会影响大了,很多部门和领导看到了我们的影响力。"①一位编委也曾描述南都和政府部门的关系:"我们跟政府部门的关系是若即

---

① 访谈资料,南都总编辑王春芙,2005年8月10日,广州。

若离的,不主动离弃对方。但是你离弃我,以我都市报现在的影响力,也没关系。这种影响力是通过市场获得的,完全不是靠公关或者其他。都市报高层有一种倾向,就是不太愿意跟各个政府部门走得太近,这样可以不给具体的新闻操作带来羁绊。"①这位编委进一步解释说,由于南都的发行量和影响力很大,政府部门必须重视和利用这个传播政策、宣传引导的有效平台,即便得罪了某个权力部门,也最多在短时间内不邀请记者去现场参加发布会,但仍会给报社传统发稿,而且多半时间一长,关系改善后会恢复沟通机制。

(3) 外部管理政策空间的扩大。

跳出媒介组织层面的视野,从更宏观的社会环境和外部政策来看,南都编辑部与政府部门不即不离的关系,与广东相对宽松的政治环境和传媒业日益开放的政策环境密切相关。中国的传媒改革始终处于市场和政治的双向拉动中,改革的动力更多来自经济体制改革,而其边界更多由政治体制改革所限定。自20世纪80年代初以来,新闻管理政策整体上促使媒体由宣传本位向新闻本位回归,由单纯的喉舌功能向信息传播功能回归。随着经济市场化,政府逐渐从全能政府向有限政府、从封闭政府向开放政府过渡,社会阶层结构多元化和利益表达机制多样化,传媒管理政策的整体空间逐步放开。笔者认为,这种放开比较明显地体现在两个层面。

从传媒的新闻报道和社会功能层面看,媒体在设置一些关乎公共利益的议题上具有更大的作为,在报道一些重大而敏感的时政、经济题材上取得一定的突破,在发挥舆论监督(尤其是异地监

---

① 访谈资料,南都编委WJ,2005年8月4日,广州。

督)作用上取得了不少成果。更可贵的是,媒体在影响公共政策方面发挥了前所未有的积极作用,这点尤以《南方都市报》对"孙志刚事件"的报道促使城市收容遣送制度废止为代表。

从媒体主管部门的管理意识和策略层面看,逐步改变了过去大一统的理念,建立起分类管理、区别对待的思路,由此使得管理政策较之以往有更大的灵活性和弹性空间。这种放开离不开整个文化体制改革的背景和传媒类型实质多样化的现实,更在具体操作中为报业集团的管理层所把握。

由此,即便从短期和局部看,政府不断加强对小报小刊的整顿力度,出台规范出版市场的各类法规,一段时间内甚至会收紧舆论引导和控制。"但从长期看,从整体看,我们国家更开放了,舆论环境更宽松了。进步是不言而喻的,是有目共睹的。越来越多的以前只能在民间传播的消息见诸正规报道;同时由于新闻传播对网络的依赖性越来越大已成为不争的事实,很多本来只能见诸网络的消息也进入主流的传统媒体。"(程益中,2002)就当时的情境看,这种来自报业运营者对政策放开的直观感受,是比较准确的。宏观上新闻管制政策的调整和放开给《南方都市报》的主流化转型和不即不离提供了良好的政策基础。

此外,具体到广州本地的宣传管理政策上来看,《南方都市报》在新闻实践上的不断探索,也在渐变的过程中促使宣传部门的管理方式和意识向更开明的方向转变。程益中认为,南都在报道过程中与一些管理部门会产生冲突,这种冲突本身是有意义的。"比方说,他告诉你某一条稿不准报道,我们报了,之后,我们就会以报了之后的事实来告诉他:我们报了,也没事,天没塌下来。我们不停地用这样的事实去告诉他,让他反省管理是不是要有些改变。《南方都市报》锲而不舍的挑战,使得管理者的思路发生了根本的变化。"①

当然,南都管理层对"不即不离"概念的运用和表达是相当内部化、非正式化的,传播主要在组织内部进行,不会见诸任何公开文本。如果借用社会学家安东尼·吉登斯对"前台"与"后台"概念的阐释,"不即不离"的话语建构主要发生于编辑部新闻生产场域的"后台",而非"前台"。安东尼·吉登斯(1998:213—216)在《社会的构成》一书中曾指出:"我们可以通过考虑在不同场景中如何实现分区,来进一步勾画区域化与社会系统结构化之间的重要关系……区域化提供了一个时空闭合的区域,产生某种封闭性,以保证'前台'区域与'后台'区域之间可以维持一种相互分离的关系。行动者就是利用了这种分离关系,组织行动的情境性,维持他的本体性安全","前台区域和后台区域的差别并不完全吻合自我的封闭(遮蔽或隐藏)和暴露(揭示或泄露)这两个方面。区域化的这两个基轴是在意义、规范与权力之间的可能关系所构成的复杂关联中运作的"。吉登斯发现,在一些仪式性的社会场合中,人们被要求"举止得当",可能感到他们在"扮演角色",但实际上对这些活动并不"信以为真",很少会在这种"扮演"过程中全心投入自我。在南都的新闻生产过程中,这种"前台"与"后台"的边界主要集中于编辑部内外部组织之间,其新闻生产的话语表达(包括类似"不即不离"这种反映价值诉求的提法)在组织之内具有较强的"后台"特征,而在组织之外,尤其面对政治控制(政府和宣传部门)时,更具有"前台"的"扮演角色"特征。

---

① 访谈资料,南都原总编辑程益中,2005年8月8日,广州。

三、专业控制：模糊与清晰

如前文所述，南都编辑部在新闻生产中形成了自己独特的价值观，这些价值观所包含的真实、独立、客观、理性等原则，均反映出其日益清晰的专业理念和实践规范。就其发展过程看，这种编辑部自我控制的因素对新闻生产的作用最为直接，而且，很大程度上是由程益中、杨斌、庄慎之等管理层的新闻理想及操作方式决定的。当然，这种组织内部的专业控制并非天然存在，而是在长期的新闻实践中逐步形成的，同样经历了从业务操作原则向专业主义理念转变、升级的嬗变过程。

学者陆晔和潘忠党认为，新闻专业主义既是一套论述新闻实践和新闻体制的话语，又是一种与市场导向的媒体（及新闻）和作为宣传工具的媒体相区别的，以公共服务和公共利益为基石的意识形态。同时，它还是一种与市场控制和政治控制相抗衡的，以专业知识为基础的专业社区控制模式。通过媒介社会学方法的考察，他们发现，现实语境中专业主义的话语实践是碎片的和局域的，作为专业的行为规范和社会控制模式，专业主义在中国仍然是奢侈品（陆晔、潘忠党，2005）。

笔者在南都调研过程中，也大体见证了这种专业主义话语的碎片和局域呈现，但较之于其他同行媒体，南都编辑部内新闻从业者的专业主义话语实践更加积极、活跃、清晰，甚至是相对整体的、系统的。从基层编辑、记者到中层主任、高层管理者，基本专业理念的认同和价值观比较趋同。可以说，专业主义作为一种重要的控制因素主导着南都新闻生产的全过程。

一些内部资料显示，以程益中为核心的南都管理层对怎样提升都市报的话语权、发挥促进社会的功能有着强烈的诉求，对同质化竞争背后都市报"边缘"的权力地位有着清醒的认知。前文已述,"主流"在现实语境中呈现出舆论引导力和市场影响力两种取向,前者以党报为代表,后者以都市报为代表。如果从媒体的行政级别来看,党报显然在权力中央,都市报则在权力边缘。在南都的主流化转型过程中,程益中对寻求话语权力和媒体权力中心化的意图是十分明显的,而"不即不离"的关系原则正是这种转型的结果。在他(程益中,2002)看来,南都早期采取的彻底市场化与传统机关报格格不入,既成为传统报业体制的破坏者,又成为旧有社会秩序的边缘者,经过磨砺和锻炼的《南方都市报》要从"在野者"向"在朝者"转变。"从前我们是英勇(当然有时也不免鲁莽)的破坏者,现在我们要学会去做一个智慧的建设者……在报业市场上,当我们的价值成为主导价值,我们的规则成为主导规则的时候,我们要习惯从媒体权力边缘直奔媒体权力核心。"这段话为我们解读从业者的专业控制、职业诉求如何促使报纸向主流转型提供了直接的注脚。

必须强调,上述三种控制因素的分析是相对独立和割裂的,现实的新闻生产实践证明,这些动因对南都发展的影响在不同时段、不同层面发挥着不同作用,而且始终是综合的、协同的。《南方都市报》向主流转型的过程,以及"不即不离"独立意识的形成,都是这些内外部因素形成合力的结果。其中,专业控制是最直接的内部控制因素,而经济控制和政治控制则是两种最重要的外部因素。这两种外部控制因素,即潘忠党概括的"党-政府和市场力量"在中国传媒运作中是以联姻方式普遍存在的,"在目前及最近的将来,我国传媒的历史叙事都将会在这种联姻的逻辑框架内被建构,历史也将会继续在由此构成的局促的传媒舞台上登场"(潘忠党、王永亮,2004)。在这种动态关系的互动中,最终以怎样的策略寻

求平衡,下面这段话也许能给出部分答案:

> 作为现代报业集团的一个重要组成部分,《南方都市报》要追求经济效益,前提是不妨碍社会效益。一旦报纸的社会效益与经济效益发生冲突,我们能够做到毫不犹豫地把社会效益放在首位,绝对不会为了经济效益而牺牲社会效益。因为我们认识到,没有社会效益,报纸最终会失去人心和公信力,而失去人心和公信力的报纸绝对不会有长远的经济效益……社会效益与经济效益并不是截然对立的,把社会效益和经济效益割裂开来、对立起来的做法是不科学的。我们的秘诀就在于我们找到了社会效益和经济效益的最佳结合点,把社会效益和经济效益统一起来,实现了社会效益和经济效益的良性互动。(程益中,2002)

可见,在三种控制因素对新闻场域的影响中,政治控制既是不断博弈的对象又是必须坚守的底线,经济控制反映着南都与集团的协商互动,而专业控制则是常规新闻生产的主导机制。

第五节 场域的历史建构及结构特征

在本章前文的描述和分析中,《南方都市报》新闻场域的历史建构过程、其中的资本争斗和转换、新闻生产的惯习及策略等,均已经有所体现。本节,笔者将以场域理论的分析方法对南都新闻场域进行相对具体的分析。

如果说布尔迪厄在研究法国的媒介场时,主要侧重对新闻场域与其他场域(权力场、经济场)的关系进行比较分析,而没有对新闻场域内部的行动者或者边界不同的新闻场域进行区分,那么本书将立足中国情境,在对《南方都市报》新闻场域进行研究时,着重对新闻场域的入场者进行细分。实际上,中国新闻场域中的入场者身份有很大差异,仅以报纸为例,就有党报、都市报、行业报等不同类型。而《南方都市报》代表的就是中国整体新闻场域中都市报新闻场域的生存特征。

依据布尔迪厄的概括,场域主要有三个基本特征:首先,场域中诸种客观力量构成了一个像磁场一样的体系,具有某种特定的引力关系,这种引力被强加在所有进入该场域的客体和行动者身上,是一个被结构化了的空间。其次,场域也是一个冲突和竞争的空间,争夺的对象不仅包括资本的垄断权,也包括场域规则的制定权。最后,场域的法则是历史的,是不断生成和变化的结果,其动力来源于行动者的争夺(刘海龙,2008:406—407)。下面,我们将围绕场域理论的三个关键词(场域、资本、惯习),对南都新闻场域进行具体阐释。

一、南都新闻场域的结构化特征

把握新闻场域基本特征的关键是考察其自主性。我们对《南方都市报》新闻场域发展历程和历史建构过程的描述,恰好可以非常细致、生动地帮助我们把握:在中国现实的制度情境中,南都新闻场域的自主性是如何争取、获得、维系的,显然,它既是被外在场域结构化的(structured)结果,又是新闻场域内部实践者不断争取使其结构化(structuring)的产物。

显然,中国语境中的新闻场域相当程度上是属于权力场域——或者更准确地说是政治场域的重要组成。由于任何级别的媒介本质上都隶属于政府和党,因此,其作为意识形态合法化建构的工具,其自主性是比较脆弱的。像布尔迪厄反复强调的那样,新闻场域的一个最典型的特征就是"他治性"。他曾经区分过知识场域的两种生产①(转引自刘擎,2007：258—259)：一种是针对同行的、专业的"有限生产"(学术、文学、艺术、科学等),一种是满足外部(政治的、经济的、大众欲望的)需求的"大生产"。前者更加遵循内部的等级化规则,后者受到外部场域(权力场域和经济场域)规则的制约。外部规则越能影响内部规则,则知识场域的自主性越低。依据这种区分,新闻生产是知识生产中典型的"大生产",它的所有环节都是国家意识形态领域工作的一部分。在这个意义上说,它是高度他治性的。

从南都新闻场域历史变迁的过程中不难发现,其结构化的典型特征在于：不断试图摆脱他治性的困扰,争取和获得自主性。理解其场域的结构性特征,必须观察其权力分布和客观的位置关系的变化。我们不妨从两个维度进行比较和衡量。

其一,结构的维度。任何新闻场域都是被结构化的空间。场域可大可小,没有明确的边界,整个中国新闻行业、广东新闻的区域市场、南方报业集团、南方都市报社都是大小不同、交错编织在一起的场域,我们关注的重点是作为一个媒介组织的《南方都市报》的新闻场域,因而相对具体和微观。

依据这种结构的维度,我们看到了南都新闻场域位置变化的基础：作为政治场域的组成,从一开始它是高度他治性的。南都新闻场域从宏观上是国有媒介权力结构中的有机组成,属于权力场(尤其是政治场)中的一部分,由于其行政级别比较低、早

---

① 参见皮埃尔·布迪厄：《艺术的法则：文学场的生成和结构》,刘晖译,中央编译出版社2001年版,第264—265页。

期不受政府和党委宣传部门的重视,与《南方日报》相比,显然距离权力场比较远,因而才可以依照市场导向,进行比较另类的新闻生产。但伴随其不断的发展、壮大,其对权力场的影响也在加强,由此逐步进入政治场域的中心位置。因而,从其新闻场域与政治场域的关系看,经历了从边缘向中心的转移过程。这种转移体现在南都管理层的生产话语中,就是不断接近、靠拢政府权力的过程。

其二,历史的维度。任何新闻场域都有自己的行动法则,而这种法则是不断生成和变化的结果,换句话说,是在行动者的资本争夺中被历史建构而成的。本章对南都发展历程,尤其是主流化转型的历史分析,可以帮助我们发现,南都新闻场域与政治场域(权力场)位置的变化:由于经济资本和政治资本的增加,其实质上更加靠近权力场/政治场,能够更加便利地从权力场中获取信息资源,也能够更加强力地对权力场施加影响。但从其内在的自主意识看,南都新闻场域并没有被权力场同构,反倒是坚持不即不离的关系原则,使其新闻场域与权力场的关系始终保持距离。毫无疑问,政治资本和经济资本的增长,让南都新闻场域在生产实践中获得更大程度的自主性。

布尔迪厄曾经谈到三种不同的场域策略类型:保守、继承、颠覆。"保守的策略常常被那些在场域中占据支配地位、享受老资格的人所采用,继承的策略则尝试获得进入场域中的支配地位的准入权,它常常被那些新参加的成员采用;最后,颠覆的策略则被那些不那么企望从统治群体中获得什么的人采用。颠覆策略通过挑战统治者界定场域标准的合法性而采取了多少有些激进的决裂形式。"(戴维·斯沃茨,2006:145)依据策略的划分,作为激烈市场竞争中的新成员,20世纪90年代中后期,南都采取的小报化另类突破策略,体现出颠覆性特征;然而,其对政治底线的坚守,又多少带有对新闻生产合法性规则的继承。

正是在继承和颠覆的生产过程中,《南方都市报》在主流化过程中获得了比《华西都市报》等其他都市报更大的自主性。这种自主性至少具体体现在两个方面:一是南都新闻生产中"不即不离"的内部生产话语,二是南都新闻生产中专业主义的生产机制。

二、南都新闻场域中的资本转换

任何场域的自主性程度,与其在场域争斗游戏中能够获得多少资本是密切相关的。有学者(刘海龙,2008:409)认为,分析中国的新闻场域,首先要"确定中国媒介场中的关键资本",其次才对媒介场的构型予以重视和分析。结合现实状况,笔者认为,中国新闻场域中的资本形式主要包括政治资本、经济资本、文化资本、社会资本四种。

(1)政治资本。

政治资本的提出是跟中国媒介的制度情境密切相关的。中国媒介均属于政府和党所拥有,而且按照不同的行政级别进行划分。例如,《人民日报》是中共中央机关报、中央级报纸,其负责人享受部级待遇;《南方日报》是省级党委机关报,负责人享受厅(局)级待遇;而《南方都市报》是南方报业集团的一张子报,与《南方周末》一样,行政级别上属于处级,相对来说,其政治资本是比较稀缺的。然而,评判政治资本的标准除了行政级别外,还应该具体体现为国家、政府等公权力部分对其影响力的重视程度,或者"为国家政治权力或国家权力承认而进行的投入"(刘海龙,2008:410)。因而,衡量一份报纸的政治资本,既要看其行政级别,也要看其对权力结构的影响。

(2)经济资本。

对个体而言,主要是指财富、收入等,而对南都新闻场域来说,主要体现为发行量、广告经营额以及相匹配的盈利情况、竞争水平。一份报纸的资产、收入越高,其经济资本越强大。这是相对显性的资本类型,可以由具体指标体现出来。中国传媒市场化的过程,就是争夺和积累经济资本的过程,从这个角度看,都市报的经济资本普遍丰厚。不过,需要注意的是,党报由于拥有行政垄断资源,因而可以比较轻易地通过行政订阅、强制发行来获取经济资本,而且级别越高,借由政治资本转换为经济资本的可能性越大。

(3)文化资本。

仿照马克思的经济资本提出的概念,具体包括三种形式:具体的状态、客观的状态和体制的状态。南都的文化资本除了由其从业者的教育水平所积累之外,它在发展历程中不断提出的口号、各类活动所体现的传媒价值观,都是文化资本的重要组成。以程益中为代表的早期"强人政治"所建构的文化价值观,是其最重要的文化资本之一。此外,南都报人通过不懈努力,尤其以时评与深度报道,在主流都市报中积累了相当广泛的文化认同和专业口碑,其声誉、品牌和文化价值观是相互渗透的,其外在的文化资本亦在不断增长①。

(4)社会资本。

布尔迪厄(1997)将社会资本界定为一种实际或潜在的资源集合体,它与一种体制化的关系网络密不可分。对特定的行动者来说,其占有的社会资本数量依赖于可以有效加以运用的联系网

---

① 对《南方周末》这样具有文人论政色彩、精英办报理念的报纸,其文化资本则由新闻从业者相对较宽的视野、较高的知识水平、报社团结和凝聚的专业知识分子等所构成。

络的规模和大小,以及和他有联系的每个人以自己的权力所占有的各种资本数量的多寡。詹姆斯·S·科尔曼(1999)则认为,社会系统由"行动者"和"资源"两部分组成,行动者拥有某些资源,并有利益寓于其中……行动者为了实现各自利益相互进行各种交换,甚至单方面转让对资源的控制,形成了持续存在的社会关系。就个体而言,社会资本一般来源于家族积累、遗传,后天教育及关系网的开拓。对《南方都市报》来说,社会资本则主要靠其可动用的社会资源(消息源、人脉关系、读者的构成类型等)来建立。

以上四种资本类型,在南都新闻场域的历史建构中都是争夺和积累的对象,其中,最重要的两种是经济资本和政治资本。刘海龙(2008:411)注意到,在中国新闻场域中,经济资本与政治资本之间可以被相互转换。"经济资本增长迅速的媒介为了追求政治合法性,被迫用经济资本换取政治资本;而政治资本积累又会造成一定程度上的垄断,获得额外的经济资本。"具体来看,党报靠政治资本的天然性获得,为经济资本的开掘创造了制度性条件,而一些过度市场化的小报、都市报则以主动边缘化的姿态放弃了政治资本,并专心换取经济资本。

与这两种资本争夺、转换的策略不同,《南方都市报》初期另类的新闻生产主要致力于争夺经济资本。此后,在逐渐主流化的过程中,通过加大时政报道的力度、增加新闻专题策划、提升高端报道的权重、借助时评对社会发言等手段,实质上形成了对政治资本的积极争取。同时,由于拥有不断增长的经济资本和强大的社会影响,政府机构必须重视其报道和监督,南都也拥有了对公共权力进行有力监督的空间,这种监督背后实质上已经在进行着资本的转换——将经济资本转换为政治资本。

因而,在南都新闻场域的历史变迁中,经济资本和政治资本是在不断被争取又不断被转换的。从南都编辑部早期主要负责人的内部讲话中可以看出,南都新闻场域对政治资本的争取主要受到两种因素的推动。

一是为了更大程度地争取经济资本,必须从权力部门获取高端的时政资源。小报化的低俗报道只能吸引相对低端的读者,而这个读者群是相对缺乏购买力的。因而,南都通过率先提价至 1 元的策略,意图改造读者结构、吸引白领读者,就是为了在更高竞争水平上获取经济资本。与此相匹配,在改造产品结构、提升内容质量的过程中,必然要增加对权力部门的报道权重及影响,所以,争取政治资本的过程也是为了争取经济资本。

二是获取政治资本的同时,也更有利于对权力部门进行监督和影响。这种价值诉求是南都早期以程益中为代表的管理者强烈的主观诉求。正如前文反复援引的内容所示,南都在新闻生产中,以"孙志刚案"为代表,总是在不断地试探新闻政策底线,对政府公权力进行监督,这种监督尽管会短暂恶化其与一些地方政府部门的关系,但从更长远的角度看,实则帮助其建立了更强的政治资本——让政府重视,对政府监督。

分析南都新闻场域十余年的变迁轨迹,"主流化"是一个关键词,而场域理论的分析视角帮助我们进一步接近主流化的本质:在中国特定语境下进行新闻生产的都市报,在主流化的过程中,实际上在以不断强大的经济资本、社会资本、文化资本去换取可以在体制内获得认可,并能发挥自我保护和外在监督作用的政治资本。党报定义的"主流"是以政治资本为标准的,一般市场化报纸定义的"主流"则侧重经济资本,而南都的"主流"则糅合了对经济资本和政治资本的双重获取。

三、南都新闻场域的实践惯习

在广州报业新闻场域和南方报业集团新闻场域中,南都可以被视作一个特殊、独立的行动者,而在南都新闻场域内部(尤其在2004年以前),总编辑程益中则是行动者群体中的核心。无疑,他拥有最高的决策话语权,也对南都新闻场域的历史建构发挥着重要作用。2004年发生"南都案"①后,这种高度集中的话语权有所分散,包括庄慎之在内的管理层以集体的姿态逐渐成为行动者的主体,也以组织的形态更加直接地形塑着南都新闻场域的行动策略——惯习。

任何新闻场域中的生产惯习都既具有感性也具有理性的一面。非理性的因素,主要是被结构所决定的无意识;而理性的因素,则主要来自资本争夺中的策略。用布尔迪厄常用的矛盾修饰(oxymoronic)来表达,就是"无意识的策略",换言之就是"一种社会化了的主观性"(刘海龙,2008:407)。

回顾南都新闻生产从另类到主流的过程,不难发现,其生产惯习有一个比较明显的变化过程:初期坚持"市场导向新闻学"的生产路径,主打煽情、低俗的故事化新闻,然后逐渐回归新闻专业主义的生产路径,更加强调新闻报道的客观、中立、理性、全

---

① 2004年1月,南方日报报业集团分管社委、调研员李民英,《南方都市报》原副主编兼总经理喻华峰,《南方都市报》原副主编兼财务主管邓海燕,先后被广州市司法机关带走。司法调查的缘由为"群众举报涉嫌受贿500万元"。2月16日,喻华峰、李民英二人被广州市东山区检察院提起公诉。3月19日,广州市东山区法院一审认定喻华峰贪污《南方都市报》职工奖金10万元,向李民英行贿80万元,以贪污和行贿两项罪名判处喻华峰有期徒刑12年,并处没收财产5万元,其贪污所得10万元予以追缴。"南都案"引起全国范围的高度关注,在国内法学界和经济学界引起争议,被视为关乎如何评价报业改革、国企改革中相关分配制度的典型案件。详见龙雪晴:《喻华峰减刑出狱 "南都案"翻过一页》,《财经》2008年2月8日。

面。同时,系统化的时评实践给公众,尤其给社会精英提供了社会启蒙的公共平台,也体现了报纸对"文人论政"的士大夫传统的实践。而大量调查性报道的推出,则体现出比较强烈的"社会参与"导向,实践舆论监督的过程,自觉或不自觉地呈现出参与性新闻生产的价值取向。因而,南都新闻场域的历史建构背后,其生产惯习的变化逻辑可以概括为:从单一变得多元,从记录者走向影响者。

南都新闻场域的生产过程中,其自主性的争取和扩大,构成了对他治性的挑战和改变。通俗地说,南都的新闻生产呈现出与党报不同的功能取向:并非宣传,而是记录、监督、参与和影响。布尔迪厄曾指出,在他治性的知识场域中,"政治正确性"的外部规则内化为知识场域本身的规则,成为竞争的首要资本。"知识分子在与这种规则的互动中形成了一种特殊的惯习,可称为'创造性遵从主义'(creative conformism)。"他认为,严格而保守地遵从意识形态标准是获得"政治正确性"资本的首要前提,但在资本竞争中,简单凭借"盲从"或"效忠"策略未必能够获得优胜位置,"个体要在场域中提升自己的位置仍然需要积极地介入,仍然需要高度的敏感性、创造性、智慧和战略……最具创造性的遵从主义者获得了更多的资本而享有最高的特权;被动型的遵从者默默无闻;而那些'非遵从主义者'或者创造性失误的遵从主义者,则成为场域竞争的牺牲品"(戴维·斯沃茨,2006:260)。

南都新闻场域的生产策略恰好体现出这种创造性遵从主义的典型特征:将来自政治控制的必须遵循的安全底线,内化为新闻生产的基本规则,但并不以盲从或紧贴的姿态来获取政治资本,而是以敏感性、创造性、智慧和战略来争夺经济资本与政治资本。这种创造性遵从主义正是南都新闻场域在历史建构过程中十分典型的生产惯习。当然,这种场域争斗的游戏是十分激烈甚至残酷的,2004年"南都案"的发生不能不说是南都付出的代价。

* * *

本章中,笔者试图将南都报社作为一个整体性、组织化的新闻场域来进行历时性分析,关注其从小到大、由弱变强的过程中,新闻场域自主性的变化(权力的空间位置)、资本力量的争夺和转换、生产惯习的典型特征等。

经过上述分析,我们大致可以看出,南都新闻场域距离权力场/政治场的位置,不是更远了,而是更近了,在整个集团新闻场域中的位置也逐渐从边缘向中心转移。此外,其整体的生产惯习糅合了新闻专业主义(以深度报道为主)、市场导向新闻学(以社会新闻和娱乐新闻为代表)、文人论政传统(以时评为代表)的多元特征,具有分裂感和糅杂性,但拥有公共意识和独立立场的诉求和指向也非常明显,其新闻场域的自主性在不断增强,获取这种自主性的过程就是对各种类型资本(主要是经济资本、政治资本)不断争夺、转换的结果。

从研究者自反性的角度看,笔者对南都新闻场域的历史建构分析及特征阐释,在区分行动者话语建构与实践行为时还比较模糊,或者较多援引新闻场域中的行动者(程益中和他的同事)自身的话语建构,而相对忽略从实际的生产文本、动态的生产过程去检验其场域特征。此外,笔者进行第一次调研时,程益中因2004年"南都案"去职不久,其建立的专业话语和场域特征,对当时的南都尚有比较强的延续性影响。此后,南都的管理逐渐告别"强人政治",恢复常态化的组织治理。本章分析主要侧重南都主流化转型早期的场域特征。

第三章 常规生产：理念、机制及编辑部场域

第一节 新闻理念与编辑流程

第二章中，笔者从媒介组织层面对南都新闻场域的历史建构及结构特征进行了分析。本章，我们将从更加微观的层面，分析南都编辑部场域的生产。《南方都市报》的新闻版块主要集中于A1版块，编辑部的核心价值观也主要通过A1版块集中体现①。2005年，笔者在报社调研时，最大的新闻编辑部是区域新闻部。因而，本章视区域新闻部为《南方都市报》组织内部的新闻场域来加以重点考察，研究其常规新闻生产的基本理念、机制及惯习。

一、被机制化的新闻理念

从历史实践的角度看，一张报纸的价值观是在新闻场域的变迁过程中不断被建构出来的，必然随着编辑部权力位置和资本空

---

① 2007年报社重新进行结构调整，成立时事新闻中心，将新闻按照区域来进行划分，以便更好地加强本地新闻，开拓珠三角其他城市的新闻。

间分布的变化而变化。南都早期一份内部制定的《南方都市报 A1 版块编辑大纲》①(简称《编辑大纲》)显示,其基本的新闻理念被概括为:核心价值观:"政治上赞同民主和法治的方向,经济上赞同市场导向、自由竞争的秩序,文化上赞同多元共同繁荣的格局";媒体的社会角色:"新闻媒体是社会公共利益的看护者和代言人,媒体通过给读者提供资讯服务,满足其知情权而获得市场回报";独立立场:"独立立场是媒体、新闻、新闻从业人员的立身之本。对狭隘的团体利益、部门利益、局部利益的超脱,是新闻报道做到客观公正的前提"。

在这个基本理念的指导下,编辑部试图将"客观、公正、全面、深入"四大原则作为"新闻道德的底线"、"新闻技术的至高追求"。同时,《编辑大纲》要求新闻从业者采编稿件时不断追问自己:"这事情和公共利益有没有关系?""稿子是否在为公众、读者说话?""读者能否被我的标题吸引,是否会有兴趣浏览这条新闻?"如果这三个问题都被否定,那就要立即撤下稿件。

落在纸面上的新闻理念与贯彻在行动中的新闻实践之间必然有差异。依据社会学家的立场,所有的新闻从业者都是"社会行动者"。传统的社会学理论会比较强调社会规范对人行动的结构性影响,而解释社会学则认为,"无论行动者把这些规范作为资源还是作为限制因素,他们都通过自己的积极活动来实现自己的规划"(盖伊·塔奇曼,2008:173)。根据场域理论所倡导的反思社会学路径,我们更要将新闻从业者视作既遵循"结构"又改变"结构"的"社会行动者",以避免陷入二元论的结构功能主义传统之中。

---

① 据悉,《南方都市报 A1 版块编辑大纲》主要由时任副总编辑杨斌和深度编辑陈志华等共同起草。

《编辑大纲》提供的正是这样一种新闻生产的社会规范,它既是限制因素,又是行动资源。

在常规的新闻生产中,南都编辑部场域中的主体行动者——记者、编辑们,未必能全然坚持或落实这些新闻理念和操作原则,但毫无疑问的是,这些理念试图建构的正是接近新闻专业主义的运作模式。"政治的民主法治化、经济的市场化和文化的多元化",是笔者在南都调研时,被诸多区域新闻部从业者不断提及、认可的总体价值观。在深度访谈中,他们不断脱口而出的"专业",以及反复强调的"公共利益"、"独立立场"等词汇,均体现了新闻专业主义理念所遵循、坚守的原则,由此使《编辑大纲》中的价值观与新闻生产实践之间形成了对接。

副总编辑庄慎之将南都的新闻理念概括为三种角色——"时代的记录者、现代社会的培育者、公民意识的启蒙者"。他认为,南都要做"负责任的主流大报"、"中国最好的报纸",应该要在转型社会中发挥这三种角色的社会功能,其中,记录是基本要求,培育和启蒙则是更高的要求。他这样解释三者之间的关系:

> 单纯的记录者能够达成某些促进社会发展和公民意识培育的作用,但以目前的《南方都市报》看的话,做得更主动些,最典型的是评论版,具有培育公民意识的作用。我们有个想法,强调新闻客观记录、信息传播功能之外,还有不可回避的新闻选择。在作出任何选择的时候,都代表着报纸的某种立场,这种立场对读者的影响是长远的。我们试图建立这样的定位,希望南都同仁"知其然而又知其所以然",作新闻判断时明白不仅在记录,还在影响读者。[1]

---

[1] 访谈资料,南都副总编辑庄慎之,2005年8月9日,广州。

落实到具体的新闻实践上,南都的记录功能主要通过日常化的新闻生产来实现,而培育和启蒙功能主要通过时评、深度报道来达成。尤其是历经调整和发展后,在评论部负责人李文凯的主持下,评论部已经将公民意识的启蒙、公民文化的培养作为其主要使命。在这里,需要强调两点:第一,编辑部口头或文字"宣称"的新闻理念不等同于全体从业者的深切认同或实践效果。从深度访谈的结果看,中高管理层、时评版编辑对这些核心价值的感悟更加清晰、强烈,而不少普通编辑、记者尚未达成明确、统一的共识。例如,评论版的功能原本既有对外部读者和公众的思想启蒙,也有对组织内部编辑、记者的价值塑造,后者强调本报的编辑、记者通过阅读社论等文章来形成共同的价值观,但实际情况却是,许多编辑、记者没有阅读本报时评版的习惯。第二,专业主义的理念倡导不等同于新闻生产的完全实践,即"说"与"做"必然存在差距。编辑部进行新闻生产的过程中,每时每刻、无处不在的各种社会控制,都以不同强度、不同方式影响着其准确、客观、公正。

从内部控制的角度看,必须经由一套完整的编辑机制,《南方都市报》的新闻理念方能在编辑部新闻场域中加以内化、传播和实践,成为日常新闻生产中的基本政策,发挥其制约和主导常规化新闻实践的控制作用。学者郑瑞城(1988)认为,媒介组织的这种内部控制主要通过强制(指责或威胁开除)、酬庸(口头或物质报酬)与规范(以理服人)三种形式来达成(转引自臧国仁,1999:119—120)。

具体到南都编辑部,传播、贯彻和落实其新闻理念的主要形式包括:① 采编会议,即每天召开的编辑会、报题会,在讨论和确定选题、版面、稿件时,将新闻理念自然地渗透其中;② 网上评报,即每天下午3—4点通过内部QQ(即时通信软件)进行的评报会议,在讨论当天本报和其他报纸新闻处理优劣的过程中强化南都的新闻理念;③ 奖惩和考评,定期公布的奖励、惩罚通知以及日常的稿费评分结果,管理者借此来引导编辑、记者达成新闻价值观的趋同;④ 内部OA办公系统,这个网络平台已经成为管理者和从业者沟通、协商,编辑部成员发表意见、表达看法的主要空间,每日发布的评报结果、针对某篇报道的公开讨论,都不断贯彻和渗透着南都的核心价值观;⑤ 相关文件和制度,主要指一系列涉及编辑部新闻生产的文本,包括员工手册、管理制度、总编辑的访谈稿等,从业者可以通过各种渠道获得。其中,①、②、④、⑤均属于规范控制形式,效果比较明显、积极;③中的"惩罚通知"为强制形式,主要起警示作用,效果比较消极;③中的"稿费评分"直接跟津贴、奖金挂钩,酬庸形式的作用最为直接。这些具体形式,实际上发挥着将相对抽象化的新闻理念具体化,甚至机制化的作用。

布里德(Breed,1955)的研究还发现,来自业务上司的权力行使过程使得具有专业规范特性的社会控制得以实现。"资深的、地位高的编辑或主管会在业务指导、指示中,将媒介组织的新闻价值取向和新闻选择标准传递给每一个新手或职务地位相对较低的从业者,而每个新手或职务较低者出于专业的和物质动因,会越来越遵从组织内成文或不成文的规定、规范和标准。"(转引自陆晔、俞卫东,2003)在南都,这种来自高层的权力行使过程也是常态的、明显的,并集中体现在两个方面:一是以前期总编为代表的导引者不断通过内部演讲或演讲稿书面形式的广泛流传,来传播和形塑其编辑部、从业者的新闻价值观;二是南都管理层在日常的稿件评级中,不断以新闻价值理念来进行衡量,有时候,也通过一些大胆的改革措施(例如 2005 年 8 月对"广州新闻"时政记者的条线改革)来彰显其新闻价值观。

在这里,值得深思的问题至少还有两个:第一,南都特色的新闻价值观,其核心到底是什么,与西方(如美国)新闻业的新闻价值观有什么异同?所谓"客观"对新闻生产来说,不仅是一种操作规范,而且是包含现实判断、媒介认知、自我意识等一系列因素在内的反映模式;而"公共利益"的口号,要贯彻到行动,又直接关涉新闻从业者心中的"公共"如何界定,对其利益又如何衡量;此外,对"记录"和"影响"的并重,又与美国专业主义理念中着重恪守的不偏不倚、忠实记录有所差异。第二,影响和塑造南都这种新闻价值观的主要因素有哪些?实际上,价值观也是文化,看上去有点空,却与新闻生产之间有着真实而直接的勾连。迈克尔·舒德森认为,"文化空气既是一种形式也是一种内容。内容,是新闻价值理所当然的核心"。理查德·霍加特(Richard Hoggart)也指出,新闻建构过程中最重要的过滤装置就是"我们所呼吸的文化空气,我们社会的整个意识形态氛围,它们会告诉我们有些事情是可以说的,而另外一些事情是不能说的",而所谓"文化空气",部分是政治集团和机构所制造的,部分也是各种社会情境中自我发生的(转引自迈克尔·舒德森,2006:183)。由是,南都新闻价值观的形成亦与政治体制、社会情境及组织特性等均有关系。

二、被固定化的编辑流程

2005 年 8 月,笔者对南都进行民族志考察时,其区域新闻部共有编辑、记者约 200 人,分别集中于南都大楼 5 层、7 层办公。5 层除电脑排版室外,整个编辑部被一条长长的走道分割成大小两块,北侧为若干 10 平方米左右的独立小间办公室,主要提供给深度报道小组(10人左右共用一间)、副主任(两人共用一间)、主管编委(一人一间)、主管副总编辑(一人一间),出电梯口依次由外向内排列。这种空间大小和位序安排,主要按照组织结构的上下层级关系来设置,越向内,级别越高。相对来说,开放式的编辑大厅则没有明显的权力层级区分,主要依据A1叠的细分版块,如时评、广州新闻、广东新闻、中国新闻等进行排列。他们在分工级别上仍有编辑组长、普通编辑之别,但在座位上则一视同仁,并无层级之别。在编辑部的走道南侧墙上,张贴着报社的各类奖惩通知,主要是《违反出版流程处罚通报》、《每周奖励》、《每日考评表》等。

如果说,办公环境和空间切割的背后,实质体现的是不同的权力建构,或者是对不同权威的有形化塑造,那么,在南都编辑部的空间设计、位置安排中,笔者并没有感觉到显性的权威与下级之间、管理者与被管理者之间的明显区隔。不过,在后来的深度访谈中,笔者才意识到,科层化的官僚体系、权威建构并非不存在,只是通过考核体系等更为隐性的方式体现而已。

其时,区域新闻部的组织管理结构主要包括(见图3-1):分管副总编辑1名,分管编委3名(主管深度的编委方三文届时刚刚离职),分管广州新闻、广东新闻、中国新闻、深圳新闻、深度、评论等部门各有主任或副主任1—2名。

以2005年8月4日笔者的考察日志为例,区域新闻部的工作流程如表3-1所示,相对比较固化。从编辑流程看,每天的版面、选题的决定权主要由部门主任、分管编委等中层管理者掌握,而最后的审核、签版权主要由分管副总编辑、值班总编辑等高层管理者掌握。从新闻生产的动态过程看,普通编辑、中层主管及高层管理者把关的重点、策略及倾向都各有侧重和分工。

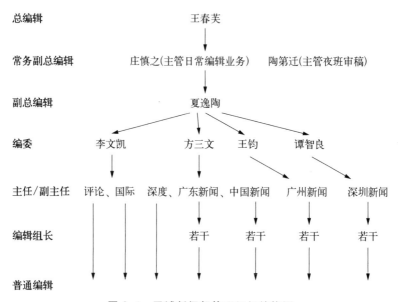

图 3-1 区域新闻部管理组织结构图

表 3-1 区域新闻部日常编辑流程

时 间	任务	负责人	主 要 内 容
15:00	签到	编辑	值班编辑到达编辑部,到分管副主任处签到
15:20—16:20	评报会	编辑	通过内部OICQ进行,每天安排主持人,评报记录发到OA系统"羊城暗哨"版块
16:20—17:00	看稿、拟报题选题	编辑	熟悉新闻稿库中记者发来的稿件,草拟报题计划(根据各自小组来进行①)

---

① 在报题环节,区域新闻部"新闻报题"系统中,分广州(时政、社会)、深圳(时政、社会)、广东(时政、社会)、深度和国际5类。广州新闻具体又分时政、社会、重点、事件、人物、民生、街区7个小组。选稿权重为:首先由重点、事件、人物、街区先要稿子,其次由时政、社会要稿。A2叠每天16个版,除去广告,约12个版。每周日和周一不出A2叠。但A1叠中每天有2个版左右的广州时政、社会,周末可能有4个版。

续 表

时 间	任务	负责人	主 要 内 容
17:00—17:30	报题	编辑、主任、编委	编辑报题,分管小组组长向副主任报题,主要指所编版面的新闻清单。由分管副主任来统筹安排当天A2叠具体的版面规划。与此同时,区域新闻部召开A1叠报题会,主要由中国新闻、广东新闻和广州新闻分管副主任以及封面编辑、分管编委王钧等参加。会议时间约半小时
17:00—19:00	吃饭	编辑	吃晚饭
19:00	定版	主任	分管副主任赵莹定版,列出A2叠版面及编辑任务
19:00—21:30	编稿	编辑	对记者稿件进行润色和修改。编辑侧重将事实不清楚的文字去掉,并使文章主体更突出,精心制作标题
21:30—21:50	下版	编辑	先跟美编协商大致版型,再到电脑室排版打印
22:00	审稿、校对等	编辑、主任、编委、主编	编辑送交初样,复印6份,分送执行总编辑陶第迁、值班编委、分管编委王钧、分管副主任赵莹及校对、美编等
23:00	签版	执行总编辑	执行总编辑陶第迁和值班编委签版。一般A2叠截止时间为晚上11点,A1叠为晚上12点半

普通编辑更多从新闻事实的准确性、新闻价值的大小、报道文本的完善等角度,对记者发到稿件库中的文章进行筛选、编辑,并对其负责版面的文章编排承担责任。其把关过程中较多侧重新闻编辑技术层面,较少对报道的政治风险或市场利益进行考量,这也基本符合南都编辑部所倡导的方针:对事实负责是记者和编辑的事,对政治和经济风险负责是总编辑的事。这种方针的倡导,实则在力图避免新闻生产中的自我审查,避免因记者的"把关前移"而

提早筛去重要的消息源或新闻素材。

不过,在长期的新闻生产实践过程中,普通编辑如果屡次遭遇稿件被毙或要求修改的情况,依然会形成习惯性的自我审查,在总编辑审稿之前对一些敏感内容进行先期处理。相比较而言,这种自我审查的情况在本地新闻、深度报道中出现的概率偏高,而在评论部绝少出现——该部门的编辑甚至有比较明确的意识:时评编辑要尽量少地从政治或市场风险角度对时评稿件进行事先过滤或规避,而应该主要对观点的明确、论证的严谨和文本的流畅等负责。有时候,编辑甚至明知一些时评文章表达的敏感,还会故意拿去给总编辑审查,一旦通过是意外收获,如果被删也在情理之中。

中层管理者会站在比普通编辑更高的视野上,来看各个版面的新闻处理策略,考虑新闻报道中的政治风险等问题。但他们较少考虑经济利益或广告客户的要求,以免影响新闻生产的准确、客观和公正。如果普通编辑主要负责版面的处理,那么,中层管理者更需要从部门利益出发,通盘考虑相关版面之间的资源调配和总体把关。

高层管理者对报道中可能存在的政治风险会进行比较严格的把关,以避免给报社带来不必要的麻烦。但是,实际操作中由于一个晚上要签多达数十个版面,值班编委不可能逐字逐句地阅读,对较"软"的新闻版面只是"扫"一下即签字,对较"硬"的版面会留意标题,而对头版或时评、深度等重要版面才会花点时间进行把关。此外,广告部门如对个别触及广告商利益的报道有所要求的话,基本只有在总编辑层面才会有知晓及决策的权力,如果直接去找版面编辑,多半不被理会。可见,值班编委或总编辑的新闻判断意识和水平,是导致新闻生产最后环节呈现差异性的关键因素。

三、被类型化的采访机制

区域新闻部记者在南都报社 7 楼办公,办公格局与 5 楼基本相似,其中,广州新闻社会组是最忙碌的团队之一,主要报道突发事件,采写社会新闻。哈维·莫洛克和玛丽特·莱斯特(Harvey Molotch & Marilyn Lester,1974,转引自迈克尔·舒得森,2006:172)针对新闻故事的类型,把新闻的"发生"分成被筹划的(planned)和未被筹划的(unplanned)两类。社会组的工作主要属于典型的未被筹划的,但这并不意味着其对突发事件的报道机制缺乏常规机制。

我们以社会组为例,大致了解一下记者的采访机制。社会组共有专职记者 8—9 人,均为男记者,专配采访车 5 辆,新闻版面很充裕,其采写的报道是本地报纸内容竞争的重点。社会组记者除外出采访外,需要安排值班,分两个班次:上午 8 点到晚上 8 点,晚上 8 点到次日上午 8 点。值班时,必须随时在编辑部等待任务,一有任务必须立即奔赴事发现场。

新闻线索主要来自报社 9 楼的报料小组,8 个人轮流值班,晚上 2 人,日均接到报料线索 300—400 条。其中,报料人使用热线 87388888 最多,电子邮箱(nfds_xwbl@sina.com)和短信用得较少。值得一提的是,报料亦称"爆料",这个说法先从广州报业开始流行才逐渐推广至全国,可见这个城市的读者向报社提供线索的热情之高。分管采访的部主任在办公室电脑上可以随时查到读者提供的最新新闻线索,然后找出有价值的,及时分派给正在值班待命的记者。记者接到任务后,便立刻奔向广州的大街小巷。

一般,一名社会组记者每天出去跑 2—3 次热线,少则发稿

1—2 篇,多则 4—5 篇。社会新闻写作的任务主要是叙述事件的来龙去脉,交代清楚事实要素。篇幅一般限制在 1 000 字以内,以 500—800 字最为常规。一名记者向笔者介绍说,由于工作压力大,该组的人员流动性比较大,无法承受工作强度和压力就会马上遭到淘汰。"原来的工作强度很大,周一和周五休息,休息前一天晚上值夜班,要跑 1—2 档报料,第二天还得赶回报社写稿子,这样几乎没有一天休息的,感觉比较累。2005 年 6 月开始,时政新闻记者也开始到热线轮班,这样,社会组记者每月可以有两个周末休息。"① 社会新闻的写作对稿件的文字要求不太高,结构一般比较固定,记者采访中注重挖掘事实、捕捉细节和描绘现场,编辑会花不少功夫对标题进行处理,拟标题的标准以能否抓住眼球为主。例如,记者戎明迈 2005 年 7 月 14 日发给编辑的突发新闻,原标题为"疑不堪重负 变电房爆炸",编辑改为"变电房爆炸 气浪冲得报纸漫天飞"。"本来以为这篇稿子只能发在版面的边栏,没想到做成了版面二条。"② 考虑到社会组记者工作比较辛苦,又没有任何采访"车马费",部主任考评时会有所倾斜:"如果一条时政新闻稿开 100 元/条的话,突发的社会新闻会给 150 元/条。"③

根据区域新闻部常规评报制度的要求,每天下午 3—4 点,"广州新闻"的全体编辑、记者(包括社会组记者在内)要通过内部 QQ 讨论当天本报和同城其他报纸的新闻处理方式。截至 2005 年 8 月,这项评报制度已经实施两年多。评报由编辑轮值主持,编辑、记者会重点比较一些同题材的事件中不同报纸报道

---

① 访谈资料,南都区域新闻部社会组记者戎明迈,2005 年 7 月 15 日,广州。
② 参见《南方都市报》2005 年 7 月 15 日第 A31 版。
③ 访谈资料,南都区域新闻部社会组记者戎明迈,2005 年 7 月 15 日,广州。

技巧的优劣,一旦出现漏稿现象,记者会承受比较大的压力,受到领导批评或者相应惩罚。网上评报会(下午3点)之前,记者们需要上网向编辑报当天的新闻选题。责任编辑将选题汇总后,下午5点与部主任一起开报题会,讨论确定各版的头条稿件。记者采写的稿件应在晚上7点半前发至电脑稿库中,编辑根据报题会的结果从中选稿、上版、编版,也会根据稿件质量做权衡和调整。实际上,绝大多数稿件在晚上7点半前都已陆续进库,编辑可以提早开始改稿、做版,A2叠各版一般都在晚上10—11点出大样。如有重大的突发报道或特殊情况,可延至晚上12点左右出大样。

以上列举的主要是区域新闻部社会组的采访机制。实际上,区域新闻部常规的新闻生产具有和其他报社、电视台相似的生产方式和报道策略。例如,根据发生新闻的地理边界来划分任务。依据塔奇曼(2008:48—52)的研究,新闻媒体首先会"地理边界化",即把世界划成不同的地理边界责任区;其次,"组织专门化",即在那些能够提供新闻且信息集中的组织中设立采访区和记者站;再次,"部门分工化",各个分工部门的编辑绕开边界责任区划分的编辑区域分割,直接对管理编辑或执行编辑负责,按此分工的地方部门一般包括财经、体育等,部分编辑室独立于区域编辑室。这种空间与新闻建构之间的关系在南都编辑部场域中也有直接体现,例如,在区域新闻部"新闻报题"系统中,又分广州(时政、社会)、深圳(时政、社会)、广东(时政、社会)、深度和国际5类,这是典型的"地理边界化"。而与区域新闻部相对,其他部门(如经济部、文化娱乐部等)又是相对独立运行的,即"部门分工化"。

此外,与社会组主要跑突发新闻不同,其他小组的采访、编辑节奏相对比较从容和固定。由此,一份报纸的新闻编辑部需要根据不同的新闻类型来归类,减少事件的变异性,合理地分配资源和运用技术。"控制新闻工作流程涉及的不只是时间计划问题,它还涉及资源分配的问题和通过预测来控制工作的问题。"(塔奇曼,2008:69)突发性事件因为无法预测,就需要快速加工。社会组建立的日间和晚间值班制度、热线报料和选稿机制、采访车的资源调配等,充分体现出与其他非突发性新闻不同的时间节奏。这种时间节奏充分决定着新闻的类型化。塔奇曼(2008:73)认为,这种类型化的好处是,可以"把日常生活中具有个性特质的事件转化成可以进行常规性加工和发布的原料……类型化的过程就是对新闻原料进行梳理,以减少其存在于过于饱和性中的多变性(个体特性)"。南都区域新闻部社会组对报料新闻的处理机制就充分见证了这种类型化的好处——将非常规的新闻事实纳入常规化生产机制中来,"也给新闻工作者提供一个解读日常生活片段的认识框架"。

第二节　常规生产的原则及策略

第二章,我们大体回顾了《南方都市报》新闻场域的历史建构和变化过程。作为南都内部、次级子场域,编辑部场域必然要随着报社新闻场域的变化而变化。副总编辑夏逸陶认为,南都新闻生产策略和方式大体经历了不同阶段:"先以另类的方式切入进来,迅速占领你的视野,然后走向主流的道路。"但不论哪个阶段,其核心新闻价值观并没有变化——坚持真正的新闻要义和价值所在,"我们首先把报纸还原为新闻纸,坚持基本功能,同时真正的根基是新闻理想。如果我们只提供信息的话,那就是'精品'"①。

一、核心理念:事实原则

沃伦·布里德在对编辑部社会控制的研究中发现,每份报纸都有自己的新闻和编辑政策,这种政策具体体现在社论、新闻专栏、标题的取向中。由于这些政策可能违反新闻道德规范,因而通常是隐匿的(沃纳·塞佛林等,2000:361)。赫伯特·甘斯在考察编辑部持久价值观时认为:"这些价值观常常有助于给新闻下定义,并影响那些可能变成新闻的行动。"(转引自沃纳·塞佛林等,2000:358)

在南都编辑部,这样的新闻政策是以不同的形式被"宣称"或传播的,除了日常新闻生产中选题会、评报会、内部论坛的发帖讨论等之外,也以书面形式被固定下来。例如,1997年改日报前的《南方都市报管理大纲》中,对此曾有这样的表述:"承认有不可以讲的真话,但不可以讲假话;承认有不可以报道的真新闻,但不可以报道假新闻;承认媒体的独立性需要时间,但公正性刻不容缓。"(南方都市报,2004:22)这段话清晰地传达出南都创办人对媒体制度现实和社会现实的理性判断,更直接明确了南都新闻操作中对真实原则的坚持策略,即:可以因为宣传政策要求而不刊载一些真实的新闻,但不刊载任何假新闻。

真实是新闻报道的基本要求,也是新闻媒体赖以生存的根基所在。绝大多数新闻媒体在新闻报道的基本原则中都将真实作为基础因素加以确立,这是毋庸置疑的。但是,在新闻生产的具体实

---

① 访谈资料,南都副总编辑夏逸陶,2005年8月12日,广州。她认为,南都一直都在坚持这种独立判断,尽最大努力地坚持。

践中,新闻报道能够多大程度上坚持真实性,或者换言之,真实的新闻能够多大程度上被报道、被揭示,不同媒体的实践结果是不同的。据笔者的观察,《南方都市报》的新闻生产始终在现有的制度环境下最大可能地坚守新闻的真实原则。

  这种对新闻事实负责的操作原则体现在诸多方面:第一,在日常的新闻生产中,编辑处理记者稿件时最重要的任务是对事实的真实、准确进行把关。如果报道中出现细节模糊、事实不清,编辑会立即打电话与记者进行沟通,并要求其补充采访、核清细节。第二,针对重大而敏感的报道,编辑部在斟酌、判断是否要冒风险发稿时,一个决定性的因素在于事实本身是否无懈可击。事实站得住脚,是编辑部敢作决策的前提,也是在敢冒风险的前提下自我保护的基础。这点在"孙志刚事件"、"妞妞事件"等报道中均有明显体现。第三,对个别因新闻失实而造成的惨痛教训,不断在编辑部内加以重申,以防止此类情况再次发生。例如,在南都纪念专集《八年》中就收录《广州列为十大污染城市》、《16岁少女被绑入淫窟九昼夜》等报道失实的情况介绍。2004年记者节,南都发表的社论《你可以什么都不是,但必须是一个记者》,也鲜明地表达了探寻事实的价值追求。社论是报纸的性格和旗帜,对外表达报社的立场和观点,对内也发挥着传播和凝聚新闻价值观的作用。这篇社论以冷峻的自我审视姿态强调:"记者不应该拿事实讨价还价,记者不应该学会交易中的妥协和退让……当记者忠诚于事实的时候,他就是社会的良知。""记者有义务报道新闻,媒体有责任告知事实。"[①]

---

  ① 参见《你可以什么都不是,但必须是一个记者——写在2004年11月8日中国记者节》,《南方都市报》2004年11月8日第A2版。

二、新闻立场：独立判断

一些重大新闻的生产过程中，在坚持真实性的基础上，南都编辑部具有一般报纸所没有的独立立场和突破意识，敢于发表自己掌握的事实，表达自己的态度和声音，敢于突破一些政策风险，达成揭露真相的诉求。必须强调的是，这种独立判断更多侧重于对新闻的处理态度和方式，而非编辑部与现行管理制度的独立关系。总编辑王春芙认为，作这种独立判断要考虑的两个主要因素是国家利益和事实原则：

> 在遵守宣传纪律，遵守大的原则面前，我们是"纪律面前，人人平等"，我们贯彻上面工作意图、生产纪律也是毫不含糊的。至于一些新闻做还是不做，我们确实有自己的独立判断。一些重大、敏感的题材，只要事实站得住脚，本着事实披露、新闻真实原则，我们还是要做。这种报道会有风险、会有压力，但我们第一个考虑的是国家的根本利益、党和人民的根本利益；第二个考虑的是新闻事实本身是否站得住脚。主要还是看事实，这也是上级部门反复强调的。真实是新闻的生命，不能做虚假新闻。①

曾任总编辑的程益中也反复强调："新闻只有真假之辨，没有正负之分，宣传才有正负之分。这一点，《南方都市报》在不停地突破，每天都在突破。"②在他看来，包括沈阳炭疽热、四川猪链球菌等疫情报道，在过去都受政策约束不给报道的，但南都在新闻生产中始终不停博弈，直到这些内容变成常态新闻。2005年8月，

---

① 访谈资料，南都总编辑王春芙，2005年8月10日，广州。
② 访谈资料，南都原总编辑程益中，2005年8月8日，广州。

广州海珠广场发生严重的塌陷事故,有关部门发通知要求媒体报道只能用通稿,但次日的《南方都市报》还是发了两个整版的图片和新闻。为什么敢于做出自己独立的判断和处理？第一,事情本身的影响非常大,政府高度重视,"可能怕媒体帮倒忙,所以发了禁令"。只要南都不帮倒忙,别把事情恶意扩大,应该没问题。第二,广州的政府部门对事故的处理表现出色,疏散快速、安置得当,值得表扬。第三,还有个判断:"这个事情太大了,预计本地所有的报纸没有一家报纸会严格遵守要求。"为此,南都推断,这个报道出来后应该没有任何问题。当然,"一个报纸报道有时候有点偶然,例如,如果当天值班编委特别严格的话,新闻可能做不了那么大"①。

三、内容结构:"软硬"搭配

经过多次改版、扩版,南都的新闻内容形成了分类合理、丰富多样、亦庄亦谐的风格特点和结构搭配。其中,时评、深度报道是比较严肃、高端的产品,体现了报社的立场和业务的最高水平;A1叠的"国际新闻"、"中国新闻"也都相对较"硬",题材重大、内容庄重;A2叠的"广州新闻"主要以社会新闻为主,题材新鲜、内容"生猛",时效性和冲击力较强。其他新闻内容,如娱乐、经济等版块则比较注重独家视角或独家策划。

一位编辑对这种"软硬"搭配的概括比较生动:"A1和A2叠各有任务,前者需要沉静和思想,后者需要和本地其他报纸竞争,别人猛的时候我们也要猛,一个是文戏,一个是武戏。"②显然,要

---

① 访谈资料,南都副总编辑夏逸陶,2005年8月12日,广州。
② 访谈资料,南都区域新闻部编辑唐华,2005年7月20日,广州。

做到"文武兼修"并不容易。在编委王钧看来,庄重的 A1 叠与"生猛"的 A2 叠体现出两种不同的新闻特质:"我们既在向主流靠拢,在国际、国内或本地事件上,要做最准确、最到位的报道,还要发出有前瞻性的、先进性的声音;但同时,又没办法摆脱对眼球效应的追求。所以,我觉得是在两条腿走路,一方面要保持庄重,另一方面要保持鲜活,这两个特质同时存在于一张报纸,可能会显得有些冲突。"①

整体上看,南都的内容产品受市场因素的控制比较明显,尤其本地新闻的"生猛"最能体现。这种对社会新闻火爆性(显著性、新鲜性等)的追求,与广州本地报业市场的激烈竞争有关,也与广州特定的社会治安状况有关,还与香港传媒对广东传媒(报业)的深刻影响有关。究其内在因素,社会新闻的"生猛"是由当地读者的阅读心理和阅读需求决定的,也和广东的新闻宣传管理政策对社会新闻比较宽松的传统密切相关。以 2005 年 7 月 15 日 A2 叠"广州新闻"头版头条导读《殉情?自杀?白云山昨发命案》为例。该文提要为:"晨练者发现一对男女倒卧山顶公园附近凉亭,现场有刀片;两人左手被割破,女子胸口刀伤正中心脏,已死亡;幸存男子腹部受伤,咽喉处有十几处划伤,说话困难。"据某记者介绍说:"能上'广州新闻'头条导读的新闻,一般都为突发事件,包括凶杀、爆炸、绑架、殉情、重大事故等,一周一半左右都是这种题材。最近,头版左下方增加了次条消息稿,500 字左右,主要刊载相对重要的恶性社会事件。"②

对于这种"生猛",一些管理者和编辑都对笔者表示,向主流

---

① 访谈资料,南都编委王钧,2005 年 8 月 4 日,广州。
② 访谈资料,南都区域新闻部社会组记者戎明迈,2005 年 7 月 15 日,广州。

转型后的南都处理社会新闻的方式有所调整,不再单纯追求轰动,而更注重事实本身,注重编辑组合策略和视角的挖掘。一位编辑将这种转变概括为:"追求'猛'的过程中会尽量弱化新闻让人不适的感觉;操作'猛的东西'希望能找到别的方向,不单是放大被砍断的手或通过血腥来感染人;标题的制作要吸引人,但不能过度,一不能造成读者不适,二不能脱离事实。"①例如,区域新闻部曾报道一个小女孩被犯罪嫌疑人猥亵,她的父亲非常愤慨。编辑先拟了个标题"我恨不得一枪把他给杀了",后来换成了"小孩子那么小,今后怎么办"。

总之,《南方都市报》对社会新闻的重视,既是适应本地报纸的激烈竞争的结果,又受到西方报纸的深刻影响,还与南都早期走另类道路时形成的传统有所承续。这种"软硬"兼施的格局,既满足了多数市民读者的阅读兴趣,也满足了部分高端读者的品质需求,真实反映了都市报发展欠成熟的整体业态。

四、竞争策略:专题策划

南都从《98 世界杯》、《一日看百年》、《深圳,你被抛弃了吗?》等开始,便确立了强烈的专题意识和较高的策划水平,"宁可做过头,不要没做足"的操作特点也非常鲜明。这种对专题策划的高度重视和协同配合的操作实践已经成为南都新闻生产最重要的操作策略之一。针对一些重大的新闻专题,除大量调动人力资源、投入较长周期进行采编外,还延续"不惜一切给版面"的传统,只要是好的题材就尽量做足、做充分。例如 2005 年,该报策划的"地铁专刊"、"新机场专刊"、"寻访抗战老兵"、"广州它世纪"等均取得很

---

① 访谈资料,南都区域新闻部编辑唐华,2005 年 7 月 20 日,广州。

大成功。

对此,一位编辑这样总结:"从最初的刀耕火种开始,《南方都市报》就体现出鲜明的穷尽其能的特点和传统,抓住好的新闻题材就做到极限,做到最大。从这个角度看,时评版一下子开到两个版面也可能有这种'要么不做,要做就做到极致'的习惯延续。"① 另一位深度记者认为,国内的不少都市报都很重视策划,但南都的成功在于基本上抓住了所有的机会来做策划,而善于抓住机会是需要不断积累的。"做报纸不是靠你怎么策划,更多讲的是临场发挥。这个东西不是靠怎么策划来的,是靠长期专业的积累。你到了那个时候,就必然会那么做,每个环节都不可缺少。每一个大的新闻事件发生的时候,你都要追求。那个时候,不是所有的报纸都这样想,但我们是每一次都这样想。"②

高度重视新闻专题策划的背后,是这样一种理念:一张报纸有没有前途,关键在于重大新闻事件发生时的表现。专题策划既需要新闻判断,也需要资源整合:

> 《南方都市报》这么多年的发展(策略)非常清晰,每周有一个小高潮,每个月有一个大高潮,从来没有冷过,这个东西就是对新闻价值的判断。一个新闻事件发生之后,我们能够把握住这条新闻的价值,然后在操作它之前把一切后路全部想到,让所有的媒体都没有还手之力。这个我们做得很绝。同时,这也和我们的管理能力和调控水平分不开,我们能够在很短的时间内整合一切资源来做一个报道。③

---

① 访谈资料,南都区域新闻部编辑卢斌,2005 年 7 月 18 日,广州。
② 访谈资料,南都区域新闻部深度报道小组记者姜英爽,2005 年 7 月 19 日,广州。
③ 访谈资料,南都原总编辑程益中,2005 年 8 月 8 日,广州。

第三节 常规生产与社会控制的互动

在南都编辑部场域中,组织内外的各种社会控制因素始终与新闻生产实践之间进行着持续不断的互动。这种互动关系伴随着南都的发展历程而不断改变,同时也因具体新闻报道的差异而呈现不同的特点。

就场域理论的视角看,行动者的实践行为会视资本争夺的情况而变,但是,其行动的惯习通常既包括道德意识状态,又包括客观实际行为,因而也包含着长期实践中形成的某种持续性倾向。他使用"惯习"的目的就在于强调"某种强有力的生成机制",它是行动者的行动风格、心情、情感和行为模式的重要组成,"不仅成为行动者的行动不可分离的构成部分,而且也成为行动者所处的社会环境和历史条件的内在结晶"(高宣扬,2004:117)。

本节,我们将简要分析南都新闻生产与社会控制之间的互动关系及特征,从中亦可显现作为行动者的从业者(组织)是如何糅合职业姿态与外部结构,形成相对持续的实践逻辑。

一、政治控制与积极互动

基于制度情境、社会现状和市场环境,当下国内媒体在新闻生产过程中受到的最大控制因素主要来自政治和市场两方面。格雷厄姆·默多克(Graham Murdock)认为,一般来说,"宏观的政治经济结构与日常的新闻实践之间的联系"是"曲折而间接的"(转引自迈克尔·舒德森,2006:168),但通过具体的管理机制和行政手段,其对新闻生产的控制又可以"顺畅而直接"。在中国,政治因素对新闻生产的影响、制约力量是关键而强大的,主要体现于宣传部门下达的新闻政策,以及政府部门的权力干预。这种给新闻生产构筑了"有形控制空间"的权力,主要形式包括"除了针对具体事件的'宣传通知'、相关的审稿制度和由宣传管理部门直接下达宣传任务等外,还包括各种并不一定见诸文本但在新闻机构内部尽人皆知的边界,例如,对批评报道的行政级别的限制,对新闻媒介异地监督的限制,等等"(陆晔,2003)。

从布尔迪厄所阐述的场域特征看,任何一个场域中都存在多种因素构成的复杂的权力关系,这些因素是动态而非静态的。"由于场域的存在始终关系到其中的行动者的相互关系,所以,场域不是任何单独的个人行动者,单凭其特殊利益或意志就能决定的。"通常,在场域中既有复杂的互动或斗争,也有默认的规则或协议,"这种协议实际上就是立足于场域的客观力量对比而迫使人们不得不接受的游戏规则"(高宣扬,2006:143)。联系到新闻生产所处的场域中,作为具有特殊意志的政治控制因素,也同样会与其他因素之间产生复杂的互动关系。因此,我们在审视和考察政治控制因素时,有必要避免过分简化或刻板的认知(例如夸大其控制方式的单一性和控制力度的绝对性),回到场域的现实权力结构中去考察政治因素与其他因素之间的动态关系。

同时,我们探究政治控制与新闻生产之间的关系,需要克服一种可能存在的偏见,即这种关系总是负面的。实际上,党委宣传部门和政府部门对新闻媒体的合法、有序管理是保证新闻媒体能够坚持社会责任、真实全面报道的重要因素。罗伯特·哈克特和赵月枝(2005:15)研究新闻客观性与政治之间的关系时曾经指出:"关注新闻与权力之间的关系,并不意味着我们认为这种联系总是坏事。正如福柯所言,权力不仅具有约束性和排斥性,同时还具有创造性和许可性。""但权力并非无处不在地分散、扩散于整个社会,权力更多的是从社会关系和体制中获得,而不是个人特性,所以它是非人格化的。"

具体来看,宣传部门的新闻政策、政府部门的政治控制对新闻生产过程的影响又有不同的形式和特点:前者的控制是直接的,后者的控制是间接的;前者基本是规律性的,后者更多是突发性的;前者主要依据公文,是书面化的,后者主要依赖沟通,是非书面化的;前者作为常规机制,已经被新闻媒体普遍习惯性接受,后者作为偶发事件,新闻媒体会视具体情况而采取相应对策。简言之,宣传部门针对新闻事件或舆论导向对媒体报道的要求是立竿见影的,而政府部门一般只能针对具体个案对媒体施加影响,而且这种影响的效果往往因行政级别不同、媒体自主性差异而不同。因而,很多时候,政府部门会与宣传部门沟通或请求帮忙,借由宣传部门以下达禁令或通知的方式来影响新闻生产。对此,2008年广东两会上,时任广东省委宣传部副部长胡国华曾在分组讨论中这样形容:

> 现在宣传部新闻处最忙,他们要处理各种媒体报道中出现的问题。因为各种社会矛盾多了,新闻报料增长了很多倍,有些新闻记者没有很好地把握导向,有些内容在没有很好地核实的情况下报道出来,给社会造成负面影响;在报道时机的把握、版面的安排、内容的措辞不当等方面会引起很多问题。我们每天都会接到各个地方各个部门打来的电话,要求这个不报那个不报,我们基本也考虑他们的要求,但是长期这样,这个不报那个不报并不是好的管理办法。新闻管理应该怎样

做?有些人说,案件上升跟记者有关系。案件上升跟经济社会发展有关系,是社会发展过程中客观存在的问题,跟记者没有关系。从新闻管理的角度来说,记者怎么使用?张德江书记说得好,他说善待媒体、善用媒体、善管媒体。管理媒体不是管着他什么都不让报。①

据笔者在南都编辑部的观察,以2005年6月14日至7月14日一个月为例,来自宣传部门和政府部门对报道的要求主要以书面通知、电话通知两种形式下达,来源则包括各级宣传部、中国证监会广东监管局等机构,主要针对三种情况对报道提出要求。第一,对一些突发性、群体性事件要求不做报道或少做报道,主要目的在于维护社会稳定和团结。第二,对一些经济题材的重大新闻要求暂缓报道或不做报道,主要目的在于保护地方经济。第三,对一些重要的宣传政策予以强调或重申,要求媒体严格遵循,主要目的在于更好地引导舆论。

曾任广东省委宣传部新闻出版处处长的南都总编辑王春芙,在报社一次周会上说:"我以前是当警察的,现在当司机了,我知道怎么样才能不违章,那就是遇到绿灯赶紧走,遇到黄灯抢着走,遇到红灯绕着走。"(南方都市报,2004:5)这番话中的"红灯"就是宣传报道的"禁区","绕着走"是惯例的、必然的选择。从南都编辑部日常的新闻生产实践看,对这些宣传部门和政府部门的报道要求,总体上还是严格遵循的。但是,《南方都市报》编辑部并非完全被动地遵循,而是善于积极互动,除了"绕着走"外,还懂得如何"赶紧走"与"抢着走"。这种积极的互动体现于新闻生产中最大可能地追求独

---

① 李雅琼:《胡国华:想全部封锁资讯不可能 管理媒体不是什么都不让报》,《南方都市报》2007年2月7日第A04版。

立立场、独立判断,甚至必要时考虑怎样突破。例如,2003年春节后的"非典"报道:2月18日,新华社播发消息,称经中国疾控中心和广东省疾控中心的努力,"非典"的病原可基本确定为衣原体,这个结论主要来自两份死亡病人的尸检标本。对这一结果,钟南山等广东医疗专家表示难以接受,认为仅根据两份标本很难下结论。次日,当全国各地媒体纷纷报道"非典锁定真凶——衣原体"时,《南方都市报》却发出质疑声音,以《非典型肺炎病原有争议》反映广东专家的疑问。这篇报道的处理体现了南都忠于事实的新闻生产原则。有评论认为其"体现了媒体的客观精神,体现了对科学的尊重而非对权威的盲从"(南方都市报,2004:177)。

这种积极互动,实际上是力图规避消极服从、被动遵循,转而争取在可能的范围内最大限度地扩大报道空间、监督公共权力。广州某位市领导曾对南都负责人说:"我对你们报纸是又爱又怕。你们报纸信息量大、言论精彩,我爱看;但又怕哪天有什么冷不防被你们报一下。"(南方都市报,2004:3)可见,一些政府部门对南都抱有复杂心理——既试图加以控制和利用,但又知道无法完全掌控。这种既爱又怕的心态,恰好从另一个角度折射出南都编辑部对政治控制的积极姿态。

二、市场控制与妥协底线

市场因素对《南方都市报》编辑部新闻生产的控制既是无时无刻的,又是间接隔离的。所谓无时无刻,即作为市场化报纸的整体定位及南方报业集团的利润支柱,南都的管理者必须要将扩大市场、提升发行、增加广告、完成指标当成报社上下共同努力的目标,这种市场导向在编辑部的新闻政策中已然转换为最直接的读者意识、市场意识、竞争意识等。那些吸引眼球的社会新闻、本地新闻,很大程度上是发行量和广告额的基础保证,而时评、深度报道作为相对高端的产品,也对优化其读者结构、提升其广告品质发挥着积极的促进作用。无论雅俗,这些内容产品都是报纸市场竞争力的必要条件,因而这种或直接或间接的市场导向原则真实、全面地渗透于编辑部日常的新闻生产中。而所谓的间接隔离,指市场因素(尤其是广告商的需求)对新闻编辑部的控制不是直接的、强制性的,编辑部门与经营部门采取编营分离机制,一般情况下,广告、发行等市场部门无权干预编辑部的新闻生产,以便最大限度地保证其新闻实践的自主性。

间接隔离关系不同于完全隔离,这并非意味着编辑部门与经营部门间的完全绝缘。一方面,市场部工作人员不时会以抱怨、要求等方式给编辑部施加压力;另一方面,一些大广告客户会直接通过报社最高管理层对编辑部施加影响。不过,总体来看,编辑部门与市场部门的立场、机制和价值隔离还是比较明显的。

关于市场利益对新闻生产的间接控制,主要体现在两个方面:第一,除区域新闻部外,经济部、专刊部、文娱部等部门的新闻生产与经营部门有较多互动、合作,特别是一些专题策划本身就是为了配合广告销售而进行,属于比较典型的整合营销。这些整合营销的内容主要刊载于 B、C、D 等相对靠后的、非"硬新闻"版面。第二,面对一些大广告商的利益诉求,经报社高层管理者的协调,区域新闻部会对新闻做一些处理。这种处理的边界,"不伤害新闻本身最核心的东西"。例如,把一篇负面报道中企业的名字隐掉,或者某篇社会新闻中小区的名称去掉,"新闻拿掉,迫不得已也会发生,但跟同行相比,我们也许更坚持些"。2005 年做"寻访抗战老兵"系列,某公司要求做广告,"我们首先说不能出现烟草字样,否则跟我们专题的氛围不符合;其次,他们要求做'某公司倾情奉献',我们不接受。最后,他们让步了,变成'特约刊登'"①。

在南都编辑部,新闻从业者对商业控制普遍持反感态度。即便是总编辑签字有所要求,不少编辑的实际操作思路也倾向于"不是能发多大,而是能发多小"。相对普通编辑、记者来说,高层管理者的无奈和感慨更多。一般,如果广告部根据广告商利益向编辑部提要求,必须经由高层管理者才有效,直接向编辑、记者"打招呼"是很难奏效的。同时,高层管理者也会视具体情况,尽可能地坚持新闻生产的底线。一位编辑将编辑部的底线概括为三点:第一,坚持不做有偿新闻,不做无中生有但有利益交易的新闻;第二,"关系稿"不容易发,记者拿"车马费"的新闻比较容易被枪毙,除非新闻本身有新闻价值;第三,即便总编辑签字,编辑也有缩减稿件篇幅的主动意识,而且那样做了也并非情愿②。

值得注意的是,虽然对市场控制普遍持抵触和警惕态度,但在长期的新闻实践中,不少基层新闻从业者会对一些强力的商业控制形成习惯性的自我审查,例如针对房地产商的内幕或负面报道,会主动地规避或过滤。笔者认为,不发负面报道与刊发公关稿的性质一样,实际上都是对底线的突破。好在,这种情况在南都比较少发生。

三、调配控制与操作控制

南都编辑部受到的组织控制因素,按照不同层面,既有来自集

---

① 访谈资料,南都副总编辑夏逸陶,2005年8月12日,广州。
② 访谈资料,南都区域新闻部编辑卢斌,2005年7月18日,广州。

团的,也有来自报社自身的,在组织内部则呈现出多维景观。有学者(黄旦,2005:195)认为,媒介组织内部的控制可以分两个层次:调配(allocation)控制和操作(operation)控制。"前者决定整个媒介组织联合发展的目标和规模,确定利用生产资源的总体方式。后者的权力则是在较低层次,主要是如何有效使用分配到手的资源,执行已经决定的政策。"从这个角度看,南都编辑部新闻生产的总体目标和规模主要受集团的调配控制,而日常的新闻生产模式则受编辑部自身的操作控制。

(1)集团对南都编辑部的调配控制。

主要通过每年签订承包协议来进行,其中,主要规定南都的利润指标,而对其日常的新闻生产则干预较少。副总编辑夏逸陶认为,省级报业集团的背景并不会提供某种"靠山"作用,让《南方都市报》做新闻时比别的都市报更大胆,拥有更大的权力空间,反倒有时候由于"南方报业集团的社会关系很多,他们很会跟集团打交道,通过集团来向我们施压"。在她看来,政府部门会将主报《南方日报》与子报《南方都市报》区别开来,重大的时政消息通知三大报(《南方日报》、《羊城晚报》、《广州日报》),不会有大的区别。"本来新闻资源应该是共用的,但目前没有,这是体制上的缺陷。"①

(2)南都编辑部自身的操作控制。

这种控制可以通过诸多形式来付诸实践。根据笔者观察,主要方式包括:日常的评报和考评制度,固定的新闻生产流程,不断被口头或书面强调的编辑理念等。其中,流水线式的采编机制和计件式的稿费制度是最重要、最直接的控制途径,前者控制每日的

---

① 访谈资料,南都副总编辑夏逸陶,2005年8月12日,广州。

新闻生产,保证内容的质量与安全,后者影响从业者的价值观念,传播和强化编辑部的新闻政策。

关于采编流程和考评制度对从业者的控制作用,一位编辑的描述十分生动:

> 我们就像工厂流水线上的工人一样,任何人来都会被整成这样,能够按照意图来做这个工作。如果不按照意图做,就待不下去。新闻的创造性?有一定的空间让你来做,但要先学会待下来,然后才可能有空间去做。《南方都市报》经常说不能做这个、不能做那个,很少说能做什么。这种不能做主要通过评报来进行贯彻。有形的东西(《编辑大纲》、自己部门发的告诫)相对比较少。主要以评报形式出来的,今天干砸了,原因在哪里,以后要注意。老编辑就很清楚这种情况。现在,都市报的考核制度偏惩罚和监督,有一定道理,可以让我们体会到不能做这个、不能做那个。①

这段话说明,新闻既是一种对社会现实的建构,同时也是依据组织定位、特性和文化要求进行的组织化生产。而且,较之社会影响,组织力量对新闻生产的控制更加直接、常态。

如果从编辑部组织内部不同层级从业者的把关行为看,这种操作控制的倾向和重点又有所不同。整体上,不同级别的管理者和从业者对新闻生产的控制承担着不同的责任,从总编辑、主任到编辑、记者,政治风险和商业利益的把关呈现出从强到弱的变化过程:总编辑/执行总编辑,主要把政治关(不触犯宣传政策的底线)和商业关(避免直接冲击大广告客户的利益);中层的部门主任,

---

① 访谈资料,南都区域新闻部编辑唐华,2005年7月20日,广州。

除了适度的政治把关(一般都能接收到宣传部门的通知)外,主要把新闻业务关(保证报道的基础质量和水平);基层的编辑、记者,一般不需要过多考虑政治风险和商业利益,主要职责是对新闻事实的准确、新闻发稿的速度等把关,保证自己的报道不出事实差错是其主要任务。笔者在观察中发现,普通编辑对这种不同层级的把关侧重非常清楚,而且,通过长期的新闻实践,这种把关意识会自上而下地流动,高层的事后把关实际转换为基层的事前把关。例如,有编辑这样总结:

> 值班编委主要看有没有政治错误,或者大的广告商利益有没有受侵犯;普通编辑就照着新闻规律做,该怎么处理就怎么处理,相对比较少考虑政治错误和广告商利益;主任这个级别两头都要考虑,既要考虑新闻性,也要考虑政治风险与利益。实际上,不少新闻材料到编辑手上,已经过滤掉,一层层过滤,大家的自主意识很强。记者如果觉得题材敏感,特别是地产商的新闻,如果发不出来,就不去采访了。①

此外,编辑部内部的各个子部门因新闻要求和意识不同,把关的倾向也有所不同。例如,深度小组抵制政治风险的意识最强烈,时评部门对政治把关的意识最强,区域新闻部日常新闻的生产实践则在两者之间掌握动态平衡,专刊部、经济部与广告部门的联动最为明显,基本上以广告利益为价值主导。可见,在编辑部场域内部,不同的子部门形成了不同的次级场域,这些场域的结构性特征又因其与权力场(包括经济场、文化场)的位置差异而有所不同。

---

① 访谈资料,南都区域新闻部编辑林斌/罗灿,2005年7月21日,广州。

四、专业控制与条线改革

有研究者对上海媒体从业者的职业理想调查结果显示,大多数从业者选择新闻工作,更多缘于希望承担社会道义责任和自身兴趣爱好。"中国知识分子'以天下为己任'的道德传统,依然是今天的新闻从业者个人价值体系中的重要底色。"(陆晔、俞卫东,2003)在南都,这种知识分子的道德传统也是存在的,但笔者认为,其主要作用是促使从业者选择新闻作为职业,而在日常的新闻生产过程中,新闻专业主义则是《南方都市报》编辑部自我控制的基础模式。

从宏观的政治经济结构看,南都的新闻生产始终在"党-政府与市场"双重规制的局促舞台上进行;从微观的新闻实践过程看,从业者最大限度地遵循真实、客观等专业原则,进而探寻事实真相、坚守公共利益,这种新闻专业主义的运作模式已然渗透在日常的新闻生产实践中。而专业自觉也在编辑部中、高层身上有着明显体现。新闻专业主义在特定社会情境和组织情境中,其内涵和作用有不同体现,比如在理念或实质层面对相对独立性的追求,在操作规范层面对真实、客观、全面等规范的遵循,在专制社会中可以作为一种对抗权威政治的斗争武器,在民主社会中作为一种主导性理念又会成为政府轻易给媒介设置议题的利用工具。与新闻专业主义密切关联的一个概念是客观性。有学者(罗伯特·哈克特、赵月枝,2005:7)认为:"在许多新闻传播学者和新闻工作者眼里,新闻客观性和以其为核心的专业主义可能还是一种可望而不可即的理想目标。在这种情况下,人们可能更注重客观性精神与实践相对于现有新闻制度的解放性意义。然而,事实上,自从以《焦点访谈》为代表的一系列新闻理念与实践出现以来,国内新闻界对客观性的利用越来越自觉性。"实践证明,这种客观性报道原则也根植于南都编辑部场域中。

2005年8月,南都区域新闻部对"广州新闻"时政记者进行的条线改革给我们解读其新闻生产与信源之间的关系提供了一个典型个案,而透过这项改革措施又可以直接捕捉其新闻生产过程中对政治控制的警惕以及对自主性的追求。副总编辑夏逸陶向笔者介绍,区域新闻部的编辑大规模换岗做过两次,效果很好。之所以要时政新闻记者换岗,首先是因为时政新闻做得不够令人满意,其次是"记者跟采访对象没有界限,把他当朋友,关系模糊了,采访会考虑对方的利益,这背离了我们的价值观。你的脑袋不听自己使唤了,你的屁股已经坐到他们那边去了"①。这一改革的动因在报社内部办公系统公布的《广州新闻时政记者岗位竞岗通知》中得到印证:"主要原因是时政线受广州地区强大的官方通讯员的控制,我们的时政记者面临很多困局,难以施展手脚,得罪关系成了跑线记者的噩梦,也束缚了他们的手脚。但我们是要控制与反控制的,所以,当一条线被通讯员管死的时候,我们就需要改变战术,换记者上。要搅局,来换取新闻的主动权和新闻的更大空间。"②

传媒与信源之间的关系,与多种因素密切相关。这些因素至少包括:传媒组织的社会需求、生产机制、价值取向,从业者的采访要求和职业素养,各种社会机构影响传媒的能力和社会阶层的状况等。如果仅从传媒组织/新闻从业者和消息来源的关系看,其直接体现着传媒组织和新闻从业者的独立意识。大部分的信源都很可能试图控制和影响媒介,"让媒介总是按照他们所希望的方式

---

① 访谈资料,南都副总编辑夏逸陶,2005年8月12日,广州。
② 参见《南方都市报》内部办公系统帖子《广州新闻时政记者岗位竞岗通知》,2005年8月10日。

描述新闻事件"(沃纳·塞佛林等,2000:365)。南都编辑部对"广州新闻"时政记者的条线进行换岗,其实质结果在于改变了记者与信源之间的关系,让其从亲密回归生疏。这种调整改变了编辑部新闻生产与社会控制的关系。这项改革的起因是时政记者因与信源(广州政府部门)的关系过于亲密而受控制,其目的在于将这种已经亲密的关系重新变得疏离,以强化记者对信源的独立和反控制。显然,这种调整的背后与南都编辑部所确立的相对独立立场及其与政府"不即不离"的关系原则密切相关。

作为新闻生产外在的一种社会压力,信源与传者(记者)的关系同样受到诸多学者的关注和研究。在韦斯特利和麦克莱恩的传播模式中,信源扮演着"鼓吹者"角色,新闻生产完全受其影响;吉伯(Gieber,W.)和约翰逊(Johnson,W.)则通过调查发现,记者实际上处于"获得所有新闻和信源需要舆论一致的两股拉力之中";而滕斯托尔(Jeremy Tunstall,1971)的研究发现,记者更多地偏向于信源,而编辑更多地以受众为重。在相关研究中,赫伯特·甘斯的观点影响甚广,他称"消息来源与新闻记者之间就像拔河一样,消息来源不断尝试操纵(manage)新闻,让最好的一面呈现出来。同时,记者也不断地操纵新闻来源,以便取得他们(记者)所需要的资讯"(Gans,1979:116,转引自臧国仁,1999:333)。

从新闻生产的实际需要出发,新闻机构以"条线"(beats)给记者分工,有利于记者采集类型化的事实,不容易遗漏社会各领域的重大事件。然而,这种条线划分的主要是不同的政府机构,因而,多数新闻都是从各类官方机构那里得到的。在马克·费什曼(Mark Fishman,1980,转引自迈克尔·舒德森,2006:173)看来,"以官僚机构的结构看待社会,正是记者能够发现各种事件的基础","对新闻记者来说,整个世界已经被官僚式地组织了"。

迈克尔·舒德森(2006：173)认为,"毫无疑问,新闻生产的核心,就是记者与官员之间的联系,当然还有其各自背后的新闻机构与政府机构之间的互动"。从这个角度看,南都的条线改革抓住了常规新闻生产的核心：编辑部对记者的换岗,正是希望在类似的"拔河"中保持记者的操纵权——新闻生产的主动权。这种对信源与记者/媒介的关系调整,如果放在更大范围内去观察,具有特殊的意义。在当下的新闻实践中,绝大多数报纸对政府部门的信源都处于强烈的依赖状态,而且,这种依赖也给掌握着固定条线的记者带来诸多实际利益,编辑部要对这种关系进行调整的阻力和困难极大。迄今为止,笔者尚未在国内报业的新闻实践中听闻类似南都这样的条线改革①。

实践证明,《南方都市报》在其新闻生产的实践中,不断探索着媒介与信源的平衡关系,这种关系至少包括两个特点：第一,独立,即强调传媒组织自身对新闻价值的独立把握,对新闻处理的独立判断；第二,选择,即对不同消息来源的性质和需求进行具体分析,有所选择、有所甄别。调整条线,即通过一定的机制和方式来对新闻从业者相对固定的条线分工进行调整和更换,以防止因"日久情深",记者与信源之间形成过分友好的依赖关系,致使记者在

---

① 商业化和市场竞争对《南方都市报》处理自身与消息源之间的关系起着非常重要的作用。正如英国学者格雷格·菲洛(Greg Philo)针对传媒所受商业约束指出的那样,"有一个简单的事实支撑着媒体机构(以及在这些机构里工作的记者)的日常行为——即他们都不同程度上彼此竞争,他们兜售自己的故事,试图最大化自己的受众群……他们这样做就不得不付出一定的代价,不得不依赖不同级别的信源"(转引自布赖恩·麦克奈尔,2005：69)。在南都的新闻实践中,社会新闻的生产特别明显地体现着这种媒介组织对信源的依赖关系。对社会新闻来说,恰是因为报业的市场竞争使得本地的社会新闻成为各家都市报争夺的目标,由此,社会新闻的消息源对各报社来说就是稀缺资源,需要付出代价来争取。在这一点上,社会新闻与信源的关系,与时政新闻有着较大区别。

与这些消息来源打交道时无法保持足够客观、理性和独立,甚至缺乏质疑和批判精神,这对报社整体追求的客观、中立原则有所违背。这种举措就是对独立的追求。

第四节 编辑部场域特征及生产惯习

较之于对诸多个案的厚重描述,贴切而深刻的理论阐释无疑是更大的挑战。简要分析完《南方都市报》编辑部新闻生产和社会控制的关系特点,我们再尝试用布尔迪厄的场域理论对其常态的新闻生产特征做简略总结。南都编辑部、南方报业集团和广东报业的市场环境,均可被视作大小不等、层次不同的新闻场域,这些交错于不同时空的新闻场域给我们理解社会权力如何作用于新闻生产提供了复杂而真实的关系图景。在这幅图景上,每个关系节点都潜藏着不同的权力变量。

一、偶然性和特定性

虽然新闻生产的各种控制因素在不同的传媒组织内外部均大体存在,但这些因素产生控制的强度和结果必然因新闻生产所处的场域差异而不同。正如第一章有关场域理论的介绍所示,行动者在特定场域中争夺资本,形成不同的行动惯习,其惯习特征与场域的不同结构和位置有关。由此,处于多种控制因素中的新闻生产本身包含着相当的偶然性(因场域不同而不同)和特定性(必然跟某个具体场域相关)。

在《南方都市报》编辑部场域中,新闻生产所受的各种控制因素到底如何起作用、以何种方式起作用、哪种因素起决定作用等,也都与其新闻地域的特定位置密不可分,即这种新闻生产的惯习策略必然在特定场域中才能展开。

布尔迪厄将场域比作一场玩牌的游戏,认为"正如牌的相对价值随每一个游戏的不同而有所改变一样,(经济的、社会的、文化的、象征的)资本的不同种类的等级也随着场的不同而有所改变。换言之,有些牌在所有的场中都是有效的、灵验的(它们是资本的根本性的种类),但是它们作为王牌的相对价值,是由每一个场所决定的,甚至是由同一个场的连续状态所决定的"(转引自包亚明,1997:143)。由这段话联系新闻生产中各类控制因素,无论行政、市场或专业力量等,都想拥有不同等级的"王牌",也就是不同种类的资本(政治资本、经济资本、社会资本、文化资本等)。这些"王牌"中,有的具有根本性的作用,例如行政控制发挥的强势作用,有的则必须因地而异,如市场因素和文化因素等。

此外,新闻生产中各种控制因素的效应发挥并非固定不变,而是有赖于多种因素的混合和博弈,必须在与其他因素的关联和互动中发挥作用。正如布尔迪厄阐述的那样:"一个'玩耍者'的策略以及界定他的'游戏'的一切,不仅仅取决于他所占的资本的数量和结构所起的作用,也不仅仅取决于保证他的游戏的胜率所起的作用,而且还取决于他的资本的数量和结构在时间的演变中所起的作用,还取决于他的社会轨迹和性情(习性)在时间演变中所起的作用,而性情是在与明确的客观机遇分布的长期共处关系中建构的。"(转引自包亚明,1997:144)

作为行动者的新闻从业者,其新闻实践必须因特定情境而定,这就是新闻生产的必然性,而其实践策略会因不同场域的差异而不同,即新闻生产的偶然性。这种必然性和偶然性,实际上都反映着场域、资本对生产惯习的影响。

二、寻常性和非寻常性

根据滕斯托尔(Tunstall,1971)等学者的研究发现,整个传媒组织的生产实践比较具有寻常性(routine)特征,而组织内新闻编辑部的生产则比较具有非寻常性(non-routine),两者的工作倾向和科层组织都有基本差别。寻常性是逻辑的、系统的、可分析的,而非寻常性则必须依靠经验、知觉、运气和猜疑(转引自李金铨,2000:53—55)。如上文分析的那样,媒介组织的新闻生产在实践中总试图将非寻常事件的报道加以寻常化,由此,形成对各种类型新闻事件的报道模式。可即便如此,由于新闻部门经常会面临突发事件,其采访过程不是逻辑的、系统的,因而新闻生产的具体环节经常会出现非寻常性,需要靠"新闻鼻"、"第六感"或经验。但这又并不意味着新闻部门的运作会陷入无序和杂乱,一般而言,传媒组织要把空间和时间客观化、常规化,以保证运营节奏和操作顺畅。

具体到《南方都市报》的新闻生产,从整个传媒组织来看,无疑有着非常明确的编辑路线、方针和相对清晰的新闻价值观,这种寻常性的特征是通过书面的《编辑大纲》、领导的重要讲话以及据其整理的书面材料、内部论坛上常规的评报制度和针对具体个案总编辑所做的点评等各种形式加以确定、宣传和强化的。然而,其新闻生产在具体的操作和实践层面,又经常遭遇非寻常性的考验,这种非寻常性最突出地体现在一系列重大突发事件报道、深度报道、重点时评等新闻操作过程中。

实际上,从场域理论的角度看,任何行动者在某个特定场域中的行动惯习,既包含着在长期实践过程中被结构化的相对持续的策略,同时,又会在特定情境中呈现包含着情感、认知、意识等在内的偶发性行为。在这个意义上,寻常性所体现的是新闻从业者的生产模式,非寻常性则表现出新闻生产中的临场发挥。两者结合,构成了完整的新闻生产实践。

三、内部性和外部性

新闻生产是媒介组织、社会环境和从业者等多因素共同参与的结果,也是集体合作、协商的动态过程。其中,媒介组织和社会环境是两个最重要的影响因素,某种程度上说,从业者是在结构性框架下工作的。盖伊·塔奇曼(2008)研究发现,新闻报道是一张"网"而不是"毯",后者囊括一切,前者有所过滤,"网"在空间上如何布局、"网眼"与"网眼"之间如何勾连,主要由组织的定位和目的决定。

尽管我们可以将南都编辑部视为一个相对集中的新闻场域,但严格来说,这个场域的内部和外部边界只能是相对的、模糊的,而无法明晰地加以确定。南都编辑部新闻场域是本章考察的中心,围绕这个场域的相关力量及关系,是多层次交错、渗透的。从组织内部场域看,横向上有编辑部与市场部之分,纵向上则有报道小组、区域新闻部/经济部/珠三角新闻部之分。这种纵横的空间,分布着不同的权力位置,也复杂地影响着新闻生产的实践行动。而从组织外部场域看,横向上涉及与其他处级子报之间的关系(如《南方周末》等),纵向上看则是报社与集团的关系(南都新闻场域与南方报业集团新闻场域),更大范围的新闻场域中,还涉及与《广州日报》等同城报纸的竞争场域。此外,如果我们将南都及其他报纸的新闻场域视作一个整体,则新闻场还与政治场(权力场)、经济场、文化场/知识场、法律场等发生关系。

其中,广州报业的地区性场域比南都编辑部的场域大,而在广州这个地区性场域中,又与邻近的香港报业场域形成互动,乃至与大洋彼岸的美国报业场域发生勾连。实际上,南都社会新闻生产的取向与方式深受香港影响。"我们社会新闻操作受香港报纸影响挺多:一方面,告诫我们别像他们那么八卦,另一方面要学习他们的操作方式。一些香港报纸,如《苹果日报》、《东方日报》等在广州可以买到,经常在编辑中传阅,主任希望我们学他们的招数和花样。"①而美国报业作为间接但同样发生作用的外部场域,对南都新闻生产的影响主要体现在专业主义理念以及一些内容的操作形态上。"《南方都市报》做的讣闻主要模仿美国的报纸,时评版的形式就是《纽约时报》的格式。模仿也是一种创新精神,都市报需要不停地有新东西来刺激自己、刺激读者。"②

由此可见,虽然可大体区分《南方都市报》编辑部场域的内部性和外部性,但其新闻生产始终是在内外部多种场域交织的格局中进行的。其新闻实践的过程背后,渗透着各种组织内外部力量的影响,要清晰地区分哪些是组织内、哪些是组织外,是非常困难的。

四、稳定性和变动性

场域本质上是多层次、多空间的权力关系,各种对新闻生产可能产生影响和控制的权力相对稳定,但又处于不断变动中。这种稳定和变动可以从两个角度看:

第一,从编辑部场域外部的政治权力来看,稳定的控制形式来

---

① 访谈资料,南都区域新闻部编辑唐华,2005 年 7 月 20 日,广州。
② 访谈资料,南都区域新闻部编辑林斌/罗灿,2005 年 7 月 21 日,广州。

自省委宣传部,但深圳、广州市委宣传部同样可以通过不断与省委宣传部汇报、沟通来针对一些具体个案间接发挥作用。大体上,省级宣传部的直接政治控制是稳定的,而市级宣传部的间接政治控制是变动的。

第二,从编辑部场域内部的组织控制来看,高层、中层和基层从业者对新闻进行把关的权力总体是有不同侧重且相对稳定的,但这种把关的权力根本上依然由从业者个体来进行判断和执行。因此,可以进行无形的转换,从而发生潜移默化的变动。例如,对广告商的利益进行把关,原本是主编的事情,编辑无须考虑,但实际操作过程中,编辑并不会坚持原则。有编辑曾经这样向笔者介绍:

> 我原来做广州新闻中的社会新闻,很容易触犯广告商的利益。碰到这种情况,或者我们给广告部打电话,或者广告部打电话给我。有一次,天河城地下停车场有个女的被抢了,我就打电话给广告部副总经理,问他这个能不能做,对经营有没有影响,听说最近报社跟天河城要搞一个活动,就没有在主标题里点出具体地址。之所以有这种意识,是编辑部不断强调的结果,告诉我们,如果有可能涉及广告商的利益就主动给广告部打个电话。深圳新闻这块却不是,如果广告部没有给你打电话,新闻就照上。总体来说,经营部门对编辑部门的影响,编辑考虑的不太多,管理层的压力会更大。①

在布尔迪厄(1998:184)看来,惯习"作为一种处于形塑过程中的结构,同时,作为一种已经被形塑的结构,将实践的感知图式

---

① 访谈资料,南都区域新闻部编辑林斌/罗灿,2005年7月21日,广州。

融合进实践活动和思维活动之中"。审视南都编辑部场域日常新闻生产的惯习,亦能发现,其中既有被外在结构、专业规范所形塑的结构性特征,又体现着新闻实践者主观建构和积极行动的立场。按照布尔迪厄(1998:164)的话说,"惯习这个概念,最主要的是确定了一种立场,即一种明确地建构和理解具有特定'逻辑'(包括暂时性的)的实践活动的方法"。总体上看,结合上述对日常新闻实践的分析和编辑部场域的特征,我们可以将其新闻生产的惯习概括为这些特点:

(1)独立意识。

集中体现在新闻场域与政治场域的关系,报社始终强调"不即不离",保持一定的质疑。例如,信源的内部的调整和更换,避免与政府部门因太熟而失去相对独立性。

(2)突破倾向。

体现为新闻生产面对政治控制时的主动协商策略,新闻从业者总是在尽可能的情况下,把真相报道出来。

(3)故事模式。

实际上,是新闻报道的典型叙事方式,主要为了争取市场,因而强调新闻的好看、好读。故事化作为写作模式是十分明显的。

(4)编营分离。

强调新闻编辑部的高度自主性,使其尽量不受经营业务的影响。这种绝缘有利于保证其新闻的纯粹。

(5)科层结构。

在媒介组织内部纵向的结构性特征,因编辑部的规模庞大和程益中"强人政治"时代的告别,基层从业者的情绪中既包含对理想的坚守,亦有对保障体系的不满和对生存现状的无奈。

这些惯习中既有被结构化的特征,如来自新闻生产的惯例

(讲故事等),也有具有结构化功能的特征,例如对专业主义的坚定实践,如独立意识、突破倾向等。故事模式、编营分离、科层结构更多属于新闻生产的类型化、职业化特征,而独立意识、突破倾向则是实在的立场、倾向,这些惯习(habitus)之所以不是习惯(habit),正如布尔迪厄(1998:165)形容的那样,它是"深刻地存在在性情倾向系统中的、作为一种技艺(art)存在的生成性(即使不说是创造性的)能力,是完完全全从实践操持(practical mastery)的意义上来讲的,尤其是把它看作某种创造性艺术(arsinveniendi)"。

总结新闻生产这种具有创造性实践的惯习时,还必须阐释其与新闻专业主义之间的关系。在中国语境中,新闻专业主义的内涵与西方话语有着不同的含义。童静蓉在针对《南方都市报》、《楚天都市报》、《人民日报》、《新民晚报》四份不同类型报纸的研究中(童静蓉,2006:112—113)发现:新闻专业主义作为一种价值体系,媒体和新闻业在表达、实践中始终与社会的各种权力进行协商,"对于权力、机构以及行业,新闻专业主义并非绝对的利他性,而是一种控制性策略,其本身是一种权力的来源"。她将中西方语境中新闻专业主义的不同含义概括如下:

表 3-2 新闻专业主义话语在中国和
西方语境中的不同含义

新闻专业话语	自由主义新闻业(西方)	中国新闻业
自由度	不受各种权力的控制和干涉地报道事实真相	在党和政府政策的允许范围内,在揭露社会阴暗面和监督政府的时候,不受到党、政府和其他利益集团的干涉和控制

续 表

新闻专业话语	自由主义新闻业(西方)	中国新闻业
社会责任性	防止权力滥用,促进民主	为普通百姓说话,解决百姓遇到的问题,尤其是不能够或者比较难通过平常合法途径解决的问题;促进民主,推动社会发展
客观性	在报道中采取中立立场,不存在党派意见和个人态度,客观地反映新闻事实	有记者立场和态度的平衡报道

综合本章对南都日常新闻生产的分析可见,从新闻专业主义的不同层次看,南都新闻场域的生产习性在当下都市报语境中最为接近专业主义的内核:虽无实质的独立地位(产权和制度保障),但有独立的意识和反省能力;虽很难完全避免新闻交易(如经济部的软文报道或整合营销专题策划)或对广告大客户的让步,但尽量可以做到杜绝有偿新闻、保持编营分离,最大可能地保持编辑部新闻生产的自主性;虽强调故事化的眼球效应,却能基本把握和坚守客观、真实、公平、理性的专业规范,而且通过深度报道、时评等高质量产品揭示真相、启蒙公众,体现出主流都市报的社会责任。

第四章 时评：公众言说与
　　　　精英启蒙的交响

　　现代报刊的主要内容包括新闻和评论两大类,前者主要提供事实,承担告知的功能,后者侧重意见表达,提供评价事实的观点,发挥解释的功能。西方新闻学界认为,新闻关乎民主,以公共性为内核;评论在西方新闻实践中同样与公共利益乃至国家民主有着重要的关联。例如,美国全国社论撰稿人大会1975年通过的《基本准则声明》中开宗明义地强调:"社论写作永远不是一种别的生财之道,它是一个投身于公众利益和公众服务的职业。从业者的首要职责是提供信息,并引导读者作出理智的判断——这对民主制度的健康运作至关重要。"①

　　在西方大报的内容构成中,评论始终位居重要版面,发挥重要作用。据不完全统计,美国97%的日报每天至少有一个版的评论,比较典型的版面形态是：3封读者来稿、2幅漫画、3篇辛迪加专栏②、1篇

---

① 参见美国全国社论撰稿人大会《基本准则声明》(1975年10月10日通过),引自[美]康拉德·芬克:《冲击力:新闻评论写作教程》,柳珊等译,新华出版社2002年版。
② "辛迪加专栏"与社论的最大区别在于作者的特殊身份和超脱地位,其专栏作家"受雇于特别的新闻企业,或者是拥有多家报纸的报系,或者是实力雄厚的通讯社、大报、特稿社等。他们将专栏文章像通讯社向订户传送新闻稿那样,提供给付钱购买的报纸,所以,一般是一篇专栏同时为国内乃至国外的多家报刊采用"。参见李良荣:《西方新闻事业概论(第二版)》,复旦大学出版社2003年版,第130页。

国内或国际事务的社论、1/2篇（两天一篇）当地事务的社论、1/3篇地区事务社论,版面不含广告(李良荣,2003:129,131)。中国近现代报纸的新闻生产实践中,评论也始终是不可或缺的内容组成,而且近代报纸发展史上曾经有过两次"时评热"(朱健国,2003):1896年8月9日上海创刊的《时务报》,促进了中国第一次"时评热";20世纪40年代,以《大公报》"星期社评"为代表的第二次"时评热"。自改革开放以来,中国报纸的评论又经历过四次热潮:一是20世纪80年代初以《人民日报》"今日谈"等为代表的小言论时期;二是80年代后期以《中国青年报》"求实篇"为代表的杂文热;三是90年代后期以来,以《中国青年报》"冰点时评"为代表的时评热;四是90年代后期以来,以《北京青年报》"今日社评"为代表的新型社论的兴起,较之以往的社论更具时效性和针对性(涂光晋,2004)。

见诸报端的评论一般包括社论、专栏评论、读者评论、记者述评、杂文等多种。其中,时评文体更强调由事而评、因时而论、随势而生,以社论或专栏形式出现的时事评论文章均可简称为"时评"。本章对《南方都市报》时评版进行分析,在梳理其发展轨迹及创办动因、分析其内容特色和控制形态的基础上,对其从公众言说向精英启蒙的重要转向及适度回归进行分析,最后运用场域理论对知识分子如何进入新闻场域进行时评表达,对时评编辑如何运用社会资本进行生产等问题加以阐释。

第一节 时评发展轨迹及变化动因

一、时评发展轨迹

《南方都市报》时评从报纸创刊起便存在,至2008年已十余年,经历了从个人专栏评论到整版系统实践,从社会热点评论到公民文化传播的变化(见表4-1)。其发展轨迹大致可分成四个阶段。

表4-1 《南方都市报》时评版发展大事记(2000—2004)

举措	时间	概况
时评专栏	2000年3月前	《市事论语》专栏,主编关健主笔
时评版开设	2002年3月4日	设立整版时评,刷新国内新闻评论观念
时评扩版	2003年4月	由1个版增至2个版,分别为社论和来论
时评改版	2004年3月1日	调整为社论和个论,每周增设1期宏论
社论委员会成立	2004年3月9日	负责操作评论选题和方向
评论部成立	2004年6月1日	直接对编委会负责

1. 萌芽:主编操持专栏

1995年3月20日,创刊不久的《南方都市报》即开设《市事论语》专栏,开篇文章由时任《南方日报》总编辑范以锦以"代创刊词"的形式发表。从1995年4月21日起,时任《南方都市报》主编关健开始了长达5年之久的《市事论语》写作。直至2000年3月去职,他共创作了500多篇小评论,"平实即持论公允,文风朴实,判断重实事求是,用笔如行云流水。替读者说出心里想说的话"①。关健去职之后,《南方都市报》时评暂时中止,此后两年为空白。报社内部虽有人提议填补,但始终没有下文。按时任副总编辑杨斌的说法,"不是不想做,而是不敢做。因为时评政策性很

---

① 《南方都市报·八年》,第28版《年度词典·1997》,2004年12月31日。

强,个中的火候难以拿捏"(李海华,2004)。

2. 创办:推出时评专版

2002年3月4日,《南方都市报》改版,正式推出作为重头戏之一的时评版。这个阶段,时评版的风格定位于"拒绝讽刺挖苦,拒绝愤世嫉俗,拒绝上纲上线,拒绝片面偏激",基本原则确定为"积极稳妥有见地"①,选题主要由报社内部确定,发表专业人士的时评也代表报社立场。

在这个时机推出时评版,主要基于两点考虑:一则,报社向主流媒体转型必须提升新闻品质,时评和深度作为两大标杆产品成为其实现主流诉求的主要方式。时任副总编辑杨斌解释说:"我们有必要从理论的高度明确解读各种受关注的、重大的、有影响的新闻事件,以社评或社论的方式表明本报的立场,同时集纳来自社会上的有价值、有意义、新颖独到的观点,进一步提高本报的权威性和影响力。"②二则,当时的宣传管理及舆论环境相对宽松,给时评版的开设提供了空间。"新闻媒体对时代风向最敏感,对社会变动最敏感,一旦最敏感就很可能生长到那个最敏感的空间中去。某种程度上说,2002年和2003年的广州,言论尺度比现在更宽松,政府官员的前后交接需要时间,不少话题可以说,可能就是那个时候容许我们做起来。"(李文凯,2004)此外,做时评也符合南都部分管理层长期的新闻理念和专业追求。

3. 发展:倡导公民写作

2003年4月,时评版由一个版扩展为"社论"与"来论"两个版。根据当时制定的《南方都市报 A1 版块编辑大纲》,时评功能

---

① 《南方都市报·八年》,第 80 版《年度词典·2002》,2004 年 12 月 31 日。
② 同上。

确定为"表达本报对重大新闻事件的立场和态度,发现新闻事件信息价值背后的认识价值;它的终极功能是向读者传输现代政治、经济、文化观念,让读者更深刻地认识社会现实和自身处境",追求专业性、参与性(吸引各行业专家、读者投稿)和本土化(既对本地事件高度关注,又有全国乃至全球视野)。从写作特点上,则强调"以清晰的观点和富有感染力的文字吸引人,以严密的逻辑说服人"。

改版后,两个版面承担不同的评论功能:社论版对必须关注的重大新闻事件发表看法,一般由本报评论员或特约评论员撰写,要求文风和谐统一、庄重大方;来论版对非必然性事件发表评论,由作者自定题目,文风各异、轻松活泼。具体的栏目设置上,社论版有《本报社评》、《观察家》、《评论员文章》等,来论版则主要包括《马上评论》、《视点》、《众说纷纭》及《时事漫画》等,并注明"本版观点不代表本报立场"。

此阶段,南都时评的特点是在加强社论的同时,倡导、实践"公民写作"的理念。这种时评理念主要为孟波和束学山所倡导,以来论版为平台进行实践,目的在于给公众提供更充分、更多元的话语平台和表达空间,让普通人的观点能够通过大众传媒的管道言说。2003年9月,孟波①参与筹办《新京报》后,束学山开始具体负责时评版。他喜欢使用"公民"这个概念。他在报社内部论坛上的昵称叫"人生来就是要说话的"。这个时期,时评版面和文章中经常出现"公民,你应该(不应)……"的句式,可见他对公民写作的重视(李海华,2004:207)。由于来论版大

---

① 孟波担任时评版负责人期间,曾推出过两大有影响的评论:"孙志刚事件"及收容制度系列,"深圳新形象"及网民对话市长系列。

量发表普通读者的投稿,有评论者认为,南都引领着评论逐步走下话语"神坛",回归大众,体现出明显的平民化倾向。"与传统的形式相比,显示出鲜明的广泛性和开放性等特点,不仅内容涉及社会生活中的诸多方面,而且气氛宽松,受众参与热情较过去明显增强。"(曾丽红,2004)

《南方都市报》来论版所倡导的"公民写作"与西方报纸的"读者投书"有相似之处,满足的是普通人言说观点、表达意见的机会,提供公众论坛的作用,"是民主生活的体现,同时也是反映民意的渠道"(李良荣,2003:130)。但是,公民写作在实际操作中也暴露出一些问题:第一,来稿的作者队伍过于集中,始终是一小批人,不够广泛;第二,这些时评作者(时评写手)一稿多投的现象比较严重,致使南都来论版的文章经常与其他报纸的评论"撞车";第三,公民写作的稿件整体不够理性、深刻,观点容易流于琐碎。这些情况被编辑何雪峰概括为"公民写作的重复化和泛滥化":

> "公民写作"很大程度是个伪问题,这些文章总体上没有什么价值,不新鲜。我们的时评写手主要集中在湖北、河南,他们工作不是很忙,工资收入比较低。这些人很勤奋,一天甚至写5—6篇,写完后有个投稿序列,向全国的报社投稿。这样的时评写作,变成了养活自己的手段。其实,成为时评写手也无妨,问题在于评论的价值太小,无法提供评论应有的"新闻之外的东西"。①

4. 转向:主推思想启蒙

2004年3月1日,伴随南都的再次改版,时评的操作理念和形

---

① 访谈资料,南都评论部编辑何雪峰,2005年7月29日,广州。

态发生了重要转变,除保持社论版外,将"来论"改成了"个论"。原任职《南方周末》的新任评论部负责人李文凯,重新设计了两个时评版的定位和栏目。

社论版包括《社论》、《街谈》、《媒体之音》(后改为《推荐》)、《来信/来论》等栏目。其中,《社论》代表报社对于时事时局的立场与洞见,与报社的关注和思考高度契合;《街谈》专门关注本地民生新闻,以活泼、跳跃、幽默、精简的文字论说,对于一张区域性报纸起到贴近本土、补充社论的作用;《推荐》意在转载刊发每天海内外媒体中最值得共享洞见的评论文章;《来信/来论》则是以前来论版的压缩,强调交流互动,避免流于程式化的写手文章。

个论版采取栏目专栏与个人专栏相结合的形式,包括《中国观察》、《经济人》、《媒体思想》、《法的精神》、《虚拟@现实》、《美国来信》等栏目,每个栏目都有若干作者定期供稿。考虑到社论和个论都受制于短平快的反应,不容易对具有宏大背景、广阔纵深的时事时局做出整体分析,后又增设每周一期的宏论版。

这次改版的最大变化就是不再大力倡导公民写作的理念,将原先的来论版内容压缩,变成社论版中的《来信/来论》栏目,并以新增的个论版代替来论版。李文凯对公民写作的想法与孟波、束学山的截然不同。他认为,此前来论版的层次较低,"其中的许多发言,多是以知识的碎片为工具,论证的角度、过程与结论也因此往往难有独特价值"(李文凯,2004)。针对公民写作时期存在的一稿多投、"正确的废话"等问题,他更倾向于邀请知识分子精英进行相对专业、高端的"精英写作":

> 实际上,不存在一个成熟的公民表达环境和基础,这跟政治条件和国民素质的提高等都有关系。民智未开、资讯不够

透明和充分、言论没有完全自由,三个原因导致公民写作是个比较虚假的假象。在这个前提下,不如提倡"精英写作",用精英写作来试图去冲大言论空间,透露出更多有价值的信息,给今后的公民写作提供范本。目前,中国处于转型期,启蒙的任务没有完成,有些东西如法治、民主等问题需要不断重申、强调。我们要鲜明地亮出观点和取向,这跟《南方都市报》要做主流大报的目标是一致的。①

当时,主管时评、深度的编委方三文也认同李文凯的以"精英写作"替代"公民写作"的思路。"我认同靠时评去启蒙,当然也很赞成公民写作,但报纸不适合公民写作,网络上比较适合公民。报纸搞公民写作,真正有水平的公民没有吸引进来,作者太集中和雷同。其实,最重要的不仅是集中,主要是水平。"②压缩公民写作后,原先的投稿每天在社论版《来信/来论》栏目中至多发3篇,而且编辑只挑时效性最强的、针对最新乃至当天发生新闻的时评,由此减少了重稿的情况。加之每天约有300篇投稿,从中选出的文章经编辑后质量也比较有保证。

改版后,南都时评开始借助个论版大量刊登精英写作的时评文章,一批国内外学者、记者加入时评队伍中,每天3—4篇的专栏时评大大提升了时评版的理性和深度,发挥着启蒙的作用。为贯彻"思想启蒙"的理念,评论部编辑在与学者沟通时,其主导意识较之以往大大加强,主要体现在选题的主导权上:基本上由编辑报题,社论会上通过后,再向专栏作者约稿,约稿的同时就文章主要观点进行沟通,做到心中大体有数。这种沟通不仅可以坚持"以

---

① 访谈资料,南都编委、评论部主任李文凯,2005年8月8日,广州。
② 访谈资料,南都原编委方三文,2005年8月,广州。

我为主"地操作时评选题,还可以帮助学者避免过于专业性、解释性、学理性的文体。

伴随着时评版影响力的提升,报社内部也从机制上进行了调整。很长时间,时评版编辑主要归区域新闻部管。2004年3月9日,报社成立社论委员会,负责操作评论选题、讨论角度尺度、筹划长期关注、落实具体写作。同年6月1日,评论部正式成立。至此,南都时评的操作从内容到机制开始全面进入成熟阶段。

5. 成熟:回归多元表达

2006年10月,南都时评版扩版,在原先社论、个论的基础上增加了众论版。众论版的内容除原来社论版上的《来信/来论》外,又增加了网络评论。这样既能提供专门的版面及时发表鲜活的网络评论,亦可使社论版名副其实。同时,版面位置做了调整,社论保持在A2版,个论与众论转至A叠倒数2—3版。这一版面调整主要为规避原先广告对A3版的冲击,在更大程度上保证评论版的正常版位。这次改革究其实质,在一定程度上恢复了对公民写作的重视,形成了包括社论(媒介话语)、个论(精英话语)、来论(公众话语)在内的多元意见表达格局。

由此,南都时评形成了相对成熟、稳定的操作形态,而且在生产实践中不断实践着公众与精英、平面与网络、版面与活动的多重互动,不断扩大其知名度和影响力。2007年6月,南方都市报社开始承办广东省委宣传部与广东省社科联主办的"岭南大讲坛·公众论坛"(此前已举办93期),由评论部和战略发展部具体操办。公众论坛以报纸时评版面为依托,关注重大热点话题,形成现场讲坛、报纸刊载及网络直播的联动模式,先后邀请秦晖、朱学勤、梁文道、茅于轼等知名学者和评论人做主题演讲。"公众论坛的成功,一个原因就是提供了这样一个公共空间……如果问中国的公民社会在哪里,这就是公民社会的一部

分吧!"(何雪峰,2006:10)

2008年4月13日,南都又新增《评论周刊》。《创刊预告启事》中对此举的解释主要是每天三个版的评论版容量有限、版面不够,要"以更从容的姿态来审读潮流,以更丰富的版面来创新言论生态":"改革30年,中国社会持续进步,而言论空间大开,意见市场成长,民众的表达欲望与表达能力俱增。本报言论恭逢于此,宗积极理性多元交流之理念,得众多师友读者之助,而能持续关注时事,发表观点,解放思想,砥砺精神。然日报快马加鞭疲于追赶时效,版面狭窄局促无地呈现宏作。"①而谈及南都时评未来的发展方向,评论版编辑何雪峰(2006:10)这样描述:

> 我们的嘉宾视野能否更为开阔,从内地学者扩展到港台地区乃至海外等具有全球影响力的学者?我们关注的话题是否能更为多元化,阳春白雪与下里巴人如何兼顾?我们能否成为一个更为中立的意见平台,尽可能地排除自己思想倾向的制约,从而成为各种思潮相互激辩的公共平台?

简要梳理《南方都市报》时评的发展轨迹之后,试图厘清其变化脉络,可以从时评表达的主体身份、时评实践的功能定位两个维度来考察。从南都时评表达主体的身份看,主要有三类:第一,新闻从业者,包括职业报人、同行记者或报社专职评论员;第二,各领域的专家学者,包括国外学者;第三,普通公众,主要是读者和网络写手。这些不同身份的时评作者群的写作立场、风格及价值取向各有差异,但均要围绕时评版面定位及栏目要求进行表达。

南都的时评文章主要以本报社论、专栏个论和来信/来论三种

---

① 参见《南方都市报》2008年4月12日第A02版。

形式发表,三种形式各有不同的价值取向:社论代表报社的立场和观点,体现编辑部组织的价值观,关注国内和国际重大事件,符合党和政府的宣传政策;个论的作者多为具有强烈现实关怀精神和较高思想水平的知识分子,其文章多注重现实批判和理性思辨;而读者与公众的来信/来论,更趋向于围绕生活中所闻所见、所遇所感,或报刊上阅读的新闻报道,发表自己的观点,有的则希望借助发表时评来抒发胸臆、维护权利。

这三种表达的价值、形式之间并非泾渭分明,实则多有重叠、边界模糊。例如,社论虽代表报社立场,但因评论员自身的角色就是知识分子,也可能体现出很强的精英表达取向,而且从南都时评部的实践看,受编辑部价值观以及李文凯本人时评理念的强烈影响,已然将相当程度的精英倾向内化。即便如此,我们仍然可以大体将三种取向价值分别称为组织表达、精英表达和公众表达。

由此,南都时评的发展先经历了一个从精英表达(主编关健)到组织表达(以社论为主)的过程;之后,在组织表达之外大力倡导公众表达(公民写作);继而,集中寻求组织表达和精英表达(以个论为代表)的平衡;最后,逐渐形成组织表达、精英表达和公众表达的均衡格局。其间,对组织表达的重视基本上贯穿始终,而对于公众表达与精英表达的关系,则在2004年经历了比较明显的转向——以孟波、束学山为代表的时评负责人强调给普通公众提供表达空间,公民写作时期的表达主体便以时评作者/普通撰稿人为主;以李文凯为核心的时评团队充分意识到公民写作的缺陷,将其视之为"伪问题",将主攻方向确定为给专家学者等精英们提供表达平台。这种时评实践中迥然不同的改革实践是南都时评版发展过程中最值得关注也是最有意思的重要转向。

与这种价值取向转变相契合,南都时评发挥的社会功能也在不断变化。显然,在孟波时期,时评要给公众提供表达机会,倡导的公民写作更多发挥的是一种公众言说功能;李文凯主持之后,公民写作受到相当程度的压缩,个论版主要提供给精英知识分子发言,其目的更侧重精英启蒙。前者主要满足普通公众的意见表达,后者主要满足社会精英的思想传播,这种从公众言说到精英启蒙的重心转移是南都时评历史发展过程中的重要转向。而之后,在坚持精英启蒙的基础上适度回归公众言说,又体现出南都时评的平衡策略。言说空间也好,启蒙空间也罢,本质上都是主流都市报试图营造的公共空间。关于这两种功能的区别及勾连,笔者将在下文作具体阐释。

二、动因分析

关于《南方都市报》时评版设立与发展的动因,上文叙述其嬗变轨迹时已简略提及,比如外部政策环境的相对宽松、时评版面主持者和编辑的专业诉求、稿件生产过程中暴露的现实缺陷(如公民写作的不成熟)、南都自身主流化转型对提升产品质量的需求等。这里,笔者再以编辑部场域为主体,从其组织内部、外部两个角度来对时评创建与发展的动因做简要分析。

作为一个特殊的新闻场域(以生产观点,而非新闻为主),从外部看,时评版主要受制于由广东政治场、经济场、文化场等特定的社会状况影响。其中,由宣传管理政策的宽松程度和政府部门的干预强度构成权力关系网络(换言之也叫政治场),对时评生产的空间制约影响最直接;而遍及全国乃至全球的时评作者(主要是各专业领域的知识分子)所构成的文化场,对时评生产的质量和表达方式影响最直接。从内部看,则主要与南都编辑部长期形成的新闻理念、主流化转型的诉求以及时评从业者的职业理念等因素密切相关。换言之,在内部,时评生产是从属于整个编辑部新闻场域的一部分,作为次级场域尽管与社会新闻组、深度报道组等有所区别,但总体的场域结构性特征并无本质差异。

1. 组织外场域的影响

从宏观角度看,南都时评操作者对当前中国社会的大背景有自身的理解和认知,这种判断从根本上决定着其时评生产的价值取向和新闻理念。针对南都时评创办理念与转型社会背景之间的关系,李文凯曾这样概括:"《南方都市报》的时评是基于这样一个理念而设置生长的——中国与中国人,正处在百余年未绝的历史大转型努力之中……在这个转型中,这个国家的方向、所获得的进展、所遭遇的困顿、所影响的命运,是我们评论所要紧密关注、积极表达的话题。这看似有些宏大拔高的定位,其实正是中国现状下媒体的自觉。"他认为,没有完成基本价值取向的最终共识,恰是转型社会的时评有别于其他社会时评的根本所在,南都时评要以建设性的态度与取向为重,也正是转型中国的社会责任所系(李文凯,2004)。

在南都管理层和时评编辑眼中,宏观政治场域的相对宽松是2002年南都时评版得以设立的重要外部因素。时任执行总编辑程益中曾这样形容当时政治气象的开明和舆论管理的放宽:"从整体看,我们国家更开放了,舆论环境更宽松了。进步是不言而喻的,是有目共睹的。越来越多的以前只能在民间传播的消息见诸正规报道。"(李海华,2004:206)时评编辑何雪峰也认为,时评的兴起与20世纪90年代后中国社会整体氛围的适度放松有关。"此外,自由派在民间通过基本的启蒙让大家对常识有所了解,普通读者对整体的转型观、依法治国有碎片的理解,对民主和人权等概念有更多的了解。比如,专制是不对的,官员的胡作非为是不对的。此外，还有南都创办八年来媒体市场的兴起，都市报业的繁荣。这些因素导致第一个原因——为中国造出很多具有表达能力和欲望的人，第二个原因——媒体兴起给他们提供了表达的平台。由此，时评兴起是个必然的事情。"①

除了社会大环境构成的政治场域外，广东特定的政治、经济、文化特征又构成了南都时评设立及发展的相对中观的场域，这种以各种权力因素主导、交织构成的区域场域的力量格局实际上在不断变化。其中，相对集中的力量来自宣传部门、政府部门的权力控制，以及地方报业市场竞争构成的经济因素。其中，政治场对时评所处的新闻场域的控制力度最强。《南方都市报》时评版的最终设立，与广东相对宽松的政治氛围、高度发达的市场经济以及竞争激烈的报业环境等特定区域的政治场、经济场密切相关。例如，2002 年南都正式提出做"主流大报"的目标，与当时广州都市报业的竞争环境有必然联系。如何寻求差异定位、凸显自我优势，在提价、扩版的同时改造新闻产品成为应有之义。

因此，我们大体可以将外部场域对时评生产的影响概括为：政治场与时评场（即以时评生产为中心活动的新闻场）的相对疏离，使其受权力控制的影响相对较小，自主性较之以往有所提高，拥有了更大的发言空间和表达自由，这是其能够创建及持续的关键因素。而经济场与时评场之间既有重叠又有隔离，使时评生产在不自觉的过程中提升了整个报纸的竞争力，却又无须为经济效益而考虑生产导向。实际上，文化场与时评场的交错重叠、关系互动是最为常规而深刻的，时评编辑在日常的生产实践中，不断将知识分子、社会精英、专业人士等在内的社会资本转换成文化资本。

---

① 访谈资料，南都评论部编辑何雪峰，2005 年 7 月 29 日，广州。

换言之,时评场域既是新闻场域更是知识场域。

2. 组织内场域的影响

与外部政治场、经济场、文化场相比,《南方都市报》编辑部组织新闻场域是决定时评生产这个次级场域的基础因素。副总编辑杨斌认为,2002年时评版设立时,编辑部内部的"小气候"也成熟了。这种"小气候"主要指南都报社规模、人力资源、社会影响等各方面的综合条件。这些条件中最关键的还是报社主流化转型初步成功背后所奠定的专业价值体系。

如第二章所述,这个时期南都新闻生产的重大转向是主流化改造。当时,南都已经在广东报业市场竞争中逐渐站稳脚跟并快速扩张,但早期过度娱乐化、煽情化的报道风格给报纸发展带来了瓶颈和困惑:彻底市场化的发展道路与传统机关报格格不入,既是传统报业体制的破坏者,又是旧有的社会秩序的边缘者。"而随着社会秩序的日趋完善,特别是随着城市中产阶层的出现,渴望社会稳定的诉求将越来越强烈,报纸作为媒体的一种形态,其功能除了揭露和监督,更多要向读者提供有用的资讯和阅读上的愉悦,舆论监督只是其中的一项功能。报纸作为社会公器,更应该重视社会秩序的建构。"(戴自更,2003)为此,南都决定进行主流化改造,追求主流的价值观和"对社会发展的持续、深入的推动"(庄慎之,2004)。"没有社会效益,报纸最终会失去人心和公信力,而失去人心和公信力的报纸绝对不会有长远的经济效益。用格调不高、粗俗不堪的东西去作为号召,实际是对读者人格的不尊重,也是对自己人格的不尊重,是一种作践他人也作践自己的愚蠢行为。"(程益中,2002)这个时候推出时评版,恰是报纸向主流转型的直接结果,也是其办主流大报的重要标志。

通过上文对南都时评发展轨迹的梳理可以发现,时评操作者的职业理念、专业诉求和人文精神对时评的操作形态、功能定位有直接的控制作用,换言之,时评操作者的价值观很大程度上决定着南都时评场域的基本特征。如果说,日常新闻生产的从业者主要受到专业主义理念的影响,那么,时评生产的从业者还受到中国近代文人论政传统的影响。作为中国近代报刊的基本特征,文人论政"一方面延续儒家自由主义的传统,以天下为己任,以言论报国;一方面代表转型现代自由知识分子积极参与社会。他们莫不希望建立现代的'道统',促进和监督权力的'政统',以追求国家的现代化为目标"(李金铨,2008:20)。正如编辑何雪峰介绍,他一方面比较喜欢阅读《纽约时报100年》、《光荣与梦想》、《美国新闻史》、美国社论撰稿人宣言等书刊资料,以了解西方报纸时评操作的经验;另一方面,更重视阅读张季鸾《1949年的大公报》等有关中国近代报刊的历史资料,而且,"我们的价值判断更多不是来自新闻书籍,而是来自历史类书籍,尤其是近代历史的书"[①]。在他看来,"报人对言论应该有职业追求,像当年《新青年》、《独立评论》、《湘江评论》,都是追求长远的东西"。

第二节 编辑形态及生产机制

南都从业者在做时评版时,对社会的整体认知与判断达成了

[①] 访谈资料,南都评论部编辑何雪峰,2005年7月29日,广州。他这样区分《南方都市报》与《南方周末》做评论的区别:"我们的评论更多承载了《南方周末》的气质,但有所不同、有所发挥。我们是新南方周末人。《南方周末》更多强调良知,我们更多强调理性。江艺平(原《南方周末》主编)说,我们向常识求解,是理性;我们向内心求解,是良知。说得很好。"

共识：自鸦片战争以来，中国进行着百年未绝的社会转型，要完成从一个古代的宗法社会向一个现代的法治社会的转型，逐步实现政治民主化、经济市场化和文化多元化等目标。"当下中国发生的变化都在这个大的转型框架下进行，我们做南都时评必须有这种转型的大视野，用这种视野去诠释当下发生的事情。用程益中的话说，就是'我们所做的事情，无非是让常识回到生活中来，就像让大地回到我们的脚下。'"①基于这种价值理念，南都时评强调理性、建设性，试图在主攻知识分子精英表达的同时，兼顾公众言说的需求满足。

一、版面形态

2006年10月改版前，南都时评的社论版固定在A02版，个论版在A03版（少数时候安排在A04版），两个版面紧跟在封面之后，可谓"打开报纸看时评"。这种版式安排跟西方主流大报通行的"op-ed"（opposing editorial），即所谓的"社论版对页"非常相似。《纽约时报》社论版主编约翰·奥克斯认为，"社论版必须使读者有机会提出不同意见，做不到这一点是危险的"。为此，该报及《伦敦泰晤士报》等把社论版分为两部分，半版刊登社论，另半版则刊登读者来信，意在表示读者的意见与报社的言论并重（赵治国，2004）。

采取这种对页的版面形态，不仅给个论以相当程度的重视，而且有利于在社论与个论之间形成立场交锋、观点争鸣。例如，2005年3月两会前后，时评版通过社论和个论的形式发表了多篇有关人大制度的作品，文章关注点包括人大代表权力的落实、人大制度

---

① 访谈资料，南都评论部编辑何雪峰，2005年7月29日，广州。

的改进等,主要指向对当前人大应有作用难以发挥的隐忧。而在3月21日个论版《虚拟@现实》专栏中,作者"五岳散人"则明确提出:"人大意志"也不能绝对化,"人大意志"的绝对化表明了现代公民社会普遍存在的利益博弈与妥协的缺失。现代社会的标志之一就是权力的分割和相互制约,人大具有的权力如果变成一种无可制约的权力,最终受到伤害的还是公共管理领域本身。在评论版编辑看来,这种必要的、理性的争鸣更能促进读者的思考与心智的启发。

令时评编辑苦恼的是,由于A03版位置显要,版面不时被半版或整版广告占据,个论版时评不得不压缩到2篇,或将版面转移到A04版,这使每天时评整版、对页的版面形态难以保持。2006年10月,南都改版增设众论版后,个论版与众论版索性一起放在A叠倒数2—3版,社论则继续占据A02版位置。三个版面相互呼应,构成南都时评比较稳定的版面形态。

二、栏目定位

1. 社论版

主要包括《社论》、《街谈》、《批评/回应》、《推荐》、《事实求是》5个栏目,整体上原创与转载结合、庄重与活泼结合,栏目丰富,信息量较大。头条位置是固定的一篇社论。过去孟波主持阶段社论曾署作者名,李文凯接手之后社论均不再署名,以便更加鲜明地代表报社观点,体现编辑部对重大新闻事件的立场和看法。由于社论组织表达的性质,操作上必然要求与报社定位、关注点及价值观相契合与呼应:选题主要偏重本地、全国或国际的重大事件,要求形式庄重、观点明确,逻辑论证必须清晰;行文不能含糊,讲求用字用句,文法对仗排比;标题基本用单行,旗帜鲜明地亮出观点,亦不乏文采。

例如,2009年5月12日纪念汶川地震一周年的社论《心一寸,人千古,当时承诺应记取》。再如,针对黑龙江省2005年6月颁行《母婴保健条例》、规定重新实行强制婚检制度,南都约《外滩画报》张平写了篇社论,原文的题目是双行的,编辑考虑到一行题表达能力更强些,改成了《强制婚检不应该死灰复燃》①。

表4-2 《南方都市报》社论标题(2009年5月1—10日)

时 间	标 题
5月1日	《促进高校毕业生就业政策有待切实执行》
5月2日	《疏导天量信贷,搞活金融刻不容缓》
5月3日	《防控流感疫情,应有更好的公众沟通》
5月4日	《呼市取消特权车牌　期待经验可复制》
5月5日	《流感第二波或更凶猛,防控行动须坚持不懈》
5月6日	《强化举报人保护　稳固反贪腐同盟》
5月7日	《大学自重,排行榜才会自清》
5月8日	《罗彩霞案:受到侵害的不只是个人权益》
5月9日	《产权问题是分配制度改革的真问题》
5月10日	《创业板稳字当头,但不能一成不变》

二条位置的《街谈》栏目,重点关注珠三角本地的市民话题或民生新闻,行文轻松、活泼、幽默。《社论》偏重全国视野,《街谈》侧重对本地事情发出声音,可与之形成互补,发挥贴近本地、贴近读者的目的。《街谈》旁边的《批评/回应》栏目,提供给读者发表针对《社论》的反馈和看法。例如,2009年5月13日发表了一篇

---

① 参见《南方都市报》2005年7月21日第A02版头条《强制婚检不应该死灰复燃》。当日版面编辑为何雪峰。

新闻专业大学生针对《心一寸,人千古,当时承诺应记取》的回应,文中说:"有良知的媒体,所有的报道,亦是以'人'为最终价值判断。我们必须敬畏生命……在这一年之中,每每看到'汶川'二字,我都会想到那些惨烈的死亡。然而,也正是这两个字,时刻提醒我自己,必须带着对生命的敬畏,坚守新闻理想,坚定前行。"

《来信/来论》栏目是原来公民写作的压缩和延续,给普通读者保留一定的发言空间,不定期出版,一般发表 2 篇左右。《推荐》栏目主要采取拿来主义,浓缩、转载同行媒体的精彩时评。《事实求是》属于报社的更正栏目,具体包括事实纠错、文字更正、说明订正三个小版块。值得注意的是,一般报纸的更正主要侧重事实错误或错别字,南都的《事实求是》还会对报纸编辑质量或水平进行检讨。例如,5 月 13 日"说明订正"第 2 条内容:"5 月 12 日东莞读本 A04 版《女子反抗劫匪被打死》一文标题表述有歧义,容易产生'劫匪被打死'的误解,故原标题改为'女子反抗被劫匪打死'较妥。"

2. 个论版

个论版形式和栏目比较简单,每期 2—3 篇专栏时评,偶尔加配漫画。与社论强调价值观与思想性不同,个论采取栏目专栏和个人专栏相结合的形式,主要发表专栏文章。编辑部对专栏时评主要有三点要求:有见识,附加值高;有文笔,把见识讲得好;有时效,贴近时事。为此,他们的主要任务是寻找和建立合适的作者队伍,与之沟通选题,邀约和编辑稿件。个论版比较注重专栏作者多元的价值取向和广泛的关注视野,作者多为知名专栏作家或专家学者。与早期来论倡导的公民写作相比,个论版更追求鲜明的专业价值、独到见解和公共利益取向。

2005 年,个论版不定期还出宏论版,"邀请国内外知名专家学者与公共知识分子撰文,针对时事新闻背后的纵深与时局,放言畅谈当下中国的大转型、大趋势与大命题,以昔日《大公报》设立《星期论文》栏目关怀国事天下事之心为仰,议题不设先见以问解时代风向,观点不求党同而赏洞见精深"(李文凯,2004)。《星期论文》是新记《大公报》1934年1月开设的评论栏目,持续至1949年6月,陆续发表了胡适、梁漱溟、傅斯年等著名学者的大量文章,充分体现了中国知识分子文人论政的传统(吴麟,2005)。南都评论部希望通过宏论让学者就某个问题畅所欲言、系统阐释,但在实际操作中碰到一些问题,比如"版面受限,必须整版;作者受限,比较少;风险较大。尤其在当下舆论收紧情况下,容易造成出头鸟之嫌"①。2008年4月13日,南都新增《评论周刊》后,宏论便有了真正的用武之地。

3. 众论版

众论版一般占半版篇幅,形式活泼、观点犀利、篇幅短小,以精简文字来传播读者、网民富有活力和锐气的观点。笔者以2009年5月13日为例,简要分析众论版每个栏目的定位和特色。

左侧的《跟帖》栏目主要集纳各大网站上网友对新闻报道的精彩点评,用一句话概括新闻事实,注明出处,以百字左右的篇幅摘引网友观点。例如,腾讯网友针对《黑龙江鸡东刑警丢失配枪,悬赏10万寻找》(东北网)发表看法:"猫被老鼠劫了,真悲哀啊!要是真的用这支被盗的枪作案,是刑警责任大点呢,还是贼的责任大点呢?丢枪距离丢命还有多远呀?那可不是烧火棍呀,更不是废铁,是武器,连自己的武器都保护不了,真很难想象他还能保护百姓。"与这条一样,其他被推荐的评论也多为幽默、反讽且具有启发

---

① 访谈资料,南都评论部编辑何雪峰,2005年7月29日,广州。

性的跟帖。

《关键词》栏目是众论版的重头,一般选择近期的一个热门事件,集纳博客作者、网友、专家等各方面的观点。例如关键词"飙车案",讲的是杭州发生一富家子弟因飙车致人死亡的事故。编辑选摘了4篇小评论,分别是作家韩寒的博文、腾讯网友"王石川"的评论、国家二级心理咨询师方婷的看法,以及网友根据《北京欢迎你》改写的歌词。

《声音》栏目则与一般新闻类报刊的做法相似,遍选社会各界人士的惊人之语,先呈现说话或口号的内容,再说明讲话人身份和说话的具体场合。例如,"不上访,争当良民好荣光——近日,江苏泰州市海陵区政府在拆迁过程中挂出一条雷人标语";"我认为人民币在我有生之年,可能难成为国际货币,因为人民币现在不能自由兑换,但今后有可能可以——2008年诺贝尔经济学奖得主克鲁格曼5月11日在接受凤凰网财经频道还有《金石财经》节目共同提问的时候,谈到了对人民币国际化的看法";等等。

三、时评选题

从2005年第一季度南都部分时评选题看(表4-3),其文章主题多与公共利益相关,涉及司法腐败、公民权益受损、城市经济发展、社会和谐机制等问题。这种对公共利益的关注是《南方都市报》主流化转型诉求的重要表征,而且,其发表的时评都具有比较独立的判断、新颖的观点及坚守公共利益的精神和敢为人先的勇气。例如,2005年3月19日的社论《城市竞争力大排名 广州当以自由为核》以社科院新发布的2004年中国主要城市竞争力排名为新闻由头指出:广州的"自由氛围作为一种经济背景已是彰显于表",广州的发展当以自由为核,"政府坚守自己当守的边界,市民得言自己关心的市事……小步积千里,公共服务能够得到持续的渐进改良;民意扫积弊,法治社会可以获取积极的霹雳转折。"

表 4-3 《南方都市报》时评版 2005 年 1—3 月部分选题

时间	栏目	标题
1月9日	社论	《小区配套教育整顿 政府理应更有作为》
1月10日	个论	《香港西九事件 我们该学习什么》
1月11日	个论	《王泽华教我们怎样做人大代表》
1月26日	社论	《洛溪大桥收不收费 向张广宁市长进一言》
2月12日	社论	《传统自有活力 权力当从民意》
2月15日	社论	《向枪口下的伊拉克民主进程致敬》
3月4日	个论	《乡村"XO",超越想象的现实》
3月10日	社论	《越隐私的表决越真实 越独立的公民越勇敢》
3月19日	社论	《城市竞争力大排名 广州当以自由为核》
3月21日	个论	《"人大意志"也不能绝对化》
3月26日	个论	《人大代表的议案不应仅是"提提意见"》

此外,南都时评所关注的新闻事件具有跨区域的广阔视野。有研究者随机抽取该报 2003 年 4、6、8、11 月四个时间段的时评进行统计后发现,时评版针对珠三角地区新闻的言论只有 27.5%,针对非珠三角地区的言论则占了 46.05%,此外还有 26.4% 的全国性话题(丁玲华,2004)。可见,除社论版《街谈》栏目外,南都时评主要针对全国有影响力的新闻事件发出声音,无论公众言说或者精英启蒙,都试图在针对公民权利、社会治理等方面的公共表达中倡导政治民主、捍卫公共利益。这种时评的价值取向从年度评论奖的提名作品中亦可见一斑。2008 年提名的 5 篇作品主要涉及新

闻自由、社会运动、公共危机、农村治理等领域。

表 4-4 2008 年南都新闻报道奖评论奖提名作品

作者	报道名称	见报版面及日期
张平（长平）	《不再孤独的喧嚣——献给 2008 年记者节》	2008 年 11 月 8 日 A02 社论版
龙科	《媒体的尊严只在于不甘堕落》	2008 年 11 月 2 日 A02 版
龙科	《散步是为了遇上可说服的市长》	2008 年 1 月 14 日 A02 版
宋志标	《限量三聚氰胺释放了怎样的信号？》	2008 年 10 月 9 日社论
陈建利	《李昌平：完善农民自主性才是提振内需根本之道》	2008 年 11 月 30 日 A2 叠 02 版

四、时评作者

2005 年 8 月在笔者调研期间，南都社论主要由评论部主任李文凯和专栏作者撰写①，其中，三分之一左右为李文凯自己执笔。《街谈》由于强调广州区域特色，一般邀请本地作者执笔；《来信/来论》靠读者和写手投稿。个论版的专栏作者要"对中国转型有自己系统认知，只有系统认知才可能对发生的事实有自己的诠释"。主要包括四种类型：第一，国内学者，如赵晓、梁小民、秋风、易宪容、党国英等，他们在经济学、社会学、政治学等领域各自具有丰富的专业知识，又比较擅长通俗化的表达技巧，对热点事件、现象往往常有独到见解；第二，媒体同行，价值理念比较接近，对新闻

---

① 评论部编辑何雪峰介绍说，李文凯每月写 10 篇左右社论，"有时候，他也用'左四方'的笔名写《街谈》。我们要反思的是，社论更想培养自己的评论员，但一直没有真正成熟的评论员，因为评论才起步，中国的评论人才缺少。即便有，想挖过来也很难。评论员是媒体稀缺资源"。

的反应速度较快,对新闻的判断比较准确,如《外滩画报》的张平、《南方周末》的鄢烈山、《中国青年报》的李方、《法制日报》的"十年砍柴"等;第三,海外学者,如林达、杜平(李尚平)等,他们的思维方式更加西方化,可以获取丰富的资讯,对诸多问题以比较思维进行分析,还能在时评中介绍发达国家的相关操作经验;第四,网络写手或专栏作者,如连岳、"五岳散人"(《国家地理杂志》)、大诗(万科公司王石办公室主任),他们长期活跃于网络,文笔较好,想法较新。

五、生产流程

《南方都市报》时评版的生产流程基本是:每天下午2点半,编辑到达报社,先浏览当天的主要报纸以及新浪、搜狐和新华网等网站,查收读者发到电子信箱里的投稿,准备一些选题和操作思路。下午3点半召开社论会,由执行总编辑陶第迁、一名值班编委、评论部主任李文凯及所有时评编辑参加,时间约一小时。确定社论选题是会议的主要内容。一般先由编辑提出选题,大家再发表意见,"一则集思广益,二则预防风险,让领导知道我们要做什么。而且,集体讨论的事情,不会等稿子来了再把关"。一位评论员认为,最后确定的社论选题一般都是规避各种风险的结果。"不仅体现在选题上,政治的或商业的,也体现在应该怎么发表观点方面。例如,涉及房地产方面的社论,考虑到广告客户的关系就可能放弃。我来这半年有过两次这种情况。"①下午4点半,开完社论会,一般开始安排评论员写稿,或者向时评作者约稿,充分坚持"以我为主"的主导原则。晚饭后,编辑开始处理收到的稿件,从《推

---

① 访谈资料,南都评论部评论员 LTZ,2005 年 5 月 21 日,广州。

荐》《来信/来论》《街谈》再到《社论》等,一般晚上10点半左右截稿。具体来看,社论和个论的操作略有区别,社论为保证时效必须当天定题、当天写稿,个论则对每周的新闻有个预判和统筹,可以对文章进行统筹安排。

纵观《南方都市报》时评版的形态、定位、选题及流程,我们可以发现,作为通俗报纸的南都的评论与传统机关报的评论风格差异很大,写作上追求观点的犀利、鲜明表达,也注重提供判断时事的方式方法,版面形态上力图体现组织、公众、精英的多元表达,珍惜思想碰撞的火花,尊重作者的思想权利。有学者将这种风格概括为:"通俗报纸的言论主体有多元化趋势,展示不同意见的冲突成为编辑操作的惯常思路。谈论的议题经常是日常生活中发生的公共事件,但立场并不局限于自身,有时能以公共性作为基本诉求,因此,通俗报纸的市场效应部分来自回应普通民众参与公共事务的政治诉求。通俗报纸在日常生活的层面上为普通民众提供了相对可能(虽然层次较低)的舆论空间。"(孙玮,2004)

第三节 时评生产中的社会控制

《南方都市报》的时评生产是由编辑部的新闻价值观,或者更大程度上说,是由时评从业者总体认同的自由主义价值观所主导的,反映的是时评生产过程与内外部各种政治、经济因素的互动结果。从新闻生产与社会控制的关系视角来分析南都时评,可以从不同角度切入。从生产过程看,编辑、社论会、值班总编辑逐次扮演着不同程序的控制角色:编辑主要对选题进行首轮筛选和申报,社论会对选题进行集体择定,然后编辑对成稿的时评进行把关,最后由值班总编辑审稿、签版。与常规新闻生产过程不同的是,时评生产具有更强烈的编辑部主导意识和控制特征。从控制因素看,编辑部组织外部的政治场对其约束的强度比经济场更大,而文化场则是与时评场发生直接、常规关联的主要场域,对内则主要受时评编辑的操作理念控制。从生产控制的不同层级看,普通编辑往往尽可能寻求自由表达的最大空间,而管理层必须慎重考虑政策风险与市场利益,但双方均会在可能的情况下寻求策略性的突破。此节,我们将重点分析时评生产与社会控制互动关系中最具有张力的三个主要特征。

一、政治控制与话语转换

与常规新闻生产受到的约束一样,《南方都市报》的时评生产也在由宣传部门和政府部门构成的政治场中进行。与常规新闻生产的政治控制不同,宣传部门的管理重心更集中于媒体的新闻报道,而非新闻评论;此外,由于时评的主体内容并非新闻事实,而是意见观点,因此,通过对作为新闻由头的事实转换或者时评观点的话语转换,时评生产比新闻生产有着更大的灵活性与策略性。一位评论部负责人这样比较新闻和时评受到的不同控制:

> 在目前的环境下,时评受到的约束还不如一些负面报道。近几年,某些重大负面报道对言论空间的突破,要远大于时评对言论自由的突破,所以,会引发更多的控制和约束。管理部门对言论的约束是次要的,更多的是约束新闻报道。我个人的感觉,来自行政或宣传部门强制性的限制,针对评论的要大大少于报道。很多报社对评论谈虎色变、噤若寒蝉,主要来自

他们自己的担忧,这种担忧是因为他们作为把关者长期以来接受的道德体系,看到评论想当然地认为不妥当,结果就去封杀稿件。①

在时评生产过程中,政治因素的控制可以直接决定有或无的问题,即稿件最后能否见报。这种情况主要来自新闻禁令——宣传部门针对一些重大或敏感的新闻事件明确要求不能进行任何报道或评论。由于禁令的突发性,时评临时撤稿的情况在南都时有发生。例如,2005年7月,针对中国啤酒95%含有致癌物甲醛的风波,国家质检总局公布报告认为国产啤酒没有问题,宣传部门发通知要求报道和评论的口径与此保持一致。之前,某专栏作者写了篇时评给南都,对质检报告进行嘲讽,由于跟禁令完全相反,最后没发②。

前文对南都编辑部价值观的阐释中,曾经强调其在尽可能地保持客观立场、独立判断,这种积极主动的突破意识和追求自主性的场域特征也同样体现于时评生产的实践中。与新闻编辑一样,时评编辑也总在力图通过各种形式规避政策风险,在可能的范围内最大限度地拓展话语空间。由于时评体现的是对公众或精英话语权的满足——给他们提供言说或启蒙的表达空间,面临政治控制就不得不进行话语转换。一位评论部负责人曾这样概括话语转换的动因和方式:

> 我们应该是机动的,而不是机械的。应该怎么做?总编

---

① 访谈资料,南都评论部负责人LWK,2005年8月8日,广州。
② 这种情况稿子被"毙",评论部会给作者一定的退稿费。一篇1 200—1 500字时评,一般稿费为600元,如果稿件质量高则有800元以上。退稿的话基本上400—500元。作者对这种意外情况都能理解。

说：没有不能说的话，就看怎么说。"怎么说"就要考量评论操作者的技巧：一个是角度，一个是尺度，一个是遣词。这是个不可言说的东西，《南方都市报》对如何执行禁令会有自己的看法。（禁令）应该是权宜的，不会永远不动，不会下解禁令，所以过段时间可以去试探下……我们要"理解"、"解读"上面的意图……而不是上面一碰我们就跳，这依靠我们在新闻业中做久了之后掌握的敏感。①

实际上，话语转换并不能涵盖评论生产与政治控制互动中的所有策略，而只是其中最惯例的典型方式。这些关于尺度、角度和遣词的转换策略集中表现在四个方面。

第一，寻找政策缝隙。这种策略在南都的新闻生产中运用较多，即仔细推敲禁令本身的要求，揣度和寻求可能突破的政策缝隙。一位编辑说，"原则上，我们是规避风险的，但有时候也拼一把"②。例如，针对英国伦敦地铁爆炸事件，评论部写了篇社论。此时，宣传部门发来通知，要求媒体不要炒作、篇幅适当，一定用新华社通稿，"原则上不得刊发主观性评论"。李文凯去找总编辑争取，既然有原则就有例外，何谓"主观性评论"很难认定，分析体的文章也可以做成分析居多、建言较少，"我们要确保重大的事情发生后必须发言"。原文的标题是《袭击伦敦就是袭击所有国家》，考虑到直接用八国声明不合适，发表时改成了《恐怖主义的罪恶是对全人类的罪恶》③。

第二，软化时评标题。时评的标题一般强调开门见山、直截了

---

① 访谈资料，南都评论部负责人 LWK，2005 年 8 月 8 日，广州。
② 访谈资料，南都评论部编辑 HXF，2005 年 7 月 29 日，广州。
③ 参见《南方都市报》2005 年 7 月 8 日第 A02 版头条。

当,指向和观点非常明确。考虑到政治风险做必要处理时,对标题进行"软"处理是一种比较有效的方式。例如,2005年7月,针对重庆大学、深圳公安局等强制实行网络实名制的做法,南都专栏作者、《外滩画报》副主编张平写了篇时评,原标题是《搞网络实名就是搞网络暂住证》。领导觉得不妥,必须改温和点,后来见报时改成《强制性实施网络实名制有必要吗?》①。

第三,改变新闻由头。时评的时效性主要体现于针对新近发生的新闻事件进行评论,如果其评论的事实本身比较敏感或违反宣传政策,编辑会采取更换"新闻由头"的方式对政治控制因素加以规避。例如,2005年6月底、7月初,"中石油收购美国尤尼科公司的事件,要发稿时突然来个禁令,我对稿子的新闻由头做了处理,把稿子改成海尔收购"②。

第四,处理敏感文字。对一些比较敏感的词汇,编辑处理时评时要进行表达方式的转换,或进行模糊处理,或用其他方式进行阐释或替代。对明显会招惹"麻烦"的文字,就直接删减,这种处理方式最普遍和常用。"有些东西肯定要撞墙的,就要舍弃;有的东西,要看怎么表达,如'××分立'、'司法××'等,我们不提这些,但用多点文字来描述它。"③

这种话语转换的方式不仅体现在南都对原创时评的处理上,也体现在对转载稿件的处理上,编辑转载时会对一些观点新颖但内容敏感的文章进行有策略性的选择。例如,《中国青年报·冰点周刊》2005年5月25日发表文章《你可能不知道的台湾——观连

---

① 参见《南方都市报》2005年7月25日第A03版《谁是谁非之长平专栏》。一些网络媒体转载此文时将标题改成《深圳,谁给了你强制实名的权力?》。
② 访谈资料,南都评论部编辑HXF,2005年7月29日,广州。
③ 访谈资料,南都评论部负责人LWK,2005年8月8日,广州。

宋访大陆有感》(龙应台,2005),编辑考虑到此文内容敏感,就用"推荐"形式,转载此文时"只转载了她讲台湾民主的部分"①。

二、市场控制与领导把关

南都时评的生产基本不受商业利益的影响或控制,其与市场控制的绝缘程度要大于一般编辑部门与经营部门的关系。编辑在操作时评选题、处理稿件的过程中,时评场几乎不会与经济场发生直接勾连,即便是大广告客户的利益也主要由领导把握,而非编辑规避,即前文所谓的避免把关前移。时评版一位编辑向笔者讲述了一件时评与广告发生"关系"的事情:2005年3月3日,个论版下方的半版广告是广州电信的,而上方有篇经济学家梁小民的时评,文中写道:"对于电信的劣质高价,国人多有怨言……中国电信业服务差、价格高的关键还在于一个老生常谈的问题:垄断。在任何一个市场中,只要不打破垄断,消费者就休想得到质优价低的产品和服务。"(梁小民,2005)作为这个版面的编辑,他认为自己没有责任:"广告做什么,跟我新闻无关,广告部自己过来找我们,我们从来不理睬,要找我们必须通过老总。"报纸出来后,投放广告的电信公司向报社传达了不满。"每周例会上,领导没点名,只讲编辑以后不要这样做。领导的分析是对的,这样做的确影响广告,但我仍然坚持自己的看法,不认为自己错了。"

笔者认为,没有点名批评,只做委婉告诫,报社领导对此事的处理方式与态度至少体现出时评生产与市场控制的两点关系:一则,南都时评在相当程度上坚持了独立的编辑原则,组织内部管理层也有意识地充分保护这种自主性;二则,基层编辑不会自我设

---

① 访谈资料,南都评论部编辑HXF,2005年7月29日,广州。

限,特殊情况的把关只能由编辑部领导来负责。

这种领导把关原则与前文对新闻生产控制特征的分析结果别无二致。评论部主任李文凯这样强调领导把关的必要性:"对我们编辑来说,不能自我设限,要坚持'这不是我的事情'、'不能在报社前考虑是否触犯政府或商业利益'。关于要在一线把关,我认为恰恰相反,把关是领导的事情,如果要让一线的人去把关的话,所有的产品都会死掉。原始的产品应该百花齐放,充满创新的活力。要怎么砍,那是领导的事情。如果是高明的艺人,你能修剪得很漂亮,如果是粗鲁的那就很难看。"①在他看来,市场控制对时评版的影响主要体现在"广告要侵占我们的版面,尤其第三版",导致个论版版面不固定(或整版或半版),理想的方案是每天确保整版的个论,既有规模和气势,也方便做宏论。这个问题在改版以后(个论版版面后移,与众论版连在一起)得到了有效解决。

市场控制对南都时评生产的有限影响还体现在,时评编辑不用担心这三个版的印刷成本,而且拥有相对宽松的稿费发放机制。仅以个论版为例,一般的稿费标准是 500 元/千字,整版三篇评论日均稿费成本约在 3 000 元。据笔者了解,这个稿费标准在国内都市报中是比较高的,令不少同行报纸的时评操作者羡慕。《重庆时报·上游评论》负责人就坦言,都市报时评的操作受报社经济状况、运营成本的市场压力很大,该报每天只有大半个版的时评,而且受广告影响经常要调整版位,开设的《社评》、《自由表达》、《公众表达》三个栏目主要以发表本报评论员评论为主,每天可开给读者投稿或来信的稿费只有 300 元左右。"之所以没办法约请国内

---

① 访谈资料,南都编委、评论部主任李文凯,2005 年 8 月 8 日,广州。

的精英知识分子写稿,就是因为报社对成本的控制,这是主要原因。"① 可见,南都时评所受的市场控制,尤其广告压力的影响非常小,报社对时评的经济成本投入比较宽裕。

三、组织控制中的自我审查

除外部的政治、市场控制外,时评生产过程中的常态控制主要体现在,编辑根据相对固定的价值理念和编辑标准,对时评的选题、标题、文本等进行把关,具体体现在"说什么"和"怎么说"两个方面。如上文分析,时评编辑对作者的公众言说和精英启蒙掌握着比较大的主导权,尽管不决定时评本身的观点,却在很大程度上影响着时评的选题。

在这里,笔者更想提及的是,外部控制在组织控制中内化体现。实际上,外部政治场与时评场之间的关系是动态变化的,政治场的权力控制会对时评场的自主性产生影响,编辑部在时评生产的整体把关过程中,会逐渐内化一些政治场严格控制的政策底线,形成一定程度的自我审查。如一位时评编辑介绍,南都时评"以前被毙的多,每星期都有,现在比较少,可能每个月都有",这主要取决于"编辑的成熟度——编辑的预判,即编辑对新闻尺度的把握,判断新闻的边界……时评操作的底线让任何资深的编辑具体说出来,很难,因环境而变化,主要依靠编辑的经验来判断。成熟的编辑看到稿子,就会知道风险有没有、有多大或者哪些字句必须要进行处理。我们会根据多年新闻经验做编辑,让稿子既表达其核心意思,又不至于死于非命。以前,可能觉得这个稿子'猛',就冲,结果取决于编辑跟总编的博弈。随着时评的地位越来越高,老总

---

① 访谈资料,《重庆时报》评论部负责人单士兵,2009 年 5 月 16 日,重庆。

也越来越慎重"①。

这种自我审查是迫不得已的,重在规避风险、保护自身。如中国政法大学某教授到美国观摩总统大选,回来后南都邀请他写篇宏论,交稿的文章4 000多字,标题是《在美国感受民主》。编辑一看文章就觉很危险,"把美国画得像一朵花",总编辑决定稿子不发。作为组织控制或自我控制的一个特征,社论无疑提供了观察自我审查以及其他组织控制特征的生动场所。下面,摘引笔者2005年8月4日旁听社论会的田野日志来对此加以描绘:

> 当天的社论会,值班编委宋繁银缺席,实际参加人员为值班的执行总编辑T,副总编辑C,编辑L、H及J,共5人。评论部主任李文凯因休假,没有参加。社论会开始后,本周轮值社论版的编辑L先报《街谈》栏目的选题:一是《羊城晚报》报道,广州某市民5 000元被抢,钱丢落在地,警察抓到劫匪,但掉落的钱只找回100元;二是根据广州市政府最新政策,原本商住两用的天河商业区某地段,今后只能住,不能商用,必须拆除,许多商户和市民不舍得这么小资的地方从此消失。T说,第一个题目可以做,第二个涉及政策问题,算了吧。
>
> L继续报社论的选题,有三个:一是医疗改革。卫生部研究机构说医疗改革基本不成功,某地人大代表提出应该政府主导、市场优化。这个事情最近我们在关注,比较有时效性和新闻性。二是复读现象。不少高考分数挺高的学生对考取学校感到不满意而选择复读,他们成为不少学校争夺的宝贵资源,这个是个人的自主权利。三是舆论监督。南京最近出台

---

① 访谈资料,南都评论部编辑HXF,2005年7月29日,广州。

政策,要求舆论监督类报道必须要被监督方审稿签字后才能发表。针对这个事情,可不可以做篇社论?

T 说,舆论监督这个不做社论,可以做个论,但不要上升到什么高度,从操作技巧上谈这种政策增加了报道难度即可。编辑 H 插话说,舆论监督这个,已经约了中国青年政治学院展江教授的稿子,准备再约一篇①。医疗改革这个有热点,可以做。C 说,第一个时效性强,可以做。第二个,可以放在周六和周日题目不丰富的时候做。他还补充说,今天看到消息,说广州的农民也可以纳入社保范围,这个可以考虑做下社论。

接下来,H 报个论的选题,明天只有半个版,只要发两篇文章。目前的选题有:浙江出台保障舆论监督的地方法规,展江教授已经写好稿子;"卖儿寻夫"的报道可以做一篇个论;柯林格尔总裁顾雏军被正式拘捕,是否可以写一篇个论。T 和 C 几乎同时插话说,柯林格尔这个事情已经有政策了,只能用新华社通稿,算了,别做了。H 说好,又接着报题。河北某村很难管理,无法通过选举选出村长,只好把村里事务分成三块,上头派了三个片长,安装了三个大喇叭,分别发布各自片的通告,例如收款不利时动员强调等。老百姓感到不满意,又自己弄了个大喇叭,于是三个喇叭跟一个喇叭叫板。这个事情挺能反映中国基层农民现状,可以找作者写一写。此外,河南平顶山市两年前招募大学生村官,一次性招到 400 多人,时间过去两年,实际情况怎样,党国英针对这个事情写了篇时评,稿子还没有传过来。T 说,这个可以做。社论会快结束

---

① 即 2005 年 8 月 5 日个论版发表的展江教授的时评《舆论监督:不可替代的权力监督方式》。编辑后来约的另一篇稿子是《外滩画报》副主编张平在《谁是谁非之长平专栏》中发表的《解决舆论监督问题不能因噎废食》一文。

时,C给时评编辑提供了一个个论版作者,名字叫朱××,让编辑和他联络沟通下。

从这天社论会的讨论过程看,编辑主要从新闻热点和时评价值的角度出发报题,报社管理层主要针对违反新闻禁令或有政策风险的时评选题进行把关,编辑比较强调时评的时效,管理层则更重视时评的时宜,而且,编辑对管理层放弃某些敏感选题的意见并无太多反对或争取,可见这种组织控制中的自我审查已成惯例。需要指出的是,评论生产中这种有限度的自我审查与上文概括的话语转换并不矛盾,前者是对政策风险的判断和对底线触碰的回避,后者则是在此基础上对言论空间的争取和突破。换句话说,也正是自我审查保证了基本的生存权,依靠话语转换才可能换取到表达权,它们之间是相互依存的关系。

第四节 南都时评的多重意义

评价《南方都市报》时评的功能和意义应该基于这些参照因素:中国大陆报纸新闻时评实践的历史脉络,20世纪90年代兴起的都市报发展脉络及南都自身的历史轨迹,转型社会中大众传媒所承载的社会功能等。本节将主要从组织、行业、社会三个层次来简要分析南都时评的多重意义。

一、组织层次:主流品质及报纸性格塑造

一般来说,评论对报纸的作用有三:确立个性的重要手段,体现报纸的形象与职责,整个报纸工作的向导(李良荣,2003:135)。

第四章 时评：公众言说与精英启蒙的交响

如本书第二章分析南都发展历程中所指出的，开设时评版是南都向主流大报转型的重要举措，时评与深度报道共同构成了南都由小报向主流大报转型的标志性产品。无论其主流化转型是否成熟，南都时评都在现实意义上矫正了报纸早期通俗、娱乐甚至煽情的内容风格，体现了报纸的主流风范。

从组织层次看，时评是南都主流品质的重要标杆之一，对提升整张报纸的内容品位和质量具有重要意义：实现了报纸在新闻报道与意见表达之间的有效平衡，使南都的产品结构趋于完善；在"彭水诗案"等一系列重大报道过程中，发出组织、公众和精英的多元声音，强化了报纸对新闻事件、公众舆论和社会进程的巨大影响；凝聚了一批既具思想又善于公共表达的知识分子，在知识场域中建立了良好口碑，形成了报纸独特的文化资本和品牌价值……这些都是报纸主流品质的重要体现。

除了这些相对显形的意义之外，南都时评还对报纸的内部价值观塑造发挥着积极作用。在编辑何雪峰看来，评论是南都的旗帜，其作用不仅在于对外表达本报的立场，也在于对内塑造本报的性格。"我们强调，编辑、记者要读我们的评论，要通过评论引导编辑、记者懂得常识并用常识去思考，要促使从业者去建立共同的价值观。这不仅是读者的事情，也是编辑、记者的事情，但这是个自愿过程。如果这种取向形成、报纸的性格塑造完成，我们报纸就有了核心的理念和竞争力。"①他以评论部针对阿星杀人报道所发的社论为例这样阐述：

---

① 访谈资料，南都评论部编辑何雪峰，2005年7月29日，广州。关于这种对内的精神塑造作用，南都评论部曾设想在个论版增设《记者手记》栏目，让本报记者写报道手记，但由于个论版经常被广告占去半版，版面比较紧张，只能作罢。不过，在"广州观察"版面上，还是能每周发一篇《记者手记》。

阿星是一位来自贫困小山村的打工者,没有受过太多教育,很多老乡都在深圳做"砍手党",他不愿意做,宁可打工领很少的工资,但因为被开除产生报复念头,杀了工头。阿星主动联系了记者,希望能够陪他去自首。记者陪他走进公安局。即使你不断告诫自己理性、超脱和独立,还是无济于事。这个报道体现出这样的导向:阿星杀人是社会的悲剧。但我们要注意两个细节:第一,阿星并没有走到绝路,即使克扣2 000块工资也不至于走到绝路而杀人;第二,我推测他性格里包含着暴力,杀人更多是冲动。他杀了人,还约《中国青年报》记者谈事情,没说杀人,很冷静。后来,才跟《南方周末》联系的。从这两点,我个人判断,把阿星杀人说是社会的悲剧是很勉强的。此外,这个报道的倾向跟我们编辑部强调的法治精神是相违背的。如果对阿星杀人不从法治角度而只从悲情角度去理解的话,对社会是没有好处的。所以,报道见报第二天(2005年7月12日),我们就发了篇社论《阿星杀人,不要让悲情遮蔽血腥》①。阿星杀人有悲情也有血腥。这个选题是庄慎之建议的,社论是刘天昭写的,内容是社论会讨论的,标题是李海华提的。我们知道记者未必认可,如果他们都认可,我们就未必要发这种评论。这种做法是有意识的平衡,既引导读者,也引导编辑、记者。后来,《中国青年报》刘畅(2005)也发了个评论,基本意思一样。

---

① 此文末尾这样写道:"阿星固然有其深远的悲哀,但是他杀人有罪这一点必须澄清。阿星固然是某种不公正的受害者,但是他杀人不全是社会的错。细追究起来,每一个违法者的经历,我们都可以从中找到社会的或者制度的责任。但是把一切罪行都算到一个抽象的社会头上去,并不能解决任何问题。要解决问题、改善社会,必须回到社会结构之内,相信法治,然后以清醒的理性循序渐进地改变它。"参见《南方都市报》2005年7月12日第A02版头条。

与阿星杀人报道相似的还有一个例子(艾晓明、许燕,2004):2003年"非典"期间,南都报道SARS首例病人周先生时用了"毒王"一词,意指他第一个感染病毒,又将病毒传染给旁人。中山大学艾晓明教授读到这篇报道时"非常震惊,觉得这是非常歧视的",立即写了篇评论《提倡关爱,反对污名》,指出"毒王"这样的称呼不是把患者当作可尊敬的人,而是当作某种"病源":"正如我们不能把艾滋病患者称为'病毒传播者'一样,在突遭疾病袭击时,首当其冲的正是病人,他们不是祸害之源,恰恰是受害者。"此文很快被时评编辑束学山选中在2004年4月26日的来论中予以发表,对南都记者矫正新闻报道中的不当观念无疑是有所裨益的。

二、行业层次:对同类报纸的借鉴和支援

国内多数都市报仍停留于市民化、小报化的风格,同城市场竞争程度的加剧以及严重的同质化现象,都将促使其开始"第二次创业"(童兵,2005)。在寻求突破困境的对策中,《南方都市报》的主流化转型将给同类都市报的二次创业提供了经验参照,而其时评的系统实践也对同类报纸起着重要的借鉴作用。

较之以往中国报纸的评论实践,《南方都市报》时评版具有系统化的创新特征。这种特征至少体现在:第一,在国内都市报中率先设立时评版,第一次将时评文体以专版、对版、整版的形式进行操作,在系统化实践方面开了先河;第二,通过多年的不断调整和积极探索,形成了社论、个论、众论相得益彰、互为补充的操作形态,将时评问题的一般性(新闻性、专业性)与特殊性(积极、稳妥、有见地)结合起来,形成鲜明的公共取向及比较成熟的文本特征,为国内其他报纸的时评实践提供了可供参照的范例。正如《南方周末》在2004年"致敬中国传媒"中将"年度时评表现"授予南都

时给出的理由那样,"与其说该版块的亮点在话题上有诸多突破,不如说它的主要成就在于时评形态的创新和版面的规模上"①。

接受笔者访谈时,南都评论部主任李文凯将南都时评文体的实践和示范意义概括为三方面:第一,在全国较早地掀起新中国第二轮报纸时评的高潮(继《中国青年报》开创"冰点时评"后),而且"社论/来论"的对版形式有现代感,在同行中处于领先位置;第二,在南都的改造和发力下带动同行的时评发展,如《羊城晚报》、《广州日报》等,也促进了《新京报》时评的改变,"此前是南都的拷贝,现在《南方周末》也增加了专栏个论,跟我们共享作者";第三,南都作为评论阵地,满足了一些精英清晰的表达诉求,"在一定程度内确保在当局能容忍的空间内最大限度地发言,至少也替全国报纸的评论在探试边界"②。

以上海文汇新民报业集团下属的都市类日报《东方早报》为例,该报自2005年年中推出时评版,逐渐从一个版增加到两个版(14A—15A版),包括"评论/来信"和"社论/来信"两部分,前者设有《东方评论》、《来信》、《编者的话》和漫画等栏目,后者设有《早报自由谈》、《国际时评》等。从版面定位、栏目结构上看,《东方早报》时评的版面形态与《南方都市报》非常相似,都力图兼顾社论(本报专职或特约评论员)、来论(普通读者)和个论(专栏作者)三种时评形式。此外,国内都市报真正专注或着力开拓时评版的并不多,时评同行之间的交流合作十分紧密,他们在题材、作者、经验等方面都会有所共享。以《东方早报》2005年10月18日的时评内容为例,《东方评论》文章《"神六"归来,探索未知征程永无

---

① 参见《南方周末》2004年12月30日。
② 访谈资料,南都编委、评论部主任李文凯,2005年8月8日,广州。

止境》作者杨耕身就是原《南方都市报》时评版编辑;专栏文章《"打拐困局"就像开着水龙头拖地》作者王琳、《政府不能旁观"跨行查询收费"》作者曹林也是《南方都市报》的专栏作者。谈及时评的空间拓展,《东方早报》评论版负责人认为:"个体不能走得太快,应该集体往前走。底线大家都清楚,你一过线会对整个全部收拢。"①由此可见南都与同类报纸在时评版实践过程中的精神呼应和资源互通。

据笔者观察,国内都市报的时评操作主要呈现两种模式:一是价值判断,主要通过对新闻事件的评论来不断阐释、重申常识,注重借助事实来进行启蒙,向公众传播民主、自由等现代意识;二是专业判断,主要邀请不同领域的专家对新闻事件进行专业点评,以相对通俗的语言来剖析比较专业的知识和问题,注重的不是观念启蒙,而是专业解析。南都时评尽管两者兼具,但比较侧重前者,而《东方早报》时评比较重视后者。实际上,两种模式各有利弊,过分强调价值判断可能导致"说来说去都是同样的道理",而只走"专业路线也有弊端,例如很多专家使用的大量数据不合适,所写的稿子过于专业,会给读者制造阅读障碍"②。不过,就政策风险而言,后者是更加安全的选择。

除上述对同行报纸时评操作的借鉴意义外,倘若将以《南方都市报》为代表的时评生产实践置于娱乐化的媒介景观中,还具有优化报业结构及功能的积极意义。美国学者尼尔·波兹曼(2004:106)在《娱乐至死》一书中认为,电视正把我们的文化转变成娱乐的舞台。他引用英国小说家赫胥黎的寓言来表达对电视文化的担

---

① 访谈资料,《东方早报》评论版负责人赵阳,2009年4月20日,上海。
② 同上。

忧：人们会逐渐爱上、崇拜那些使我们失去思考能力的工业技术，我们的文化可能成为充满感官刺激、欲望和无规则的庸俗文化，人们可能因为享乐而失去了自由。其实，不仅电视，网络在给受众带来海量信息的同时也在日益剥夺受众阅读的时间和兴趣。在波兹曼看来，只有像《纽约时报》这样的主流大报才散发着震撼人心的魅力，这种"阐释时代"的绝唱就像歌手临近死亡时的歌声那样最动听、最优美（孙玮，2005）。从这个角度看，《南方都市报》作为拟向《纽约时报》吸取其精华的中国报纸，在转型时期的中国，其时评在促进公众思考和阅读、平衡报纸的娱乐与严肃方面同样具有积极作用。

三、社会层次：公众与精英的公共表达

压缩公民写作的来论，放大精英写作的个论，曾经是南都时评发展轨迹中十分重要的转折点，伴随这种编辑方针和版面形态的转变，南都时评的主要功能也从公众言说转向精英启蒙。尽管后来众论版的设立一定程度上恢复了公民写作，但无论从版面容量还是实际影响看，精英启蒙的意义都超过公众言说。这两种不同理念的实践显然有所差异，但也并非没有共通之处。

1. 公众言说

这里的"公众"实际上指的是相对草根的时评创作群体，如普通读者、网络写手等。由于知识积累、专业水平的差异，公众与精英相比在知识资本、话语空间、表达水平等方面处于劣势。从给普通公众提供发言机会的角度看，曾经的来论版、社论版中的《来信/来论》栏目、现在的众论版具有明显的公众言说意义，即给普通公众提供针对公共事务表达意见的机会。

让公众参与、发言的意义不仅在于加强了报纸与读者的良性互

动,更在持续不断的公众表达过程中促进了民事的阐释、民生的凸显乃至民意的彰显。尽管这种来自公众的时评实践,难免流于琐碎、简单,并且存在作者群体过于集中的问题,但较之以往读者给报纸投稿、听众拨打电台热线乃至观众参与电视节目短信互动等形式,南都的公众言说显然更加理性、深刻且具有持续性。这种提供固定版面、满足公众系统发声的时评机制,在相当程度上满足了普通公众知情(right to know)基础上的表达(right to express)需要。

有学者援引社会学家吉登斯的"社会排斥"(social exclusion)和"社会包容"(social inclusion)概念来分析大众媒介在促进社会各阶层隔膜或沟通方面的作用(洪兵,2004)。在这个意义上,南都时评的公众言说功能,给普通公众进入主流媒介进行表达提供了更多的管道和更大的空间,更有利于促进不同阶层之间的意见交融和情感包容。具体来看,南都时评公众言说的积极意义主要体现在两方面:第一,降低了公众参与和使用媒介的门槛,激发了一些公众通过媒介发表意见的兴趣,对提升公众的媒介认知能力和媒介表达意识,推进社会主导意识形态的方向选择和传承,构建更为民主化社会中的公民素养有积极作用;第二,提供了较之以往更固定、更广阔(版面、周期均得以保证)的媒介平台,构建了公众借助媒介进行表达的顺畅管道,也大大提升了都市报观照现实、服务公众的社会功能。单就中国报业自改革开放后从党报、晚报、周末报到都市报20多年的实践,在南都之前,还没有哪份报纸以如此多的版面、这样持续的频度和相当程度的重视,来积极倡导、实践公众表达。在这点上,《南方都市报》开创的先河,对实践公民接近权和表达权的意义可谓重大而深远。

将南都时评的公众言说功能置于转型社会的实际情境下看,其提供的话语空间对普通公众来说是比较重要的稀缺资源。学者喻国明认为,转型社会中的中国传媒在提供守望环境的同时,要为人们"基于信息获知的价值判断提供多元化的公共话语平台",这种社会话语的多元表达既与人们多元的利益诉求紧密联系,也与不同群体的社会融合需要紧密联系。大众传媒要为公共表达提供话语空间,从消极意义上看可以作为社会宣泄的制度性安排发挥"安全阀"的作用,从积极意义上看可以成为舆论监督、保障公共权力正确使用和增强决策可行性的前提(喻国明,2005:7—8)。"安全阀"的概念是社会学家对社会控制机制发挥作用的规律性认识,指一些制度和机制有利于消除社会不满情绪、维护社会稳定(社会学概论编写组,1993:337)。以南都的《来信/来论》、众论版为代表,公众日趋活跃和积极的话语表达,有利于其抒发胸臆、缓释情绪、消解矛盾,为社会发挥积极的减压作用。与更为活跃的网络论坛(BBS)和个人博客(Blog)相比,都市报的公众表达的空间和数量是有限的,但就其表达的整体质量看则更加具有理性和建设性。由此,这种"安全阀"更具有正面、良性的疏导功能。

除了促进阶层间的包容或者情绪的减压之外,公众言说还有利于公众在表达中提升自我的公民意识,促进公民社会的培育。哈贝马斯在论述媒介作为公共领域的社会功能时,曾说:"当人们在不必屈从于强制高压的情况下处理有关普遍利益的事务时,也就是说能够在保证他们自由地集会和聚会,能够自由地表述和发表其观点时,公民也就起到了公众的作用。当公众集体较大时,这种沟通就要求有某些散布和影响的手段:在今天,报纸和期刊、电台和电视就是公共领域的媒介。"[1]显然,哈贝马斯关于报纸的普

---

[1] 转引自魏斐德:《市民社会和公共领域问题的论争——西方人对当代中国政治文化的思考》,载邓正来、J·C·亚历山大:《国家与市民社会》,中央编译出版社2002年版。

遍意义上的定位并不能简单地套用到中国的语境,但其理论对于分析《南方都市报》时评版的社会功能同样具有解释力。"虽然政治参与进入中国普通民众的意识还是一个正在进行中的艰难历程,民众实现政治参与的途径远非多样、畅通,但变化已经出现,民主政治开始经由日常生活渗透在民众的意识和行为中。"(孙玮,2004)

曾有批评者认为,中国尚未形成公民社会,没有公民何来公民表达,因而公众言说的意义寥寥。对此,反驳者(邵建,2005)强调,在公民社会中,公民是一种身份;在前公民社会中,公民是自我体认。倡导公民写作的意义恰在于精神倡导。

公民社会不是从天上掉下来的,公民权利也不是什么人恩准的,它们的形成与获得,是拥有公民意识的人积极争取来的。而公民写作不妨就是积极争取的一种方式。因此,在公民权利尚未兑现的时代,公民写作不仅是可能的,也是必要的。这样的写作,既是为公民的写作,即从前公民走向公民;也是通往公民社会的写作,让公民时代在自己的努力中诞生。

从为公众提供话语空间的角度看,公众言说有效地引导着公众对公共事务发表意见,相较传统机关报能更大程度地满足公众的表达权利,也更可能真实地反映公众意见(舆论),从而促使政府公共决策过程的开放、透明,一定程度上提升了主流都市报的公共性。

当然,这种公众言说功能的实现必然会有诸多限制。以新闻生产社会学的路径考察,从信源—新闻的生产过程来分析,公众表达至少会面临三种因素的控制和影响:第一,公众对报纸评论版定位的理解认知,以及参与表达的兴趣和能力;第二,编辑在选择、处理和发布稿件过程中的把关因素;第三,编辑部组织作为组织化的制度因素对评论部/版的生产体系和标准(给公众提供参与表达的机制与流程是否畅通)。这些因素中,时评从业者的观念认知决定其是否重视公众表达、是否愿意为公众表达提供足够空间,而公众的表达欲望和水平决定着公众表达的整体质量。

2. 精英启蒙

与公众表达相比,《南方都市报》时评版实际上更强调精英表达,更重视时评对公众的思想启蒙。它既是对公民写作存在的不足进行矫正的结果,也与李文凯等时评操作者的专业诉求相关。这种启蒙借助社论、个论、《推荐》、宏论等,版面得以彰显,其中,每天固定的一条社论和整版(半版)的个论,是体现精英表达、思想启蒙的重要载体。时评版编辑何雪峰在访谈中说:"我们认为,评论的价值在于告诉读者什么是常识,如何用常识去理性地思考。任何一个报社,专栏都必定有价值,给普通读者提供的空间(如读者来信)从权重来说是相对次要的。"①

如果从南都时评专栏作者的身份看,多数人容易被归类为自由主义知识分子,由此,可推导其思想启蒙的价值观整体上也趋向自由主义。在中国知识界,20世纪90年代后期曾兴起所谓"'自由主义'与'新左派'之争",有学者(吴冠军,2007:322)从话语分析和符号斗争的角度进行细致考察后指出,同一群知识分子在不同文本中被称为"自由主义(者)"、"新右派"、"自由右派"、"庸俗的自由主义者"、"新自由主义者"、"市场主义者"等各种称号,而实际上,"在诸多论争中看似激烈的当代中国知识分子,实际上在话语层面上却是共享着相同的预设,即忽视符号的能指与所指之间的游移与浮动,而预设每个符号都拥有一个真正的、不变的、固

---

① 访谈资料,南都评论部编辑何雪峰,2005年7月29日,广州。

定的所指,进而在论争中将自己的符号指向视作关于该符号的唯一真理"。其分析至少说明,关于自由主义的内涵界定并未有完全的共识,而新自由主义与新左派之争的背后其实有相当部分对基本问题的实质性共识。因而,"贴标签"的过程也是自我设限的过程。

尽管南都评论部主任李文凯也不希望用自由主义来概括《南方都市报》时评版的操作理念,但他承认,南都编辑部"政治民主化、经济市场化、文化多元化"的价值观与自由主义的基本理念是一致的。对于这种价值理念,编辑的解释是:"我们所接触的知识分子群体以自由知识分子居多,我们的理念和自由知识分子的理念总体趋同。我的个人观点是,不用谈什么主义,我们只希望多一点自由。因此,《读书》杂志上经常出现的新左派学者在我们的评论版很少出现。"①从理念和精神的传承看,南都时评版对专栏作者群的选择与《南方周末》副刊对知识分子撰稿人的选稿取向是一致的。"选择刊载体现自由主义知识分子立场的学者的文章,已经明确显示《南方周末》自身的一种价值判断。在以编辑为主导的《阅读》等文化/学术性副刊版面,这种价值判断是《南方周末》与投稿和撰稿者进行互动所依据的重要原则。"(洪兵,2004:147—148)

相对精英化的知识分子所撰写的时评,通常比较具有知识性、思想性,因而也更具有社会启蒙的现实意义。关于启蒙,学者钱永祥将其内涵概括为四个方面②:第一,启蒙肯定理性。认定一己以及共同生活的安排,需要由自我引导而非外在(传统、教会、成

---

① 访谈资料,南都评论部编辑何雪峰,2005 年 7 月 29 日,广州。
② 转引自崔卫平:《我们的尊严在于拥有价值理想》,《南方周末》2007 年 1 月 11 日。

见、社会)强加。第二,启蒙肯定个人。认定个人不仅是道德选择与道德责任的终极单位,更是承受痛苦与追求幸福的最基本单位。第三,启蒙肯定平等。认定每个人自主性的选择,所得到的结果,具有一样的道德地位。第四,启蒙肯定多元。所谓自主的选择,预设了能够在其间选择、调整的众多选项,也蕴涵着不同的选择与修正结果。这些强调理性、个人、平等、多元的启蒙,具体落实在南都的时评实践中,则在于向读者传播相对自由主义的理念。这些理念按照朱学勤(1998:394)的概括主要包括:经济上要求市场体制,政治上要求宪政法治,伦理上要求保障个人价值等。换言之,就是南都始终倡导的价值观:政治民主化、经济市场化、文化多元化。

洪兵(2004:166)在评价《南方周末》与知识分子撰稿人的关系时曾总结:"如果说,《南方周末》的新闻报道,在20世纪90年代和21世纪初主要为中国社会的公民提供了一种'事实性的网络',提供了对于中国社会现实的一种构筑,那么这些知识分子则在总体上呼应了这一'事实性的网络',并且为之提供了相辅相成的'意见性网络'。"这里的"事实性网络"(web of facticity)一词,反映的是新闻对社会现实的构筑功能。由于新闻"浸渍着主导意识形态、受制于社会体制的社会关系,体现在新闻生产过程的各个环节,规范了新闻这一认识世界的手段,因此被称为'事实性网络'"(潘忠党,1997:37)。

从这个角度看,《南方都市报》时评正是在启蒙过程中构筑着读者对社会现实的认知。与新闻着力于记录事实、反映社会不同的是,时评侧重的是以观点来阐释社会、影响社会,这种由观点构成的网络就是"意见性网络"(web of opinion)。置身于中国报纸现实的情境中,南都时评正以相当频繁、密集的生产实践,构筑着这种理性的"意见性网络"。这种"意见性网络"给读者所提供的对新闻事件的看法、对社会问题的认知,显然有利于"促使读者开动脑筋,帮助他们从盲信或幻想中解脱出来而代之以理性思考"(李良荣,2003:133)。南都的实践中大量时评传播的观点和意见,试图不断强化公众对权利、民生、自由、平等等公共议题的关注,总体上符合自由主义的价值趋向,承载思想启蒙的传播功能,会促使读者在接受"事实性网络"的基础上不断接受这种"意见性网络"的影响。

目前,关于都市报时评这种启蒙的效果,笔者尚未见到相关的实证研究成果,因而,如何真实评估精英启蒙的意义和实效还缺乏直接证据。不过,《重庆时报》评论部负责人单士兵对此深信不疑①:"都市报时评对读者的公民启蒙作用是非常有效的,单从我们时报评论版开设的 QQ 群看,每次新开一个账号就会立即被加满,多数都是学生,他们很活跃、很积极。"在他看来,近年来国内网络评论越写越好,网民的表达水平不断提高,"这跟都市报时评的普及和传播是分不开的"。

实际上,大众传媒所承担的这种思想启蒙功能,在处于加速转型期的中国社会,并非囿于《南方都市报》或其兄弟报纸《南方周末》。国内其他一些倡导专业主义理念、实践深度报道业务的同行媒体也秉持着类似的启蒙观。《财经》杂志副主编王烁接受笔者访谈时曾这样总结该杂志的报道理念:"如果读者已经把我们限定成做什么东西了,我们就很难摆脱,因为这样会影响读者群和广告商。但我们从来不这么想,正因如此,我们才能不受报道面的限制。我们是在以我为主地做杂志。""我们报道我们认为读者应该

---

① 访谈资料,《重庆日报》评论部负责人单士兵,2009 年 5 月 16 日,重庆。

看的东西,而不是完全听从市场发出的信号。并不是读者爱看什么我们就报什么,有一种启蒙、灌输的精英色彩。"①当然,从外部大环境看,这种思想启蒙的自觉与诉求仅被少数媒体所承载,这些媒体往往由少数具有强烈的公共关怀意识、专业主义理念及知识分子色彩的职业新闻人所操持。

对南都时评这种自由主义的价值倾向,亦不时有批评之声。例如,有批评反思《中国青年报·冰点》等媒体的自由主义价值观,认为其与大多数流行媒体一样,并非是公允的言论平台,而只是特定价值观念的载体。"中国媒体,尤其是流行媒体已经主要被具有自由主义倾向的知识分子所实际把执。进而也可以认为,自由主义已经塑造了几乎整整一代中国人,尤其是知识分子的思想观念。自由主义观念不但左右着媒体人,而且左右了媒体的受众,从而左右了市场。"②如上文所言,这种反思或许扩大了自由主义与新左派的对立,但亦有助于启发我们更好地理解南都时评的价值根源,并且推进报纸更好地扮演不同意见交锋的公共平台:作为言论平台的大众传媒,如何保持客观中立,为不同价值取向的意见提供表达通路和争鸣空间。

此外,针对比较精英化的时评表达,也有一些批判和质疑之声认为,这种精英取向容易导致媒介对普通公众的漠视。这种担忧固然可以理解,但公民写作的不成熟客观上造成了精英启蒙为主、公众言说为辅的现状。有学者(邵建,2005)试图在公民写作与精英表达之间建立勾连和契合,认为这种以学者等精英为时评主体的表达才体现了真正意义上公民写作的姿态和实质。"当下,公民

---

① 访谈资料,《财经》副主编王烁,2004年8月,北京。
② 参见《第四只眼看〈冰点〉》,华夏之声论坛,www.hxzs.org,2006年3月17日。作者不详。

写作……是个人的价值认领,一个人选择了它,就选择了责任和义务,于是便以公民的自觉在公共领域内发言。它,可以是建言的,也可以是批判的;可以面向公众,也可以面向体制……它唯独不可以背离这样一种理念,即'为了公民和人的权利'。"他所理解的公民写作强调的,不再是时评作者的公民身份,而是时评理念的公共取向,即:只要表达的价值是符合公民权益的、表达的理念是符合公共取向的,发言者的身份是公众或精英并不重要,由此,公众言说与精英启蒙便实现了殊途同归:公共表达——站在公共立场、讨论公共事务、维护公共利益。

值得一提的是,从表面上看,南都社论属于组织的意见表达,而个论则是精英的个体表达,但在实际操作中,除由评论员写作外,社论也经常邀请知识精英撰稿。加之,南都的新闻价值观与受邀写稿的知识精英的价值观较为一致,因而,社论的组织表达本质上也是一种精英表达。只不过,社论在进行思想启蒙的过程中,相比个论而言,其锋芒、个性要少些,理性、建设性、独立性更多些。这种启蒙的意义时常体现在对公众舆论的引导上,甚至很多时候体现在与公众舆论的矛盾和冲突之中。一个比较典型的例子是,2006年12月29日《南方都市报》社论版发表社论,对连环杀人犯邱兴华被陕西高院迅速处决提出质疑,认为赶在死刑复合权收归高院正式启动前两天(自2007年1月1日起)进行处决是对程序正义的执意漠视。这篇社论在南都时评的博客上引发了网民的强烈质疑,许多人对社论观点表示不满①。对此,评论部编辑何雪峰向笔者表达了看法:

---

① 详见奥一网南都时评的博客,http://blog.oeeeee.com/shelun/archive/2006/12/29/184583.html。

社论精神与民意之间的冲突,正好说明社论的价值。这里面有一个教训,在写文章时是否考虑到这么激烈的反应?这篇文章过于精英化,如果文中适当安抚一下民意,做个过渡,可能好一点。还是言说的方式问题,对民意的态度问题。除了尊重民意之外,了解民意并非一件简单的事情。报纸面对的人群是非常复杂的,作者在写作的时候尽量做到心中有数、有的放矢,效果才明显。有句话很常用:没有不能说的话,但要看怎么说。①

从读者对南都社论的质疑中可以看出,当下报纸时评如何在精英式的思想启蒙与尊重公众心理及意见之间取得平衡,亦是重要课题。忽视民意的启蒙,既容易导致民意的反感,也无法达成启蒙的效果。无论如何,民意是需要尊重和敬畏的(尽管在这个案例中,网络上的不满情绪未必代表着多数公众的普遍看法)。民主精神的倡导与传播,最终有赖于社会舆情的实质接纳与公民素养的实质塑造,而要达成接纳和塑造的实际效果,前提是尊重和把握民意。虽然很多时候民意是虚妄的,或者难以真正准确地把握,但时评操作者在实践中委实需要注意把握民意,针对民意对启蒙话语机制进行适当修正,由此达成时评启蒙功能实现的最大化。

第五节 时评场域与知识场域的互动

从场域理论的角度看,作为《南方都市报》编辑部新闻场域的次级场域,时评场的结构性特征首先取决于整体新闻场域的特征,

---

① 访谈资料,南都评论部编辑何雪峰,2007年1月8日,广州。

时评的生产惯习与编辑部新闻场域的生产惯习必然保持相当程度的一致。面对外部政治场域、经济场域的控制和影响,南都新闻场域所拥有的对自主性的追求在时评场中也得到明显体现,而且与一般新闻场域相比,时评场域受经济场域的制约更加微弱。因而,时评生产的自主性也更强。

新闻生产的一般主体是记者、编辑,与此不同,时评场域的行动主体既包括时评编辑(新闻从业者的一部分),更包括知识精英和普通公众。就实际情况看,知识精英是时评生产、意见表达的关键主体。由此,时评场域区别于普通新闻场域的特殊之处在于:始终与中国知识场域发生着交叠、互动的紧密关系,其结构性特征、生产惯习以及生产中的资本转换无时无刻不与知识分子的行动特征、知识场域的自主性直接相关。学者许纪霖(转引自刘擎,2007:269)将中国当下的知识场域划分为三个次级场域:理论界、学术界、思想界,分属三种不同类型的知识生产,各自的规范化程度也不相同。其中,理论界的生产遵循国家意识形态的严格规划,具有明确的规范准则;学术界的规范程度在不同的专业和学科领域中呈现差异;而思想界的诞生则直接由国家权力、传媒场域与知识场域互动而成——国家权力放弃了对知识场域的全面掌控,"但仍然要求知识界为国家意识形态的合法性作出论证,这导致知识场域生成了一个常常被称为'理论界'的次级场域"(刘擎,2007:269)。这三种知识生产遵循着不同的竞争规则和目标资本。其中,参与时评场域最积极的无疑是思想界的知识分子。究其原因,学者刘擎这样阐释:

> 大众传媒在20世纪90年代获得了迅速的商业化发展,而在社会转型中诸多公众关怀的问题通过传媒机制转化为对"思想"的市场需求,从而使知识分子的思想言说与时事评论

获得了市场价值。在传媒场域与知识场域的互动中,"思想界"作为知识生产的另一个次级场域应运而生。

这段话至少表达了三个意思:思想界的产生与传媒领域密切相关,或者说,大众传媒促使思想界的形成;思想界知识分子之所以参与大众传媒,与社会对思想的强烈需求有关;大众传媒邀约思想界知识分子进入的背后,离不开传媒的商业化赋予思想的市场价值。因而,我们分析南都时评场域与知识场域的互动便可具化为分析时评场与思想界这个次级场域的互动。我们感兴趣的问题至少包括:思想界的生产和表达具有哪些典型特征?为什么是思想界(知识精英)而非普通公众占据了南都时评场域的中心位置?南都时评场域的生产过程中进行着怎样的资本争斗和转换?

首先,就思想界的生产特征看,按照布尔迪厄对知识分子生产的区分,其属于"有限生产"(为学术而学术,坚持内在限制的标准)之外的"大生产"(无须刻意遵循某种学术生产的内在机制),但后者的逻辑来源于前者的逻辑。也就是说,参与时评生产的知识精英即便原本来自理论界或学术界,当他们参与大众传媒的公共表达时,只需按照思想界的特征进行知识生产,这种生产的学术性和理论性必然有所降低,学理性的基本权威则必须坚持。通俗地讲,社会学家、经济学家、法学家等知识精英给南都时评版写作时可以更加轻松、自如、简单,表达方式务必与新闻报道的一般规律有所结合,可以更加通俗、易懂、直白。

但有学者(刘擎,2007:271)比较中国知识分子发表在《南方周末》等报刊上的文章与欧美知识分子在《纽约时报》等报刊上的文章后发现,前者比后者更富有理论性,即"中国知识分子在公共写作中更多地引经据典,更频繁地使用专业术语和理论"。其原因在于,公共讨论中涉及的复杂问题并没有在相关的学科框架中得到充分研究和辩论,直接进入公共领域的讨论时就不得不在写作中进行大量的"学术论说",从而替代性地提供本来需由复杂学科性研究提供的学理依据。笔者认为,这是知识精英的时评表达与时评编辑要求的"直白"始终存在距离的原因之一。此外,导致这种"有限生产"特征的原因还包括:缺乏现代意识启蒙的公众对专业知识多少怀有比较强烈的需求和高度的信赖感,多数思想界知识分子由于缺乏足够的时评写作训练,原有的专业表达习惯尚难以改变,专业判断比价值判断的政策风险相对较低,容易用理论的晦涩包装减少问题的敏感性等。

其次,就时评生产的主体看,为什么是知识精英而非普通公众成为南都时评场中发言的主角?为什么在精英表达过程中,自由主义者比新左派占据数量上的绝对胜利?其原因,既与大众传媒的生产机制有关,也与表达主体占据的资本数量有关。运用场域理论来分析时评生产,恰恰提供了颇具新意的考察路径:在时评场域中,精英与大众实际上在进行着历时态、共时态的双重话语权争夺游戏。从历时态的角度看,公民写作时期,南都时评曾经让公众占据话语主导权,至少成为时评作者的主体;从共时态的角度看,不同专业和学科的知识精英中,法学家、社会学家、经济学家成为主体,新闻同行、网络评论员作为补充。这些时评生产主体的变化、差异背后,与其争夺资本的能力密切相关。

从与政治场域的关系和空间位置看,时评场域比一般新闻场域更具有相对自主性,受权力制约的程度相对较小,但它受制于思想界这个知识场域的约束却比一般新闻场域更大。在时评场域中,最主要的资本形式是社会资本和文化资本——时评编辑拥有的人脉资源(社会资本)、时评作者具有的思想深度和知识厚度

（文化资本）是影响南都时评生产和质量的关键因素。知识精英在与普通公众的争夺游戏中之所以获得胜利，至少有两个原因。

第一，知识精英拥有更强大的文化资本，在思想传播和话语表达上更具专业优势，而大众传媒的时评版面是比较稀缺的公共资源，其生产的内容必须满足相当高的质量标准，流于琐碎和表面的公众言说自然不如思想性更强的精英启蒙。实际上，"无法达到发稿要求"也是南都时评编辑较少采用读者投稿的主要理由。

第二，时评编辑的价值理念促使其扮演着非常重要的"邀约"角色。据笔者的观察，在南都编辑部场域中，时评编辑习惯阅读和思考，最具知识分子气质，可以说是新闻从业者中的知识精英（尤其与社会条线记者相比）。他们自身具有较强的文化资本，倾向于邀请具有更强文化资本的知识分子"入场"发声，既是精神默契，也是利益同盟。因此，知识精英成为时评的主体是场内和场外"合谋"的结果。

至于为什么主要是自由主义知识分子，而非新左派知识分子，则有主要原因和次要原因之分。主要原因是由中国当代思想界的现实状况所决定，即自由主义知识分子较之新左派知识分子群体更大，更具有主导话语权；次要原因则与中国新闻业整体不自由的现实情境有关。实际上，如果化约地"贴标签"，中国绝大多数市场化媒体的新闻从业者都服膺自由主义，出于惺惺相惜的共同体认，时评编辑优先与自由主义知识分子合作也是应有之义。

最后，就生产过程中的资本争夺和转换看，时评质量的高低主要取决于编辑对社会资本的积累和运用能力。日常的时评生产实践，其实就是编辑的社会资本（动用关系邀请作者）、作者的文化资本（知识精英的思想表达）向报社文化资本转换的过程。这种社会资本的获取，依靠报社和编辑的社会关系网而建立，其积累途径主要包括：给作者开设专栏，提供比较丰厚的稿费，通过发表文章提高其知名度，电话沟通或当面拜访以增进感情，出版作品集扩大其作品影响面或免费推广作者图书……时评编辑在与知识精英的资源交换中建立了相对稳定的合作关系。而且，如果说一般条线记者与知识分子的关系是工具型，时评编辑与知识分子的关系则是混合型的——不止于有限次数的采访交易，而包含着长期合作建立的情感共鸣。此外，需要强调的是，经常在时评版上写作的知识精英借助大众传媒亦获得了丰厚的经济资本和社会资本，不仅稿费收入颇丰，而且知名度大大提升。从这个角度看，不仅是时评编辑在争夺知识分子的文化资本，知识分子也在竞相"入场"的同时争夺着大众传媒的社会资本和经济资本。

第五章　深度报道：抵达真相的路径

在南都编辑部场域中，深度小组和时评一样，也是比较特殊的次级场域：没有成立深度报道部，却被视作一个相对独立的部门；属于区域新闻部，却有一间独立的小办公室，不在编辑大厅办公；薪酬考评方式比较特殊，曾经实施过每月底薪3 000元，而非报社统一规定的1 000元；此外，同事或同行对深度小组成员的认同和钦羡，使他们拥有更多的荣誉感、更强的归属感以及更灵活的工作方式。在报社，提起"孙志刚事件"、"妞妞事件"、"彭水诗案"等曾经产生巨大反响的相关经典作品，大家都会自然地流露出自豪和欣慰。业务交流时，陈峰、傅剑锋、姜英爽、龙志、喻尘等，成了除程益中、庄慎之等管理层之外最常被提及的名字①。从外在形态看，深度小组的报道不定期出现在A叠的"深度"和"对话"两个版面，没有固定周期和版位，但每次均以整版长篇报道形式出现，委实代表着一种更接近真相、更具影响力、更为深刻的新闻品质。

---

① 陈峰为《被收容者孙志刚之死》作者之一，因撰写此文成为知名记者，后到北京《新京报》任中国新闻部主任。傅剑锋曾因采访撰写传销系列文章及《妞妞资产大起底》而引起业界关注，后任职于《南方周末》。姜英爽为南都《对话》的专职记者，曾被评为首席记者，其对话作品颇受报社领导和读者好评。龙志、喻尘为南都深度小组的骨干记者，采写过大量有影响的深度报道。

何谓深度报道？一般认为，深度报道是一种系统而深入地反映重大新闻事件和社会问题，阐明事件因果关系，揭示实质，追踪和探索事件发展趋势的报道方式。美国专栏作家朱蒙得（Roscoe Drummond）认为，深度报道要"以今日之事态，核对昨日之背景，揭示明日之意义"。20世纪40年代美国哈钦斯委员会在《一个自由而负责的新闻界》报告中也给过比较简洁的定义："所谓深度报道，就是围绕社会发展的现实问题，把新闻事件呈现在一种可以表现真正意义的脉络中。"（转引自欧阳明，2004：9）总体上看，研究者对深度报道的定义集中起来主要有三种观点：一种报道文体、一种报道形式或一种报道旨趣。其中，报道文体和报道形式的理解，属狭义范畴；报道旨趣或报道理念的理解，属广义范畴。狭义的理解和研究，能够比较集中地探讨文本特征、总结实践经验，对业务操作（行动上）更有意义，西方新闻界往往从操作的角度去理解深度报道。广义的理解，更接近于揭示深度报道的本质所在，即力图揭示新闻事件与各种社会要素之间的关系，更大程度上接近真相（"新闻背后的新闻"），对激发记者普遍的职业追求（精神上）更具价值。

结合中国语境和操作现状，笔者比较倾向于报道形式的理解：深度报道是一种力图通过报道新闻事件与社会的关联性，揭示新闻背后更深层次意义的报道形式，或者说是一种将社会关系作为价值指向的报道形式——把新闻事件（人物、事件、现象等）放在社会关系中加以报道，力图揭示与其相关的背景、意义及趋势（张志安，2005）。有学者（喻国明，2005）认为，我们日常的客观报道指的是单个的事实，而深度报道实质上做的努力就是把这单个的事实发生的背景及其社会关系点勾勒出来，以表现出它的社会结构联系。

南都的深度报道在报社主流化转型过程中扮演着重要作用,它和时评一起构成了南都提升新闻品质、完善内容结构的两种产品类型。而且,南都自2000年至2008年遭遇的高潮或低潮,几乎无不和某篇或某个系列的深度报道有关。因此,研究南都报道的发展历程、生产机制及社会控制,探究重大深度报道的动态生产过程,有助于我们贴近、细致地把握其新闻生产与社会控制的互动特征,也为我们理解南都整体的新闻场域提供了重要参照。

第一节 南都深度报道的发展轨迹

综合操作形态、编辑理念和生产机制,大体可将《南方都市报》深度报道的发展轨迹概括为三个阶段。

1. 随机化操作:焦点版的编辑整合

这个阶段,南都的拳头产品是社会新闻、本地新闻,深度报道的操作比较随机、零碎,主要依托常规版面,抓住重大事件来进行。其中,以报道本地题材为主的焦点版,侧重编辑整合,主推组合报道或连续报道,时常对具有轰动性的社会新闻做大版面报道。例如,2000年12月2—9日,针对东莞塌楼事故,南都迅速组成"东莞塌楼报道组"。记者克服采访对象的恶意阻挠,刊发了《我和楼房一起倒下》、《质疑东莞塌楼》、《东莞封杀加层工程》和《瞒报事故将严肃处理》等系列报道,以图文并茂的形式实现了动态事件和深度报道的结合(黄匡宇,2000)。再如,2001年7月9日,南都以4个整版、18条图文推出深度报道《揭开"医托"黑幕》,报道医疗服务领域的盯梢、笼络、监视等各种欺骗手段。紧接着,跟踪报道不断推出:第二天的《广东将全面清理医托》、《揪出医托后台老板》,第三天的《部队医院支持打击医托》,第四天的《受害者痛述被骗经过》,第五天的《治医托下猛药》和第六天的《解聘所有外聘医生》。此后不久,又推出暗访系列《深圳豆腐黑幕》,同样引起社会强烈反响。这两组报道从信息动态和信息意义两个层面关注民众生活,"以深入翔实的可信性将狂刮民脂民膏的'医托'的丑陋面目,将昧心敛财、丧失商业道德的豆腐黑店暴露于光天化日之下,充分显现了《南方都市报》关注民生、打击邪恶的人文关怀,极大地发挥了新闻媒介的舆论监督功能"(黄匡宇,2001)。

曾主管深度报道的编委方三文认为①,这个阶段南都的深度报道"主要靠整合,不能算真正的深度报道"。"当时大家感觉也不好,主要靠编辑的努力,指导做选题的眼界还不够宽。相对来说就是本地新闻的篇幅拉长。我觉得一个深度报道,价值观比较清晰,文本价值比较大。"实际上,这个阶段南都深度报道的形式主要是组合报道、连续报道,侧重编辑的作用发挥和内容的整合形态,还没有真正确立深度报道的核心理念,操作相对独立的报道文体。不过,南都积累的对社会、时政,尤其是腐败、揭黑题材的报道经验,对之后南都深度报道的实践应该是有所启发的。

2. 日报化实践:《深度》、《对话》的开辟

2002年3月,《南方都市报》改版,在分管新闻的编委杨斌的主持下,推出《焦点》、《对话》、《深度》等栏目。《焦点》和《对话》主要做本地题材,为增强对广州和深圳读者的贴近性,两地的版本分开运作、内容不同。由于版面数量多、稿件任务重,人手的需求量也特别大。

---

① 访谈资料,南都原编委方三文,2005年8月9日。

这个阶段深度报道的典型特征是日报化实践,把深度报道当作常规新闻,以密集的频度、较快的时效进行报道。以《对话》栏目为例,专职记者就有10多个。对重大题材的报道往往不惜版面,仅2002年3—12月,从政界要人、商业巨子到普通百姓,先后有100多个人物出现在《对话》栏目上(见表5-1)。经过摸索,南都逐渐总结出对话版的操作模式①:① 选题上,关注社会热点、焦点和难点,注重新闻的时效性和采访时机的把握。一般都有新闻由头,要快速找到新闻人物做访谈,或找到关键人物解读重大事件。② 视角上,具有平民性,不少报道站在百姓立场,讲百姓故事。例如2002年12月16日《羊城门锁安装不合格》报道"锁王"张国仁,由一位小人物的故事牵出一个公众关心的安全大问题。③ 版面编排上,采用固定版式,保持风格一致,主要由版头标识、"对话动机"、"人物档案"、人物图片、访谈正文等小栏目组合而成。此外,考虑到篇幅较长,标题制作上除主标题外还会做些小标题,化长为短,方便阅读。

表5-1　2002年南都《对话》栏目部分文章一览表

文　章　标　题	采　访　对　象	刊载时间
《"高墙内的对话"系列之一:我在监狱找到自由》	原山西某院校国际法副教授王希	3月27日
《成功是瞬间　挣扎是永远》	疯狂英语创始人李阳	4月18日
《惟一海归派专家当选副厅》	广东省农科院副院长的博士后曹俊明	7月9日
《当老舍儿子要夹尾巴做人》	舒乙,老舍的长子	7月23日

---

① 参见《拓展纸媒体对话空间》,《南方都市报》2002年12月22日。

续　表

文　章　标　题	采　访　对　象	刊载时间
《舟舟是我抵抗绝症的支柱》	弱智孩子舟舟的母亲张惠琴	8月29日
《大家能喊捉贼就是鼓励我》	反扒队优秀队员甘榕立、郭福祥	9月1日
《年龄让我更加美丽》	广州形象大使冠军尹捷	9月3日
《回国想大发展还应去国企》	程福德，拒绝私企几十万年薪，成功竞聘广州摩托集团总经济师	10月8日
《与党代表的十场对话之一——陈小敏：肩负重任赴盛会》	奥运冠军陈小敏	10月15日
《把眼泪留给要走的那一天》	北大毕业的村支书吴奇修	12月7日

对话报道之所以受到重视，一方面因为这种文体通过记者与采访对象的交锋、你来我往，比其他文体更生动、鲜活地展现新闻人物丰富的内心世界和情感空间，具有独特的文体魅力和阅读效果；另一方面，对话体报道的写作，采访成本较低，完稿速度较快，能比较方便地进行新闻资源的二次开发，在投入和产出上有着不错的性价比。

不过，这个阶段的深度报道也存在明显不足。由于日报的操作方式任务过重、周期过短，虽然版面多、文字量大，但因为仓促完成而无法深入地挖掘出事件真相。此外，一些广州以外的新闻题材的报道对本地读者缺乏贴近性和吸引力，也会导致"叫好不叫座"的情况。"例如，山西吕日周的事情就做了7个版。我们很快就发现问题了。这些深度报道的内容在业界、网络上很受好评，但大部分本地读者并不喜欢看。"[1]

---

[1] 访谈资料，南都原编委方三文，2005年8月9日。

3. 周报式定位:全国视野、地方视角的策略

2003年3月,南都再次改版,正式成立深度小组,加强深度报道在新闻版面的权重。4月1日,取消焦点版,推出重点版和深度版,其创办动因主要有二:第一,适应读者对新闻报道的要求。深度报道可以揭示新闻事件背后的复杂原因,更真实、全面地展现新闻事实。第二,应对媒介环境新的冲击。"网络媒体、电视媒体的竞争,以及各大纸媒之间的新闻竞争,让'独家'越来越难,深度报道则可以从事件的背景等方面拓宽视野,避免新闻报道中的趋同,而重点不但要深入,而且要快速,就更是当日新闻中出彩的部分。"(张丹萍,2003)

当年4月1日至7月31日期间,深度版共发表文章72篇(时政类题材40篇,占55.5%;社会类题材32篇,占44.5%;省内本地题材29篇,占40.3%;全国题材43篇,占59.7%)。其中,不少报道产生了很大影响,如《被收容者孙志刚之死》、《孙大午被捕》、《吴敏一辞官下海》、"深圳选举风波"系列报道等。深度编辑陈志华认为,"100%的原创及如此高的频度在全国综合性日报中是没有的"(转引自蒯威,2003)。其中,尤以《被收容者孙志刚之死》的社会反响最大,给南都带来的赞誉最多,也是该报深度报道发展历程中的巅峰之作。报社内部不少新闻人甚至认为,南都深度报道的成熟操作是以这篇报道为标志、为起点的。

重点版既需要深度,更需要保证时效。这个版脱胎于南都原来的"封二新闻",设计初衷是在新闻导读之外把最重要的新闻以最强势的方法表现出来,而要做到强势则必须时间足够快、内容足够丰富。"重点版的任务就在于及时出击,提供最重大的、可读性最强的新闻。时效性强、可读性强、事件重大,是重点版的一个基本定位。"(蒯威,2003)从3月到8月,重点版先后策划实施了

SARS("非典")、"孙志刚事件"、"聚集三峡"和"关爱特困大学生"等专题或系列报道。不过,重点版在操作中也面临一些困惑,比如怎样解决时效和深度的关系,怎样解决本地题材与区域读者阅读兴趣的关系等。

这次改版之后,南都深度报道在题材重要性、主题深刻性及报道影响力方面都有较大提升。在编辑陈志华看来,这种转变集中体现在:选题上摈弃猎奇和炒作,判断标准主要看能否推动法治建设、政治文明、道德彰显、社会进步;对时政题材,尤其带有创新和争议性的政府举措、时政人物非常重视;如果是社会新闻,深度报道更关注事件背后的意义(蒯威,2003)。由此,南都深度在操作节奏上更从容,选题标准更明确,文本写作也更加成熟。

自此开始,南都深度报道从原先的日报化操作逐渐回归周报式定位,减少文章数量和密集频度,以便记者和编辑更从容地采编稿件。同时,也逐步重视新闻报道的贴近性,把握本地和外地题材的平衡,更多考虑广东本地读者的阅读兴趣和需求。这种回归周报的实践方式,被编委方三文概括为"全国视野、地方视角"。2003年8月,他到南都工作,遇到的一个难题是:南都作为地方性报纸,主要面向本地读者,但许多深度的题材都来自外地,在业界和网络上反响强烈,在本地读者中却往往"自生自灭",不时面临"叫好不叫座"的尴尬。为此,深度必须强调报道的接近性,走"全国视野、地方视角"的路径,做本地读者更接受的报道。

2005年8月,笔者在南都调研时发现,"叫好不叫座"的尴尬并未真正解决。主管陆晖不断思考,怎样更好地平衡异地报道题材与本地阅读兴趣的关系,更好地探索深度文本的创新路径,以实现"既叫好又叫座"的目标。为此,深度既需要推出高质量、有影响的报道,也需要相对固定的版面和周期,以便培育读者的阅读习惯。此外,当时外部环境、宣传政策的变化也对深度报道的操作提出新挑战。2005年,管理部门出台新的舆论监督管理政策,像南都这样的非省级党报没有异地监督的报道权,不能外派记者到省外进行舆论监督报道。以往南都深度选题相当部分都是外地题材,并且舆论监督类所占比例不小,因此,新政策的实施对他们的限制和影响很大。好在当年,为纪念抗战胜利60周年策划的系列专题报道"寻访抗战老兵"主要由深度小组负责,持续时间近半年,可以在短时间内缓解选题压力。从长期看,针对这个政策,陆晖想到的解决之道是加大对本地题材的深度挖掘,扩展舆论监督之外涉及文化、社会、生活等领域的报道面。

简要梳理完南都深度报道的发展轨迹,我们再来对其影响因素进行粗略概括。推出深度是报纸改版的重要举措,也是南都迈向主流的关键利器,深度报道的兴起与报纸自身经济实力的增长、市场竞争的需要密切相关。同时,在这种组织动因的背后,离不开个体诉求的推动,即以程益中、杨斌等为代表的南都管理层的专业追求。从深度栏目推出后的生产实践看,其新闻生产主要处于三种社会控制因素的作用中:从业者自身的新闻理想和专业追求,属于个体/群体层面的因素;深度小组常规的生产机制、报社的市场定位和利益诉求等,属于组织层面的因素;来自宣传部门和政府部门的政治控制,属于组织外部社会层面的因素。这三种微观、中观、宏观的不同因素分别从个体、组织和社会层面影响着深度报道的实践:在日常的新闻生产中,编辑部的组织控制起决定作用,但这套控制体系是机制化、常规化的,内化了报社组织的整体目标和从业者的职业追求,而一些重大、敏感的报道往往是从业者的专业控制和外部的政治控制之间相互博弈的结果。

第二节 生产理念、机制及报道特点

一、操作理念

《南方都市报 A1 版块编辑大纲》中曾对深度报道做过这样的设计:"深度报道指的是稿件长于 2 500 字,没有截稿时间的特别报道……深度报道是《南方都市报》新闻的制高点,对外代表着《南方都市报》对重大新闻的关注方式和《南方都市报》新闻操作的至高水准;对内代表着业务创新探索的方向,为《南方都市报》记者成长为职业新闻人提供良好的平台。"《编辑大纲》还确立了深度报道的几种主要形式:① 对突发事件、重大新闻的现场报道,强调及时性、采访的深度和角度、立场的独特,如对三峡蓄水、南丹矿难、北航空难的报道。在重大政治、社会事件的报道中,重视个人的体验和视角。② 对特定事件内幕的揭露式报道,强调采访的深入程度和准确性。③ 对社会现象、社会问题的调查报道,强调调查的深度和背景知识的广度,如对"三农"问题、艾滋病问题的报道。④ 对社会趋势的分析报道,强调判断力和预见。⑤ 对新闻人物的访谈和报道。此外,"报道组的规模应保证在 13 人左右,包括一名负责人(兼任编辑)、2 名编辑、10 名记者","深度报道记者必须有比较丰富的从业经验和较高的操作能力,最好在主流市场媒体有一年以上的深度报道工作经历,或两年以上的日常报道经历,有较好的知识背景,有较强的逻辑思维能力和文本构成能力"。

这些定位设计在实际过程中不断调整、完善。2003 年 8 月,刚到都市报分管深度的方三文意识到,"以前整体上做得比较粗糙,发生什么事情就扑过去,采访到的东西不成体系,有什么说什么,记者的价值观也非常混乱"。此前,南都深度最有影响的作品是 2003 年"非典"期间的一些报道①和当年 4 月刊发的"孙志刚事件"系列报道。方三文提出"全国视野、地方视角"的操作原则后,南都的深度对本地题材更加重视。从 2004 年 6 月开始,南都开始做大量本地题材的深度报道。"前期主要做事件性的东西,后来开始做不少主题性的东西。如果找不到那么多能够引起普遍兴趣的事件,就宁愿找些事件之外的要素,如概念或主题,只要能引起读者的普遍兴趣就可以做。例如,我们做过外逃贪官等题材,反响比较好。"②

方三文主持南都深度后,进一步明确了深度新闻的操作理念。例如选题标准,必须"在政治上,要符合民主、法治等现代政治文明的要求;在经济上,要符合市场经济的价值倾向;在文化上,要促进多元文化共同繁荣;在社会新闻中,要关注事件与公共利益有何关系。如果仅仅是与当事人有关系的私人事件,不是新闻"③。记者贾云勇曾经就一个偏娱乐类的事件——上海新丝路模特大赛因观众不满丑女当选而爆出全武行——问方三文可否做篇深度报道。方回答说:"我们不能做纯娱乐的东西。所有深度的稿子基本都要围绕公共权力的运作、公共利益的博弈来做,用这种眼光去分析所有的东西。"他建议记者,先看看比赛的不公平是怎样发生的,哪些环节出了问题,哪些因素起了作用,然后再决定是否要做。这个小

---

① "非典"期间,深圳一家酒楼的厨师黄杏初被媒体报道为"中国'非典'报告患者第一人"。但治好病的黄杏初却神秘失踪,南都深度记者胡杰和陈文定费尽心思寻找也没有下落。寻访过程及对其主治医生的采访内容被编辑成稿件《寻找黄杏初》,表现了一个"非典"患者与社会的疏离和抛弃。参见南方都市报:《八年》,南方日报出版社 2004 年版,第 1798 页。
② 访谈资料,南都原编委方三文,2005 年 8 月 9 日,广州。
③ 参见 smiling 电子小组—深度小组,2003 年 10 月 15 日。

例子比较典型地反映出南都深度的生产理念,即:注重挖掘事实背后的深层要素,尤其是体制原因,关注公共事务,维护公共利益。

南都深度的这种公共导向与整个编辑部的价值观基本相通,也与南方报业集团中其他兄弟报纸从事舆论监督、深度报道的理念基本相似。例如2003年9月,前《21世纪环球报道》主编连清川给南都深度小组做培训时曾说①:"老虎分活老虎、死老虎、小老虎。很多人认为死老虎和小老虎打起来意思不大。其实这两者做起来还是很重要。对于一个报道来说,如果只局限于围绕个人来写,那只是尽到了媒体的最小的责任。一个报道主要是要寻找事件背后制度层面的原因,揭示出事件所勾连的官员、公司、团体的利益,要揭示出官员寻租的方式是怎样的,把这个挖出来才能迫使政府寻求制度上的建设。这比单纯打掉一个人重要得多。"

二、采编流程

基于上述操作理念,深度小组在报道题材的选择上确立了自己的新闻价值。新闻价值反映的是报道与读者的关系,是新闻从业者在新闻选择和报道中衡量新闻的标准。方三文用"事件的重大性、地域上的接近性和文化上的共鸣性"来概括南都深度的新闻价值观。

深度小组实行编辑负责制,多数选题由编辑发现和确定。不过,除编辑报题外,记者也可以报题。记者接到报道任务后,即赶赴新闻现场进行采访报道。有时候,一个新闻刚采访完来不及赶回报社,就会被紧急派到另一个新闻现场去。根据要求,记者在外

---

① 参见 smiling 电子小组—深度小组,《新闻报道的现代化》,2003年9月23日。除连清川外,《21世纪经济报道》编委王长春、《南风窗》记者翁宝等也先后给深度小组记者培训。这些从业者对深度报道采写特点、方法和功能的认知比较相似。

采访时应该与编辑保持紧密联系,就稿件采写的进展和思路及时沟通,让身在编辑部的编辑对记者的采访节奏、写作进度和风格等有所掌控,稿件成文后的修改就变得顺畅许多。

记者完成稿件后一般先发给编辑主管审阅。由于深度报道在A叠新闻版上没有固定版面,如果有稿件要见报,负责深度小组的编辑主管在每天下午3—4点的编前会上与区域新闻部副主任沟通,协调版面调配事宜,及时空出版位发表深度作品。如果稿件特别重要,就要多争取版面;如果版面紧张而深度稿件的时效性不强,则需要等一两天①。除了这种常规的采编流程外,深度小组也会承担报社策划的系列报道(如"寻访抗战老兵"系列)或重大报道(如纪念报社创刊十周年),其版面位置、刊载时间都相对固定,无须临时申报、调配。

稿件刊载后,编辑与记者可以通过例会或网上论坛进行交流,就政策风险、报道问题或业务技巧等展开探讨,有时因意见不一致而产生观点交锋。总体上,深度小组内部的组织氛围是比较宽松、民主的。

三、薪酬制度

很长一段时间,深度记者的收入主要包括底薪和稿费两部分,底薪与区域新闻部其他记者一样都是1 000元/月。2004年10月,报社特批深度小组的调薪申请,将深度记者的底薪提高到3 000元/月。具体执行时则分三种类型:① 见习期,到报社3个

---

① 深度小组的主管曾有计划,想把深度的版面和周期固定下来,每周出5期,每天2个版,但操作起来最大的难度来自人手不够、稿件缺乏。截至2005年8月,深度小组有11名记者,如果每周出5—10个版,每个月发表20篇左右的报道,则至少需要15名记者。对南都深度小组来说,这个目标短期内无法实现。

月以内,底薪 800 元/月,稿费按 20% 比例计算;② 转正后一年内,底薪 1 000 元/月,稿费按 60% 比例计算;③ 超过一年,底薪 3 000 元/月,稿费不打折扣①。计算稿费时,编辑主管将根据"评级标准"(见表 5-2)来打分,将稿件分值乘以稿件字数,就是稿费数目。如果一篇 4 300 字的稿件得分为 600,则稿费数目=分数(600)×字数(实际计算时按 4.3 来算),即 2 580 元。据不完全统计,一般稿件记者获得的平均分在 420 左右,即每千字稿费在 400 元左右。深度小组的编辑收入,则按照版面数量来计算。

表 5-2 深度报道稿件评级标准

题目		日期		作者			
		字数					
评语		评分		稿酬			
因素 \ 得分		180	140	100	60	40	
题材的重要性、必然性							
记者主动发现选题、把握采访角度的能力							
采访需要克服的难度							
写作技巧							
见报后的反响,给报社带来的荣誉							

底薪调整之后,相比其他同事或同行来说,南都深度小组编辑、记者的收入尚算可观。通常,一个记者每月写 2 篇左右的报

---

① 在访谈中,部分深度小组记者,尤其是新来报社的记者认为,按照时间长短来发放 20% 和 60% 的稿费计算制很不合理,应该更多看稿件质量,而不能论资排辈。但报社管理者认为这个制度是合理的,初到深度小组的记者需要一个学习和磨合的过程,而且采写稿件过程中会得到编辑和同事的帮助。

道,可以拿到约 8 000 元收入,较之以往(2004 年 10 月前)的 5 000—6 000 元有较大幅提高。不过,报社的出差补贴政策对深度记者来说不够合理。对此,一位报社管理层解释说:"出差补贴的规定是整个报社的系统规定,这个制度不单针对深度,还针对采编、行政和经营。除非我们能说出深度记者必须住的比其他记者更好的理由。"

2007 年 3 月,报社实行新的采编层级激励方案,全报社记者分成不同级别(从助理记者到首席记者),南都深度小组的薪酬考核方式也相应做了调整。记者的月收入主要分四部分:基本工资(按记者的不同等级来确定)+深度津贴(1 500 元/月)+稿费+各类补贴(1 000 多元)。记者每月必须发稿 1 篇,没完成基本任务,要扣掉 1 500 元的深度津贴,但编辑主管视具体情况可以实行豁免(如因突发的新闻禁令而被"毙稿"等)。稿费的考核标准更严格,每月必须完成稿费 3 000 元的标准,如果达不到则要倒扣稿费(如稿费只拿到 2 000 元,距离 3 000 元标准差 1 000 元,需倒扣 1 000 元,实际只发 1 000 元)。此外,由于采取记者分级制度,同事之间的收入差距有所拉开。"以前是你不挣钱没人管你,饿死拉倒;现在不行了,必须完成一定工作量,两个月完不成定额会被调岗,就是说不能当深度记者了。不过,这也是各报社的通例。"①

四、题材选择

如前文所述,南都深度虽然有比较明确的操作理念和选题标准,但实际操作过程中,报道题材仍在不断变化,既要顺应报社自身的市场需求,也要根据舆论环境的变化而调整。就报社的竞争

---

① 访谈资料,南都深度记者谭人玮,2009 年 4 月 19 日,电话。

需要看,南都深度必须更多地关注本地题材,满足本地读者的阅读兴趣;而就舆论环境的变化压力看,伴随2005年国家有关舆论监督的新政策出台,异地舆论监督的空间变得非常小。为此,深度小组不得不调整题材的区域分布。

过去,南都深度主要以调查性报道为主,多为负面、揭黑的监督型题材。2005年8月,根据报社要求和政策压力,新任编辑主管陆晖计划采取一些措施①:第一,在调查性报道受限的情况下,增加特写性新闻和解释性报道,例如聚焦一群人的生活方式或一项重大市政工程等。第二,强化异地报道题材的普遍兴趣。读者的阅读兴趣既有接近性也有普遍性,"我们的深度报道需要本地化,那些不太尖锐但很有价值的本地题材值得报道,这样更容易吸引和满足本地读者。如果做异地题材,必须更注重其中是否有能够引起读者普遍兴趣的价值要素"。第三,改变过去不太注重时效的传统,加强突发性的事件的时效性。观察和思考类报道可适当放宽时效,但必须拿到新材料、新观点和新事实,把报道做足、做够。

我们以2005年8—10月的深度作品为例,来简要分析下这些措施导致的题材变化(见表5-3)。从报道时效看,较强和较弱的各占一半左右;从题材的地域分布看,异地题材占1/2以上,全国和全球题材各有3个、1个,本地题材明显增多,占总比例的1/4,内容涉及广东油荒、社区物业管理和治安状况等,性质相对偏"软";从题材的类型看,传统的社会、时政类仍超过半数,但较之以往,题材更加丰富和多元,视野也更加开阔,既关注超级女声、纪念抗战报道、全球祭孔等娱乐和文化现象,又报道米老鼠中国造、

---

① 访谈资料,南都区域新闻部深度小组负责人陆晖,2005年7月19日,广州。

远洋渔业、新疆棉花产业等经济题材。需要指出的是,由于舆论监督政策的收紧,这三个月中基本没有异地监督类的报道。

表5-3 南都深度版稿件目录(2005年8—10月)

序号	文　章　标　题	题材(地域/类型/时效)	时　间
1	《链球菌击中川猪产业软肋》	异地/社会/较强	8月3日
2	《广东缺油现象调查》	本地/经济/较强	8月19日
3	《"中国医改第一市"医疗现状扫描》	异地/医疗/较弱	8月22日
4	《超级女声:以娱乐的名义"暴动"》	全国/娱乐/较强	8月26日
5	《解剖深圳宝安治安困局》	本地/社会/较强	8月29日
6	《曾云高暴富之谜》	本地/社会/较强	8月30日
7	《一场"抢救记忆"的媒体运动》	全国/时政/较弱	9月1日
8	《父母溺爱 从小胡作非为》	异地/人物、时政/较强	9月2日
9	《刺字疑凶来自小山村》	异地/社会/较强	9月2日
10	《"专杀'小姐'是因没人会管"》	异地/社会/较强	9月3日
11	《30年黑户人生》	异地/人物、时政/较弱	9月10日
12	《民工王斌余的怒与悲》	异地/人物、时政/较强	9月11日
13	《米老鼠中国造的困惑与启示》	全国/经济/较弱	9月13日
14	《黄河"黑污染"》	异地/环境/较强	9月17日
15	《假录取通知书的传销模式》	异地/教育/较强	9月20日
16	《贫困生的生死阄》	异地/教育/较弱	9月21日
17	《广州:业委会选举风生水起》	本地/社会/较强	9月24日
18	《丽江花园选战》	本地/社会/较强	9月24日

续 表

序号	文 章 标 题	题材(地域/类型/时效)	时 间
19	《全球祭孔：政治话语投石问路》	全球/时政/较强	9月27日
20	《远洋：中国渔民眼里的海妖》	异地/经济/较弱	10月1日
21	《新疆,全民动员采棉忙背后的"拾花工"大战》	异地/经济/较弱	10月10日
22	《"工人房"买卖劳工黑网络调查》	本地/社会/较弱	10月11日
23	《为受害幼女处女膜"定价"》	异地/社会/较弱	10月19日
24	《寻找朱谌之烈士遗骸经历》	异地/人物、社会/较弱	10月21日

尽管如何加强本地贴近的问题始终困扰着南都深度的编辑、记者,毫无疑问的是,真正影响深度报道题材选择的关键因素始终是政治控制。通过观察不难发现,南都 2005 年减少异地监督、增加本地报道的调整只是暂时的,随着舆论环境的逐步放宽,深度报道又逐渐将题材选择的重点回归到异地舆论监督上。以 2006—2007 年南都"深度调查报道奖"的获奖作品看,几乎都是异地报道：2006 年的金奖作品是龙志采写的《重庆彭水诗案》,银奖是喻尘、王吉陆、卢斌采写的《"上海器官移植人体试验疑云"系列调查》；2007 年的金奖是袁小兵、谭人玮采写的有关重庆钉子户的调查报道。2008 年"深度调查报道奖"的提名作品也几乎是异地题材(见表5-4)。若要对原因略加分析,则简单而明显：从全国角度看,中央的异地监督政策有所放宽,南都报道外地负面题材的机会比过去大大增加；从区域角度看,监督本地远比监督异地难得多。笔者将中国语境中的舆论监督模式概括为两种(张志安,2008：23)：以 CCTV《焦点访谈》为代表的

行政监督,以《南方周末》为代表的异地监督。南都深度的模式属于后者。

表 5-4 2008 年南都"深度调查报道奖"提名作品

序号	作者	报道名称	见报版面及日期
1	上官皎铭	《南街真相》	2008 年 2 月 26 日 A 叠第 14—17 版
2	饶德宏、韦星、刘辉龙等	《黑色交易——凉山童工调查》	2008 年 4 月 28 日东莞新闻特别报道 A 叠第 26—33 版
3	黄长怡	《〈苦恋〉被严厉批判的未公映电影》	2008 年 4 月 6 日 B 叠第 24—25 版
4	龙志	郴州纪委书记曾锦春系列调查:《"三不倒"书记的跨掉》、《曾锦春:从农家少年到恐怖的掌权者》、《专案组总指挥揭秘曾锦春"两规"始末》、专访《郴州纪委这两年:走出曾锦春阴影》	2008 年 4 月 17 日第 A13—14 版,11 月 21 日第 A28—29 版,11 月 22 日第 A20—22 版,11 月 23 日第 A16 版
5	喻尘、卢斌、左志英、谭人玮、杨晓红	《追踪三聚氰胺》系列报道	2008 年 11 月 27 日 A 叠深度版

南都提出口号要做"中国最好的报纸",而这些放眼全国视野、维护公共利益的深度报道作品恰是口号的最佳注脚。一份有责任感的报纸应该承担让本地读者完整了解外部世界的责任。一般来说,像南都这样的区域性报纸,以本地新闻为主是毋庸置疑的,但深度报道应该发挥特殊的使命:向读者展现真实的中国,而绝非只是真实的广州或广东。因此,有必要鼓励深度小组通过报道中国来加强其全国影响。

五、报道特点

南都深度报道的文体主要是调查性报道、对话体报道两大类,多数记者主要给深度版写稿,因此,调查性报道所占比例最大,每月见报10—20篇不等,而对话主要由专职记者姜英爽操作,每月发表2—3篇。

一般来说,调查性报道主要有三个特点:报道题材是关乎公共利益的事件,主要指向政府或商业腐败;记者主动参与性报道方式,大多数是个人调查;报道的内容主要是负面新闻。如同美国学者威廉·C·盖恩斯(2005:1)的概括:记者原创而非公共机构调查,提供没有进取精神不能披露的信息,对公众具有重要意义等。除了题材选择和报道方式之外,调查性报道的文本强调事实的准确和表达的冷静。编辑陈志华曾用"客观、平实、理性"来概括南都深度的报道特点:"所谓客观,是指坚决戒绝记者任何的主观臆测、主观评价,一切让新闻事实本身说话。所谓平实,则是要求记者的感情不带倾向,或尽可能地不外露。所谓理性,是《南方都市报》深度报道追求的另一种重要品质。在写作上它体现为'不唯上、不炒作、不媚俗、重思辨'。"(转引自蒯威,2003)在他看来,写作背后的新闻原则说易行难,要坚守公平公正,坚守新闻规律,坚决规避一切宣传八股。

通过阅读,笔者对南都深度报道特点的印象是:以事实为准则,结构清晰、语言朴实,适当追求风采、强调感染力。例如颇具代表性的经典作品《被收容者孙志刚之死》,在采访手记中,记者这样盘点其文本特征:第一,叙述平实。虽然事件令人动容,但叙述不带明显倾向,尽可能不外露感情,而运用细节来增强说服力和感染力。第二,结构清晰。该文加上引言和结语共有6个部分,主体部分用四个小标题"孙志刚死了"、"孙志刚是被打死的"、"孙志刚是被谁打死的"、"孙志刚应该被收容吗"揭示了记者调查所获得的基本事实,"读者阅读起来非常容易,是一种易读、好懂的结构"。第三,逻辑严密。段落关系清楚、事实准确无误,"文中事实皆有出处,同时,凡涉及观点的地方,一定紧跟着有力的例证,使想挑毛病的人也无话可讲"(陈峰,2003)。由于调查性报道题材敏感,容易受到权力干预或招致麻烦,为了规避风险,保证事实准确是新闻生产的基本要求。深度记者都深知,事实准确不仅是新闻报道的专业规范,也是自我保护的最佳方式,尤其像"孙志刚事件"这样触及一些政府部门利益的报道,更加要小心求证、核实细节。

在保证事实无误、结构清晰、语言朴实等特点的基础上,南都深度主管也比较鼓励记者进行文本创新,增强报道感染力。"文本要比较感性,所传达出来的东西要特别有感染力,这是深度报道的基本属性。""南都的深度操作跟《南方周末》有一些勾连,但我们的深度报道更愿意强调不土,有现代感,某种意义上说,还是要学国外的,如《华盛顿邮报》,故事和细节有张力。"① 以丰鸿平采写的《活在煤毒中》(2005年3月2日)为例,该文适当运用了一些特稿笔法,使文章读起来更加生动、形象,比如:"邵先进说着说着开始哽咽,眼泪像是从枯井里溢出的混浊的水,渗透过满脸重叠蜿蜒的皱纹。""他把手伸开给记者看,那也是一双癞蛤蟆皮一样的手,长满了玉米粒一般大的痱子,黑黑的一片。""贫穷是和砷毒、氟毒一样严重的顽疾。贫穷的地区,食物结构单一,房屋居住条件差,厨房和居室合为一体,健康意识差,所以更容易患上氟病砷病,而一

---

① 访谈资料,南都原编委方三文,2005年8月9日,广州。

旦患病,就会更加贫穷。"

除调查性报道外,对话体报道是南都深度的另一种典型文体,以记者与采访对象之间的对话内容为写作形式。这种文体的报道能量在南都被充分挖掘,并进而成为南都深度的品牌。曾专事对话版的记者李思坤认为,这种源自广播节目的报道形式经过报纸平面化的实践后,"实际上已经创造了一种区别于传统文体的新传播方式,而成为一种新的媒体'生产方式'"。对话体报道能够表达一般新闻所不具备的不确定性,还原对话的动态过程,具有很强的现场感,而且,对更加直观地展现人物内心世界,原汁原味的对话也具有更高的可信度和亲切度(李思坤,2002)。

南都的对话报道,一般包括新闻背景、人物简介和对话实录三部分,有时候会配上采访手记。根据笔者的阅读分析,南都对话作品主要有三个特色:首先,能够通过原生态的人物话语揭示新闻人物丰富的内心世界或鲜明的性格特征。如对话记者姜英爽[①]所言,"对话的精彩,一定要把这个人物做透,做到淋漓尽致,不在于文章长短,关键在于你的这个采访者的性格、内心想法要跃然纸上,要让他说真话,要让你的读者看下去"(姜英爽,2003)。其次,精彩的对话交锋中伴随的情感变化引人入胜、如临其境。最后,及时寻访到事件风暴中心的人物对话,可以提供一般报道所不能传达的幕后故事、背景或原因。实际上,单就文体形式而言,对话报道体例呆板、单一,只有在对话中展现环环相扣的问答和波澜起伏的情绪,才能吸引读者一气呵成地读完报道。因此,对话报道要做到既深刻又生动,对记者采访技巧和

---

① 南都对话主要由记者姜英爽操作。感兴趣的读者可以浏览其个人网站"与英爽对话"(www.yingshuang.com),或浏览南方报业网《南方都市报》栏目的对话版块。

提问水平提出了非常高的要求。

第三节 个案分析:"孙志刚事件"报道[①]

2003年,"孙志刚事件"成为全社会高度关注的焦点。一个公民的意外死亡引起了一股媒体报道的热潮,激发了从网民、记者到社会群体广泛而强烈的意见表达,并迅速从民间呼吁发展为学者谏言,进而影响政府决策,由此,形成了上下呼应和积极互动,最终促成了一项制度的变革。有不少评论说,"一篇报道废除了一项制度"。若从新闻生产的动态过程来考察,事实远比这句话要复杂得多,也更令人玩味。

"孙志刚事件"与其说彰显了转型社会中媒体的监督功能和社会意义,不如说体现了新闻报道、公众与精英表达、政府决策之间的多元互动。当然,若非新闻报道,"孙志刚事件"能否(或至少在彼时彼刻)成为公共事件、成就历史意义委实难说。其中,《南方都市报》的报道发挥着重要作用,在全国率先刊发的《被收容者孙志刚之死》一文更具有石破天惊的意义。

[①] 此节除运用笔者对南都总编辑、主任、记者和编辑的访谈资料外,未单独注释的部分主要参考:陈峰:《报道手记:孙志刚事件采访记》;姜英爽:《冷静地用客观事实把孙志刚案的真相告诉人们》,《南方都市报》2003年11月8日;《陈峰:我在新锐媒体做记者》,人民网强国论坛,2003年11月19日;蓟威:《深度报道见证历史的进程》,《南方都市报》2003年8月2日;陈峰在杭州"深度报道培训班"的讲课提纲《孙志刚案件报道的前前后后》,2004年8月,未发表;陈志华:《〈孙志刚之死〉的报道技巧及"孙志刚事件"的意义》,《南方新闻研究》2003年9月5日第27期。

一、采编过程

"孙志刚事件"的经过大体是这样的:2003年3月17日晚,大学毕业两年的孙志刚被带至广州黄村街派出所,次日被送往广州收容遣送中转站。当天,又被送往广州收容人员救治站,20日上午不治而亡。救治站的护理记录认为,孙志刚因脑血管意外和心脏病突发而猝死。但孙志刚家属对警方的解释不信任,到有关部门多次上访投诉均未受理。

2003年3月底,南都记者陈峰浏览网络论坛"西祠胡同"(www.xici.net),在一个名叫"桃花坞"的讨论区看到一个北京女研究生发帖说:一个同学的同学莫名其妙地死在了广州,家人正在四处奔波想弄明白原因①。起初,他并没有意识到这个新闻有多大价值,只当作一个普通的线索。出于职业敏感,陈峰打电话联系上那个女研究生,拿到了孙志刚同学的联系方式。"当时,我并不认为这是一个可以发表的报道。"事后,他在报道手记中曾这样描述最初的想法:"没有谁说过这样的案件不可以报道。但是,在内地工作多年以后,我已经习惯于先去衡量一个报道的风险,而不是这个报道的新闻价值。"

孙志刚家属只带了一张情况说明就来到南方都市报社。陈峰建议他们,别放弃向公检法机关投诉,同时找律师尽快做法医鉴定。"送走他们以后,我跑去找主任王钧,请示这件事可不可以报道。王钧说,可以报道。这是我最早得到的答复。实际上,一直到最后,上级给我的答复大概如此,除了加一些要采写扎实的附加条

---

① 据悉,"西祠胡同"的"桃花坞"版版主之一是《中国新闻周刊》的记者。由此可推断,应该有不止一个记者看到这个材料,而唯独《南方都市报》做出最快的反应。

件。"此后,由于要到外地出差,这个线索交给了负责本地深度报道的同事王雷。从4月初到中下旬,王雷一直在跟踪关注此事。20日左右,法医鉴定结果显示,孙志刚是被打死的。记者非常震惊。"把情况向副总编辑杨斌做了汇报,再次得到可以报道的确认。杨斌反复叮嘱,一定要采写非常扎实,完全以事实说话。"随后,记者对相关事实进行仔细调查、核实,采访派出所、收容站和民政局等有关部门时都遭遇了阻力。

从接触线索到发稿,累计约一个月,实际的采访进行了十天左右。主要消息源包括孙志刚家属、同学、法医鉴定、律师取证和收容管理条例等,次要消息源有法医、民政局、医生和人大专门委员会等。考虑到题材敏感,有关单位可能会拒绝采访或干预报道,两名记者先以"孙志刚同学"身份进行调查。"事实证明,这一采访策略对报道的顺利出笼起到了积极的作用。在取得尸检报告及孙志刚的家人、同学、律师提供的大量证据后,记者开始正面出击,就孙志刚之死采访黄村街派出所、广州市收容站及收容人员救治站及其相关主管部门。"(陈志华,2003)采访中,两名记者获得的书面证据非常确凿,主要是律师取证及法医鉴定。他们发现,从孙志刚被收容到死亡只去过三个地方:广州黄村街派出所、广州市收容遣送中转站和广州收容人员救治站。他被打的事实很清楚。

即便如此,编辑部在刊发这篇报道时依然非常谨慎。在和编辑陈志华、副总编辑杨斌讨论过报道思路后,陈峰和王雷于4月24日下午6点开始写稿,晚上9点半交出6 000字稿件。大家围绕标题进行反复推敲,先打算突出孙志刚大学毕业生的身份,用"大学生被收容"、"大学生被打死"等,又觉得不妥,"大学生"的提法过于强调身份,有贴标签之嫌,而"被打死"的说法虽然符合事实,但毕竟不是记者亲眼所见。最后,杨斌决定用"被收容者孙志刚之死"做标题。配图的是摄影记者景小华,他拍了一张孙志刚弟弟孙志国拿着哥哥的自画相、在画相后面露出双眼的照片。

4月25日,《被收容者孙志刚之死》正式见报,《南方都市报》成为国内第一个报道"孙志刚事件"的媒体。这篇报道给出了三个事实:第一,孙志刚死了,"先被带至派出所,后被送往收容站,再被送往收容人员救治站,之后不治";第二,孙志刚是被打死的,"死前几天内曾遭毒打并最终导致死亡";第三,按规定,孙志刚"有工作单位,有正常居所,有身份证,只缺一张暂住证",本不该属于收容对象。由于一些采访受到的推诿和阻挠,对孙志刚到底是被谁打死的,记者并没有直接给出结论①。编辑部发稿时对报道中涉及的事实胸有成竹,之所以只陈述事实而不作主观判断,既是新闻报道的职业要求,也可以规避报道失实的风险。同时,这篇报道的风格也非常平实,文字简洁,通篇白描。"很多人再讨厌《南方都市报》,也没有人怀疑孙志刚这篇报道的真实性,因为我们所有的细节都有交代来源、交代出处,而且都是可信的,官方最后也没有质疑。"记者陈峰如是说。

同日,《南方都市报》还在A2版配发了编辑孟波的评论《谁为一个公民的非正常死亡负责?》。文章指出:"我们目前尚无法断定孙志刚到底是在哪一个环节被打的。但是,这并不妨碍我们追问这样一个问题:谁该为一个公民的非正常死亡负责?具体而言,有两个问题。一个是孙志刚该不该被收容?……第二个问题是,即使孙志刚属于收容对象,谁有权力对他实施暴力?当然,现在事实远没有水落石出。在事实没有调查清楚之前,我们对谁都无法指责,对谁的指责都是不负责任的。但是,总应该有人对孙志

---

① 参见陈峰、王雷:《被收容者孙志刚之死》,《南方都市报》2003年4月25日。

刚的非正常死亡负责。"①

"在孙志刚报道之前,《南方都市报》和很多广东的机关单位关系都处得不是很好……因为《南方都市报》更愿意报道事实,触动了一些机关单位的利益,引起了他们的误解。"在决定是否刊发的判断上,时任总编辑程益中起着关键的决策作用。在南都,他不断告诉下属,记者的职责就是报道事实真相,舆论监督要监督强者而不是监督弱者。南都编辑部还不断灌输这样的理念:什么是该报道或不该报道的,这不是记者操心的问题。对此,记者心里非常清楚:"作为一个记者,这篇报道我只是完成了我的工作,真正的良心、正义属于程益中他们。他不点头,我这个报道是不可能见报的。而且大家都知道,这个报道发出来最大的风险不是我本人,而是他们。现在事实也证明是这么一回事。"

二、后续进展

4月25日上午6点,副总编辑杨斌就睡不着觉了,一直等到8点半政府部门上班后,赶紧打电话询问有什么反应②。新浪网当天转载后,短短几个小时就出现数千条评论,南都报社9楼报料室的热线电话响个不停,"一位老板说,他曾经被收容过6次"③。此后发生的事,更是记者始料未及的。

4月26日,不少媒体转载《南方都市报》的文章,并开始对此事进行追踪报道,"孙志刚事件"迅速引起海内外人士的关注。《北京青年报》连续发表《大学生命丧收容所》、《大学生命丧收容

---

① 参见《谁为一个公民的非正常死亡负责?》,《南方都市报》2003年4月25日。
② 参见南方都市报:《八年》,南方日报出版社2004年版,第187页。
③ 参见陈志华:《〈孙志刚之死〉的报道技巧及"孙志刚事件"的意义》,《南方新闻研究》2003年9月5日第27期。

所追踪》等多篇报道,内容涉及孙志刚家属此前赴各部门追问死因、连遭碰壁等情况。同时,各大新闻网站,如新浪网、人民网等,也纷纷开设专题。中山大学教授艾晓明是第一个对此事发文的学者。她在网络评论中写道:"如果连他这样的人都无法躲过执法者对外来工的无情蔑视和残暴杀害,多少外来工要生活在恐惧中?广州是一个美丽的城市,每天的楼盘广告都在渲染新生活的美丽;但如果一个外来工无权享受夜晚上街的自由,这种美丽又有什么意义?"①

4月27日,广州天河区公安分局给孙志刚的家属送去2 000元慰问金,遭拒绝。5月12日,孙志刚案被迅速侦破。广东省委宣传部在一份通稿中写道:孙志刚被故意伤害致死案发生后,中央和省委领导高度重视。中共中央政治局常委、政法委书记罗干多次作出重要批示,明确指示要坚决依法彻查此案;中共中央政治局委员、省委书记张德江指示:一定要依法从严惩处凶手,维护法律尊严,维护人民群众合法权益。据省市联合专案组调查显示,孙志刚先是被黄村街派出所的民警错误收容,后被送到广州收容人员救治站,在救治站"护工"乔燕琴的指使下,同病房8名被收治人员对其两度轮番殴打,致其死亡。

经过媒体报道、网民热议和学者评论之后,"孙志刚事件"已经从一个公民遭遇的恶性刑事案件演变成引起人们反思、批判收容遣送制度的"导火索"。5月16日,许志永、俞江、滕彪3位青年法学博士以中国公民的名义上书全国人大常委会,提出对《城市流浪乞讨人员收容遣送办法》进行"违宪审查"的建议。5月中下旬,

---

① 这篇文章可以在www.xici.net等各大论坛上查阅。值得一提的是,艾晓明教授不仅最早针对"孙志刚事件"公开发表文章,还曾主动约见孙志刚家属,送去她和学生的捐助款1 000多元。

茅于轼、盛洪、贺卫方、江平、秦晖、沈岿等知名学者就收容制度进行研讨。23日,贺卫方、盛洪等5位知名学者同样以中国公民的名义联合上书全国人大常委会,提请就"孙志刚事件"及收容遣送制度实施状况启动特别调查程序。

案件惊动了中央,中央领导作了批示①。6月5日,"孙志刚案"在广州市、区两级人民法院的三个法庭同时公开开庭审理,广州市有关部门此前已对20余名责任人作出党纪、政纪处分。6月19日,《南方周末》发表评论文章《实现社会公正,哪怕天塌下来》②,强烈呼吁废除不合理的收容制度。6月20日,时任国务院总理温家宝签署国务院第381号令,公布自8月1日起施行《城市生活无着的流浪乞讨人员救助管理办法》,1982年5月国务院发布的《城市流浪乞讨人员收容遣送办法》同时废止。

我们再来简要回顾下刊发《被收容者孙志刚之死》后,南都进行跟踪报道的情况。事件被公开后不久,广东省委和广州市成立联合专案组。在调查结果未出台之前,南都先暂停了对此事的直接报道,改由评论版从4月25日开始连续发表系列社论和多篇时评。5月17日,即3位法学博士上书次日,南都发表了专访文章并配发评论《收容制度究竟应向何处去》。该文既考察了收容制度的历史,评价了收容制度的是非,还强调应该尽快改进此项制度。同日,南都还发表了对刚递交《收容制度应尽快立法》提案的全国政协委员黄景均的专访文章,再次强调应该尽快"收容立法"。

5月27日,南都再次就收容制度推出4个版的特别报道,揭示

---

① 参见南方都市报:《八年》,南方日报出版社2004年版,第187页。
② 此文后被《南方都市报》年终盘点专题《致敬!2003中国传媒》评为"致敬之年度时评"。参见《南方周末》2003年12月31日。

出更多与收容有关的事实。比如：收容本该限于流浪乞讨者，收容制度本来就是救济制度，《广东收容遣送管理规定》在执行中变了味，天津收容站"想来就来想走就走"的模式具有示范意义等。同日，发表长篇述评《六问收容制度》，直面应该怎样寻找收容制度的出路。6月5日，及时报道了"孙志刚案"有关23名政府官员受到处分的结果。6日在头版报道"孙志刚案"的开庭消息，10日报道了宣判结果。6月19日，发表社评《永远告别"孙志刚悲剧"》。

随着收容制度的正式废止，"孙志刚事件"才正式画上句号，《被收容者孙志刚之死》一文成了南都深度报道史上的经典之作，南都也因其对收容制度废除的政策推动而必将在新闻史上刻下烙印。有编辑甚至认为，南都的深度报道历程就是以这篇文章为起点的。此外，这篇报道给记者也带来了巨大的职业荣誉，报社分别奖励记者陈峰、王雷和编辑陈志华10 000元、5 000元和1 000元，《南方周末》在《致敬！2003中国传媒》的盘点专题中，把"致敬之年度舆论监督"授予《被收容者孙志刚之死》，并在"致敬理由"中说："一项国家法例竟因一篇报道而终止，在中国当代新闻史上似乎还是第一次。这固然是尊重民意的结果，也与媒体的持续推动有关，而《南方都市报》的首发之功，尤不可没。一枝纤笔，可以改变世界，以新闻监督推动社会进步，其力量由此可见。"[①]

三、动因分析

有研究者(汪凯，2005：3)认为，孙志刚案虽然有其独特的当下情境，但作为民意借助媒介影响政府决策的典型确实具有代表

---

① 参见《致敬！2003中国传媒》，《南方周末》2003年12月31日。

性,媒介在当代中国的政策过程中不仅是宣传者和动员者,其角色和功能的变化也以渐进方式得到呈现。分析南都对"孙志刚事件"的报道不难发现:《被收容者孙志刚之死》及后续报道体现出南都管理层的胆大心细、深度报道记者的专业水平,而由此引发的公众和学者对"孙志刚事件"的关注、参与,以及最终政府决定废除收容制度的结果,体现了转型期复杂的政治生态、媒介生态和社会生态。从事件发生的过程看,《被收容者孙志刚之死》是重要的"引力",《南方都市报》、《中国青年报》、新浪网等媒体的广泛报道是重要的"推力",而传媒、公众、学者、政府共同的"合力"则促成了事件的最终结局。

笔者试图从南都编辑部场域的内因和外因两方面来分析。从组织内部因素看,《南方都市报》刊发《被收容者孙志刚之死》一文体现出管理层颇具胆识的判断能力和记者扎实的采写功底。此后,评论与报道联动的生产方式体现出比较成熟的新闻操作技巧。从组织外部因素看,南都的第一篇报道提供了公众讨论的基本事实和触发公众舆论的"导火索",而网络媒体的转载和网民的积极表达、同行媒体的响应和持续跟进、著名学者的积极研讨和上书、"非典"时期特定的社会情境等多种因素共同推动了收容制度的废止。

1. 场域内因

从场域内因看,《南方都市报》能够独家率先报道"孙志刚事件",必然性大于偶然性。偶然性在于记者碰巧在论坛上获得线索,必然性则主要取决于南都新闻生产的价值观和南都深度的生产机制,即南都编辑部场域的结构性特征。与同类媒体相比,南都拥有更大的自主性,强调对新闻事实负责,避免自我设限,鼓励突破条框、探究真相。这种新闻价值观既被管理层所倡导,也被多数记者和编辑所认同。正是本着对事实负责、对公众负责的专业态度，"孙志刚事件"才能够最先被南都报道，而非其他媒体。

从新闻生产过程看，程益中、杨斌等报社管理层起着至关重要的作用，稿件能够见报很大程度取决于他们的判断能力和决策勇气。实际上，记者陈峰和王雷接触这条线索时，考虑到涉及政府部门的利益，而且事情责任重大，都产生过是否要做的怀疑。"遇到敏感题材，特别是重大的负面报道，采访前都会先自我审查一番：这条新闻能不能做？"在长期的新闻实践中，尽量避免敏感报道或触犯宣传纪律是诸多媒体的新闻准则，有些媒体甚至形成了避而远之的习惯，只要碰到敏感的新闻线索，在报料阶段就会胎死腹中。而在南都，敏感的东西并不那么容易被规避，反倒更容易得到重视。记者就孙志刚这个线索能否做向领导请示时，领导当即答复："去采访，稿件最终能不能见报是要看它的质量好不好。"①

采访和写作过程中，报社同仁及管理层给两名记者以强力支持。杨斌不断地叮嘱"一定要准确、客观"，探讨报道框架和文风时强调"越敏感的题材越要客观、冷静"；评论员孟波撰写时评，以配合报道，发出报社的观点；编辑陈志华特意查找引证那几天的气象资料，帮助记者写出"3月17日至3月20日的有关气象资料表明，广州市温度在16℃—28℃之间，这样的天气，孙当然不可能'穿得像冬天一样'"。最后付印前，大家还在做一次又一次的检查……这篇报道最终能够见报，是记者、同事、领导对事实进行严格把关的结果。"记者陈述已知的事实，没有一句关于孙志刚被谁打死的主观臆测，没有一句指证谁是凶手的断言。事实证明，它规

---

① 参见南方都市报：《八年》，南方日报出版社2004年版，第181—182页。

避了失实的风险,无懈可击,然而力量不减。"①

报道"孙志刚事件"的记者陈峰并不认为收容制度的最终废止跟南都的报道有必然联系。"如果我不写孙志刚报道,迟早会有人写孙志刚报道的。""我的成功肯定是一种偶然,但是我感觉《南方都市报》的成功应该是一种必然,因为我们在深度报道组的时候,领导和编辑给我们提出的要求就是努力向事实真相靠近。所以《南方都市报》总有一天会出类似于孙志刚这样的报道,只是一个或迟或早的问题。对于一个记者来讲,我觉得报社或者新闻的平台是非常重要的。没有《南方都市报》那种新闻理想的支撑,我想我们也很难做出孙志刚这样的报道。"在他看来,记者的最大职责是忠实地报道事实,"孙志刚这个案件的反响在于大家从这个报道自己去推论这个制度是不对的,因为我给大家提供了一个非常好的事实基础,之后的工作由别人来完成,别人的智商足够了,他可以自己去追问制度"。

关于"孙志刚事件"的报道成为南都深度报道的标杆,也给整个南都报社带来极大的社会声誉这个评价,执行总编辑庄慎之却保持着一份警醒:"我们认为,保持冷静和慎重对南都未来的发展更重要。我们不能靠三天两头弄一个孙志刚案件那样爆炸、尖锐的报道来达成,这是一个水滴石穿的事情。"②

2. 场域外因

首先,其他传统媒体的快速反应和跟踪报道发挥了彼此呼应、共同推进事件发展的积极作用。其中,以《中国青年报》、《北京青

---

① 参见南方都市报:《孙志刚:公民权利的符号》,载《八年》,南方日报出版社2004年版,第180—187页。

② 访谈资料,南都副总编辑庄慎之,2005年8月,广州。

年报》《南方周末》等报的表现最为突出。

以《中国青年报》为例(汪凯,2005:21),2003年5月16日发表报道《三位中国公民依法上书全国人大常委会,建议对〈收容遣送办法〉进行违宪审查》;19日发表评论《三位中国公民上书意义重大》;21日在头版发表报道《宪法学家呼吁我国建立违宪审查机制》,第7版则几乎用整版刊登《三位法学博士的法律思考》、《我国违宪审查机制存在缺陷》、《全国人大法工委答复三位公民建议书》、《总有一天,回归到不需要暂住证的时代》、《与收容遣送有关的四个名字》5篇文章;28日,发表《五位法律专家针对收容遣送制度提请全国人大启动特别调查程序》等报道。仅5月16日—6月11日不到一个月间,《中国青年报》就发表"孙志刚事件"相关报道20多篇。

此外,《工人日报》详尽播发了收容制度专家研讨会的内容,《瞭望》杂志发文探讨"从孙志刚事件透视中国违宪审查制",《人民日报》剖析《孙志刚案还能走多远》,《中国新闻周刊》、《三联生活周刊》、《南风窗》等相继以深度报道探寻"孙志刚事件"的真相和责任由谁承担等问题,中央电视台《焦点访谈》、《经济半小时》等专门制作专题节目(陈志华,2003)。总体上,这些报道从关注事实本身逐步延伸至反思制度原因,使公众在一定时间内对"孙志刚事件"始终保持高关注度,使各方意见的表达在较短时间内形成汇聚、达到高潮。

其次,网络媒体快速发布、广泛参与和突破限制的传播优势极大地促进了公众对"孙志刚事件"的关注,论坛中的讨论、激辩、质疑和呼吁也相当开放、积极地反映出公众意见和社会舆论。

之所以要单列网络媒体进行分析,是因为在"孙志刚事件"的报道中,网络媒体既是汇集发布平面媒体报道的传播载体,又是网民进行自由表达的公共空间。它还是南都报道"孙志刚事件"的消息来源。在整个事件的进展过程中,网络扮演着消息源的传播者、新闻报道的汇集者、公众意见的表达者等多种角色,具有不可低估的特殊作用。

《被收容者孙志刚之死》一文见报后,立即被新浪网等网络媒体转载,同时,凤凰网、新华网、人民网也开始关注、转载,快速制作、推出"孙志刚事件"的新闻专题,每日滚动更新,既有新闻图片、动态消息,又有背景链接、调查投票等,充分发挥网络媒体的传播优势。2003 年 4 月 25 日,仅新浪论坛的讨论帖子就多达 30 000 多条①。网络媒体的海量传播和互动特征使其成为网民了解"孙志刚事件"的便捷渠道。更重要的是,网络论坛相对自由、开放和随意的特性,在给此事件最初消息源的转帖提供了突破封锁的渠道后,又给数以万计的网民提供了无可替代的表达空间。这些意见汇集成强大的舆论,体现了主流的民意,极大地推动着事件的进展。

再次,以法律学者为代表的知识分子积极参与、上书谏言、评论呼吁,不仅给新闻媒体的相关报道提供了持续的线索及内容,也成为反映主流民意的重要声音和促进政府决策的强大力量。

如上文所述,"孙志刚事件"报道刊发后不久,许志永等 3 位法学博士以及贺卫方、盛洪等 5 位知名学者,先后以中国公民的名义上书全国人大常委会,提出对收容遣送办法制度进行调查;茅于轼、贺卫方等知名学者先后就收容制度进行专题研讨;此外,秦晖、江平、何怀宏、徐友渔、季卫东、旷新年、张广天、何光沪、艾晓

---

① 笔者 2006 年 2 月 23 日通过搜索引擎 Google 和 Baidu 键入关键词"孙志刚",分别有 536 000 条和 245 000 条网页内容,仅 Baidu 的"新闻"查询结果就有 11 300 篇。

明……这些法学、文学、经济学领域的著名学者也纷纷投书媒体或发表意见。"近年来,从没有哪一次事件能这么广泛、这么大程度地激发起知识分子的良知和社会担当感,而这股被激发起来的热情对中国社会的进步弥足珍贵。"(陈志华,2003)除全国各地学者参与外,广东本地政界人士也快速反应。4月25日,《被收容者孙志刚之死》见报当天,广州市多名政协委员就倡议召开讨论会,要求彻查事件真相,市人大代表朱永平提交议案建议由检察、公安、人大代表等部门组成联合调查组。

最后,社会变革的大环境和"非典"时期的小环境也对"孙志刚事件"报道功能的放大和收容制度的废止起着重要的作用。

"孙志刚事件"是一起涉及公安和司法腐败的恶性案件,大学生遭受毒打致死的事实也极富悲剧性,因而非常能激发公众关注、同情和愤慨。值得注意的是,公众和传媒针对收容遣送制度的诟病由来已久,此前《南方周末》等报发表的文章也曾引起社会关注和反思。"孙志刚事件"的发生,恰好给社会再度关注、讨论和批判收容遣送制度提供了"导火索"。由于孙志刚的遭遇非常直接、赤裸地暴露出这项制度的缺陷,而且恶劣、悲剧的情节又恰能激发公众的不满情绪,所以经由媒体报道后,公众对一个公民个体悲剧的同情才快速转变成对一项制度缺陷的声讨①。

"孙志刚事件"发生在2003年也许有偶然性,但能够在2003年以特定方式得到解决,则与中国社会当年的情境密切相关,这种情境并非是一朝一夕的结果——20多年的改革开放,市场机制转轨、政治文明推进、法律意识普及等都在推动社会向更民主、更开

---

① 访谈资料,2005年7月18日。一位接受笔者采访的南都编辑认为,包括专家参与、网络的转载和积极表达、"非典"时期的社会情境等很多因素导致"孙志刚事件"的结果。

放的方向发展,也在促使政府行为和决策更加开放透明、尊重民意。同时,普通公民重视和维护自身权利的意识、利用网络等媒体进行意见表达的能力也在不断强化和提升。

《被收容者孙志刚之死》发表之际,正值中国突发"非典"的高峰期。此前,卫生部门瞒报"非典"疫情,引起一些地区谣言四散和国外组织的批评。2003年4月中旬,中央政府要求各地及时通报疫情,并罢免了两名部级高官,由此大大提高了重大公共危机事件的信息透明度。随着"非典"疫情的每日通报和大众传媒的大量报道,公众对自身的生命安全和人身权利表现出前所未有的重视,同时对政府信息公开的认知和需求也得到了相当程度的强化。在这个时候,"孙志刚事件"的进展便有了更加开明的政治环境和社会基础,更宽松的报道环境和舆论氛围,也就具备了得以快速解决的现实条件。当然,中央顺应民意、果断决策,作出废止收容制度的决定,既体现了政治文明的提升和社会改革的进步,也体现了政府以人为本的执政理念和务实高效的工作作风。

第四节 深度报道与社会控制的互动

深度报道的最高旨趣在于揭示真相,在现实的社会控制中,其抵达真相的路径必然是曲折而又复杂的。根据笔者的田野考察,在南都深度报道的实践过程中,新闻生产与社会控制之间的互动主要呈现以下特征。

一、策略突围:政治控制的协商机制

从组织内部因素的影响看,日常的消息生产更具有组织化特征,基本遵循编辑流程和编辑部新闻价值观来执行,个人发挥的自由空间较小,而深度报道的新闻生产更具有个人化特点,更加依赖从业者的随机判断和临场发挥。从组织外部因素的影响看,与常规的新闻生产相比,深度报道更容易受到政府与宣传部门的限制与约束,怎样与政治控制之间保持理性互动是从业者必须考虑的首要问题。

南都的深度报道主要以社会、时政类题材为主,多为负面问题,大量涉及异地舆论监督,很容易触及一些政府部门的利益或受到宣传部门的政策约束。为此,从业者必须保持审慎态度,确定选题时须考虑政治风险,发稿时经常要再三度量,在稿件采写过程中或发稿前也不时因宣传禁令而放弃写稿或发稿。据不完全统计,南都每年未发出的深度报道约有10—20篇,多数并非因为稿件质量问题,而是因为不符合舆论导向的要求,与管理部门下达的宣传纪律相抵触。以2004—2005年的一些被禁稿件为例(见表5-5),黄金高、王廷江属于一段时间内比较敏感的新闻人物,海宁吕海翔死亡事件、广西钦州殡仪馆贩卖尸体、河南省副省长雇凶杀妻案等都是性质恶劣的负面题材,对地方政府的形象有所损害,这些都因宣传政策不允许而没能刊载。

表5-5 南都深度小组部分被禁稿件(2004—2005)

序号	标题	内容	采写时间
1	《海宁吕海翔死亡事件调查》	海宁人吕海翔死亡的原因	2004年7月
2	《连江县委书记黄金高》	黄金高在网上曝光、痛斥官场潜规则引起社会关注	2004年8月

续 表

序号	标　　题	内　　容	采写时间
3	《"10·20"矿难真相调查》	河南大平煤矿矿难	2004年11月
4	《光环背后的王廷江》	全国人大代表王廷江临沂机场打人事件	2005年3月
5	《冷血地下尸体交易链条》	广西钦州殡仪馆贩卖尸体调查	2005年3月
6	《河南副省长涉嫌雇凶杀妻》	河南省副省长雇凶杀妻案调查	2005年6月

面对管理部门的明确禁令，南都深度报道从业者必然要遵循和服从，"在过去深度的操作中，我们所坚持的政治智慧，去硬冲禁令的基本没有，跟它周旋的也不多"①。但是，这并不意味着编辑部完全处于消极、被动的位置，事实上，深度报道从业者总在有限空间中尽可能地寻求发稿的可能性，而且尽量将这种报道空间争取到最大可能。在深度报道的生产过程中，那些偏软、不易触及权力部门利益的报道，基本以常规、惯例的方式生产。一旦碰到敏感、重大的报道题材，针对每个个案，则呈现出比较典型的临场发挥特征。

"临场发挥"是学者潘忠党从传播社会学角度探讨中国新闻改革时提出的概念（潘忠党，1997：68—69）。他认为，新闻改革的实践中，由于目标不完整、环境不确定等因素，作为改革实践主体的媒介组织与管理部门会发生上下"商议"、寻求合作的实践过程，这种实践就是"临场发挥"的行为形式。"具体地说，就是新闻媒介单位分析自己面临的各种在改革中凸显出来的矛盾，根据各地、

---

① 访谈资料，南都深度小组主管 FSW。

各单位和某一行动所处的具体情况,决定与宏观管理机构'商议'的策略。这中间包括对现行新闻体制和市场经济的原则置于特定的场景,给予具体解释。"这个概念强调,"在改革过程中,探索是必然的,而探索的根本内容在于摆脱'常规化'实践框架的局限,试行一些'非常规'的或'创新'的实践"。他认为,这个概念也同样适用于分析新闻工作者从事新闻制作,处理与其他相关社会行动者的关系的行为方式。

南都深度报道生产中的这种临场发挥,主要体现在"敢"的主动意识和"善"的操作策略。一位深度记者以2003年9月关于刘涌案的报道为例。"他是东北的黑社会老大,被判死刑,引起全国关注。风险很大,但我们还是打算做这个案子,不从正面做,可以采访主辩护律师。这个律师也不只做这一个案子,但因这个案子遭受了很大非议。我去北京采访了他,回来后要发稿,编辑也上了版面。当天,值班领导要撤这个稿子,说太敏感,不让发,但主管深度领导坚持应该发。后来,我们对报道做了处理,还是见报了。没有正面提'刘涌案',只说'黑社会头子'等,篇幅有两个版,对话文字从6 000字减少到4 000字左右。"

编辑部处理敏感题材还有这样一个案例:2005年1月,一位深度记者到上海做关于拆迁的报道。"在静安和徐汇交界处有个小区叫麦其里,原来是租界,地段价格很昂贵,房子老是拆迁不了,后来拆迁公司晚上叫了帮人把汽油倒在钉子户的房上,全部烧着了,烧死两个老人。这个拆迁公司是徐汇区政府的全资集团公司。当时,做这种题目很危险。一则,拆迁的事情比较敏感,长期以来都是不准报的;二则,对上海稍有不慎容易惹火上身。好在案子已经破了,东方网发了300字左右的消息,领导觉得值得做。我担心太敏感,做了也发不了,他说不用担心,这个不是你考虑的问题。

要处罚也一定是罚我们领导,不惩罚你记者的。"①最终,这个稿子还是见报了。

在多次循环往复的临场发挥中,由于宣传政策内容本身叙述得不够明确,发布有一定规律可循,发布规定的过程需要时间等原因,南都编辑部摸索出一些可复制或可借鉴的方法:多数情况下试图规避宣传政策的约束,少数情况下敢冒较大风险进行突围。笔者试图将这些可复制、借鉴、循环使用的应对机制概括为"策略突围",其主要方式包括:

第一,推敲宣传要求的具体字眼,在模糊表达的字句中寻找可供"打擦边球"的余地。例如,"原则上不做报道"并非完全不可以做报道,"原则"是有弹性的,"不做文字报道"并没有说不可以做图片报道,"不宜炒作"其实很难界定何谓"炒作"。2005年黑龙江省沙兰小学洪灾事件,根据有关部门的通知,各地报纸不许做文字报道。《南方周末》有4篇稿子因此被撤,但南都却巧妙地采取了迂回策略,文字报道不让做,就做图片报道,于是以图片+文字的形式做了两个图片版。"②

第二,对发稿时机作预判,尽量赶在有关要求下发之前刊发报道,打时间差,抢占先机。例如,2004年南都做关于黄金高的报道,"我们为了抢在禁令之前把稿子做完、发掉,就非常抓紧时间。周六,深度记者鲍小东在网上看到'防弹书记黄金高'的消息,跟领导沟通选题后,马上赶到福州连江县去。周日下午6点多,我接到编委方三文的电话,就从深圳赶到广州,坐飞机去当地,晚上12点赶到福州,第二天上午6点赶到连江。周一下午4点做完采访,

---

① 访谈资料。这篇报道题为《上海麦其里拆迁区"1·9"纵火案调查》,发表于《南方都市报》2005年3月3日。

② 访谈资料。相关报道参见《沙兰碎片》,《南方都市报》2005年6月1日。

9点把稿子赶出来,传给编辑。10分钟后,编辑打电话给我,说稿子不能发,通知下来了"。虽然这篇稿子最终未能见报,但从业者抢时间的意识未改变,而且亦有效果。

第三,有关部门下发的通知要求一般只发不收,即发出禁令后不会再发收回禁令或停止禁令的通知,因此,经过一段时间,有些报道的发稿空间是可以再度挖掘的。例如灾难性报道的"热新闻、冷处理"方法,即有意回避新闻发生的热点时刻,过段时间后变换角度寻求新的发稿空间。"《重庆拆除城市'炸弹'》这篇报道①,其他同行媒体都在关注灾情本身,我们却关注导致灾情发生的深层原因,最后的落脚点不是做灾情的事件性报道,而是延伸去分析城市的工业规划。这样离新闻本身很远,距离禁令比较远,就可能可以做。"此外,2005年的四川猪肉事件,"也不能做直接报道,我们的记者去做了个养猪产业的调查报道,也发了出来"②。

来自政府部门的权力干预、宣传部门的纪律要求,是南都深度报道最直接、最经常受到的政治控制。这些政治因素对深度报道的控制不仅体现在日常化、机制化的宣传纪律、报道要求和政策公文上,还体现在一些没有明文规定却被从业者谨慎规避的敏感领域。比如,对军队的负面报道,对高官的舆论监督,对灾难性突发事件或大型恶性事故的报道。针对这些,深度报道从业者始终以事实原则为操作底线,坚持最大可能地发表报道,临场发挥是其新闻生产的特征,而策略突围则是其新闻生产面对政治控制进行主动协商的倾向,这种倾向在逐步常态化过程

---

① 《重庆拆除城市"炸弹"》发表于2004年4月26日,文章以重庆天原化工厂爆炸事件为新闻由头,但报道主要围绕该市解决城区污染难题、搬迁污染企业的模式展开。

② 龙志:《猪肉链球菌击中川猪产业软肋》,《南方都市报》2005年8月3日。

中,将使临场发挥的投机性减弱,策略突围的经验性和重复性增强。

有学者(孙五三,2004)通过分析市场转型期中国媒介批评报道的生产过程发现,"批评性报道的发展就本质而言是政府把媒介逐步转变成一种治理技术的过程","批评报道作为治理技术而以舆论监督名义出现,不仅为公众所接受,大多数媒介工作者和新闻学者也予以肯定"。应该说,作为一种治理技术的舆论监督总体上是符合传媒新闻实践总体特征的,但在南都深度报道的生产实践中,其发表的诸多重大报道(如"孙志刚事件"、"妞妞事件"报道等)都具有超越政府内部行政治理技术的特征,而真正带有媒体行使舆论监督的功能,其基础恰来自编辑部和从业者面对政治控制的相对自主性,本节概括的"策略突围"便是超越"治理技术"的具体方式。

有必要说明的是,"策略突围"的"策略"并非静态不变,"突围"结果也会因政策的收紧或放宽而有所差异,尤其在政治控制相对较严的敏感时期,深度报道从业者要非常审慎,这个时候突围的代价就会很大,自我审查的情况就会相对频繁。一位记者曾这样向笔者描绘南都深度的变化①:"2006年更强调文本,从2007—2008年开始更追求速度和事实清楚,对文本不太追求,一则因为善于文本的老记者相继离开,二则出于跟网络媒体和同行竞争,不少报道晚一两天就没市场了。此外,网络封杀的加剧,也使我们必须在速度上有所加强。"他认为,2007年是南都深度报道的一个分水岭,针对外部监管的加强(新闻禁令的限制、地方官员的批评),集团和报社出于安全办报的考虑,致使很多敏感的深度报道发不

---

① 访谈资料,南都深度小组记者YXB,2009年4月20日,电话。

出来,曾一度影响记者的工作积极性。

2008年4—5月,南都由于发表了一篇关于西藏问题的评论和上海大学某教授关于"天谴论"的观点,引起有关部门的批评和某些同行的攻击,这个阶段,报社管理层就需要暂时放弃策略突围而适度自我审查。4月6日,原计划要发一篇新疆反恐的稿件,晚上12点多,领导决定压下来;次日傍晚6点多,领导觉得可以发稿,编辑又对稿子进行删改处理;晚上10点左右又决定不能发,"理由是考虑到最近报社因为西藏的问题受到很多攻击,在新疆方面还是不要再节外生枝了"。于是,同一篇稿子连续两个晚上拼好了版又被撤,编辑对此发帖抱怨,报社管理层这样解释和安慰她:"在这时候,出于对时势的分析与把握,南都需要在四五月间一个相对平稳的阶段,若再成为各方'焦点'是非常不利的,由此我决定此稿不上……我想说的是,我们不是埋首于这座大楼里安然地在'南都'的名下办报,并没有享受什么'最惠国待遇'。"他认为,如果深度报道记者对基本的氛围、纪律、禁区都不了解,结果只会是让自己的空间更加狭小与无措。

因此,策略突围与其说是一种策略,不如说是一种意识,一种新闻生产过程中对真相的诉求和对自主性的维护。其实,策略本身是可以顺势而变的,暂时的自我审查只要不影响其立场和价值观,则并无大碍。

二、定位困惑:市场控制的间接影响

整体上看,报社市场利益和企业经济利益对南都深度报道没有直接压力,不会影响其新闻立场或报道倾向,但南都整体的市场化取向会对深度报道产生间接影响。

据实地观察,南都深度报道能够保持相当程度的中立和客观,绝少受到经济利益影响或报社经营部门的干预。从一个比较典型的例子中可见南都编辑部对深度报道这个品牌的珍惜,以及从业者在新闻实践中面对市场控制时的自主意识。2005 年,广州某知名房地产集团总裁当选全国劳模,该集团要求广州各报做大篇幅的专访宣传,多数报纸都满足了这家广告大客户的要求。"南都不想做得太难看,希望新闻性强点,想做个对话报道。我一开始联系该集团,对方不肯接受采访,建议根据素材编编算了,我说不成,必须见到本人。后来,联络了一个星期才答应接受采访。"记者为了把这篇带有很强公关色彩的稿子做得像新闻,选择了从当前比较热的房地产行业角度切入进行提问。稿件完成后,该集团要求审稿并指定要上 A1 叠,报社领导与该集团尽量做了沟通。"最后,我们的对话稿发在 A1 叠,但没用'对话'做版面名称,而用了个既像新闻又像广告的'专题'。他们集团审稿时加了很多吹嘘的话,从 4 000 字增加到 5 000 字左右,编辑也对此做了处理,改到 3 000 字左右才最终发表。"①

对报社经营部门和商业机构的宣传要求,南都深度报道从业者均有比较明显的排斥意识。与同行相比,南都编辑和营销部门的分离、独立操作的原则与抵制市场的意识更加鲜明。但是,由于缺乏制度保障,要做到真正意义上的采编独立、编营分离尚不现实。调研期间,笔者获悉编辑部的一次有限让步:"当时,我们做传销的系列报道,在重庆采访时调查过某直销公司。他们非常紧张,把情况报告给北京总部,总部马上跟广州分公司联系,广州这边通

---

① 访谈资料,南都深度小组记者 JYS,2005 年 7 月 19 日。此外,南都一位副总编辑向笔者谈起此事时曾经如是说:"他们的公关小姐要求做专访,刚好获得五一劳动奖章,也有个新闻点。我们直接毙掉了他们提供的通稿,广告部经理找我也没有办法。最后,我们做的报道我觉得还不错。他们要求用'对话'。'对话'是我们的品牌,怎么可能给他们用?但我们还是满足了他们做头版图片提示的要求。"访谈资料,2005 年 8 月 12 日。

过报社广告部想把整个稿子压掉。我们说,我们做的是非法传销,该公司不是合法的吗,有什么关系?广告部希望别提重庆分公司。后来,很多内幕的东西还是被删掉了,剩下是比较温和的。本来,我们写了重庆分公司做法上跟非法传销一样的手段,编辑做了处理,提得很少。好在去掉的东西跟文章的主旨关系不大。"①

从这两个例子可以看出,涉及广告大客户的要求,报社在经济利益上还是有所考虑的,但编辑部所做的让步有限,不会整体放弃和完全受制,只会在报道内容上做一些技术处理。

市场控制对南都深度报道的影响主要不是广告商的利益诉求,也不是报社经营部门的干预,而是报纸整体的市场化定位对深度报道供求关系内在矛盾的压力。从1995年诞生起,《南方都市报》就是一张充分面向市场、参与激烈竞争的报纸,深度报道作为其内容产品的重要组成,不可能漠视目标市场和读者的需要。何况,尊重和满足市场需要,既包含服务于报纸开拓市场的经济要求,也包含满足目标读者的阅读需求。于是,这种市场因素对深度报道生产的控制,造成其题材选择与读者需求之间的内在困惑:主攻调查形态的深度报道,多报道异地的负面题材,舆论监督的对象多是外省市的新闻事件,可是从新闻价值的接近性要求看,这些报道除非特别重大、轰动,否则对本地读者恐怕很难形成足够的关注度。

如曾负责深度的编委方三文所言:"做深度最大的困惑是,地方报纸的深度如何又能叫好还能叫座。"南都深度报道主要满足特定的读者群,他们总体上是珠三角地区的年轻人,有移民色彩,知识水平较高,视野比较开阔,对宏观的、政治的东西和社会的新概念、新现象感兴趣。此外,相较本地读者,移民更关心外地甚至外

---

① 访谈资料,南都深度小组某记者,2005年7月27日。

国的事情①。但在新闻生产的过程中,深度小组操作本地题材时容易和报社其他部门产生矛盾:本地新闻记者更容易在日常新闻报料中获取线索,采访操作和发稿速度更快,而深度记者没有渠道获取本地新闻线索,即便拿到线索,时间上也晚了很多——要么本地记者已经发了报道,要么新闻的时效性已经大大减弱。

作为一张以珠三角地区为主要发行覆盖区域的都市报,既要对国内其他地区发生的重大新闻做出快速反应,又必须充分考虑本地读者的阅读兴趣,这种报道视角上全国视野与区域性报纸本地定位之间的关系如何协调,让深度报道管理层感到比较苦恼。为此,他们必须想方设法,解决这种全国与本地的紧张关系,使之同样能够为报社读者规模的扩张、广告收入的增长服务:"我们曾设想,让深度记者去本地新闻部门轮岗,但操作起来比较麻烦,主要因为深度记者底薪高,让他到一线岗位上去不太愿意,没有成就感……相对较好的解决方式可能是把本地事件做大,本地的小事也可能做成大事。记者应该熟悉某些领域,对事情的前后脉络作判断。本地的东西做出来,影响不比一般报道小。"②深度小组对本地题材重视,就是报社整体市场定位对深度报道定位间接影响的体现。

三、专业认同:组织控制的主导力量

专业理念、考核体系、把关能力和职业精神等诸多要素,构成

---

① 访谈资料,南都原编委方三文,2005 年 8 月 9 日,广州。
② 访谈资料,南都区域新闻部深度小组负责人陆晖,2005 年 8 月 9 日。关于本地的事情做成深度报道,他曾向笔者举例:"我自己最近做了个丽江花园官司的报道,一是本地的事情,二是我关注和参与了好几年的事情。在官司发生之前,我已经做了些采访沟通。这样的事情,起码报纸当天在丽江花园销售一空,效果还是明显的。看报道的效果,我们一般有网上转载情况,如果上了新浪首页,可以理解成有一定影响力。"《丽江花园选战》一文发表于《南方都市报》2005 年 9 月 24 日。

了南都深度报道新闻生产至关重要的内部操作体系,这种内部控制因素决定着南都深度报道生产的基本范式。相对来说,外部的政治和商业因素起着整体性的控制作用,只有在特殊情况下才会产生直接影响,而在日常、惯例的深度报道生产过程中,编辑部内部的组织控制是每时每刻起决定的因素,这些因素在实践中会逐步内化成深度从业者相对固定的专业意识和生产惯习。如研究者(陆晔、俞卫东,2003:65)所言:"作为新闻生产的常态,通常是基于对新闻职业理念的认知共识,以专业社区控制的形态出现,而其他来自新闻编辑部外部的影响因素,则应该被专业社区通过上述有关职业理念的认知共识,尽可能地减小或排除在外。"

南都深度小组约有编辑、记者 10 人,从专业理念的角度看,他们对以《纽约时报》、《华盛顿邮报》等西方主流大报为代表的调查性报道比较认同,对西方深度报道的理念和技巧比较熟悉,在舆论监督的社会功能和深度报道的价值取向上都有相似看法。总体上看,这些深度报道从业者具有比较明显的新闻专业主义意识,在新闻生产过程中模仿西方记者的报道技巧、积极进行业务创新是大家共同的追求。深度小组负责人陆晖曾告诉笔者:"我们之所以不够好,是因为学得还不够。所以,我们的深度报道要向西方学习,学得越好也做得越好。"①在南都深度小组中,"专业"是业务讨论

---

① 访谈资料,南都区域新闻部深度小组负责人陆晖,2005 年 7 月 19 日,广州。他认为,深度小组向西方媒体可学习并进行改变的地方有三:第一,报道形态的改变。过去南都深度小组主要做调查性报道,今后要增加特写型新闻和解释性报道。第二,报道题材的改变。"报道领域和视野的拓展也有利于我们规避本地负面题材采写的难度,不要全部都做揭露性的东西,总是苦大仇深、叩问良心,这些要做,但不是全部。要关注现实社会变化,包括增加财富类、新生活方式等方面的报道。本来我们还计划做芙蓉姐姐,可惜政策不允许。"第三,报道文本的改变。"《南方都市报》的文本可以说是国内最好的,但距离更好还有差距。今后要在这方面探索,怎么把文章写得更好,要更注重细节描写、点面结合,把故事讲好。"

时经常挂在嘴上的词汇,在网络 BBS 中讨论稿件优劣时也经常以之为标准。由上文所述的面对政治控制的"策略突围"特征可见,南都深度报道从业者的专业认同中包含着强烈的自主意识、专业的报道技巧,体现出专业主义的"碎片"呈现及其成为从业者日益兴盛的话语体系(陆晔、潘忠党,2002)。

专业认同的主导力量在深度报道生产过程中有诸多体现。首先,从题材选择和价值立场上看,南都深度报道始终强调对公共利益的关注与维护。一个典型的例子是 2006 年龙志的《重庆彭水诗案》[①]获得"深度调查报道金奖"。获奖理由是:"彭水诗案揭开了中国人最委屈的隐痛:公民的言论自由被压制;彭水诗案的报道赢得了最完满的结局:舆论监督取得胜利。作为首发报道,难得采访细致全面、叙事平静从容,将巨大的荒谬书写在自然无声的日常生活里。"据执行总编辑庄慎之介绍[②],在讨论"年度新闻报道大奖"时,评委会曾有争议,最后之所以还是给了《重庆彭水诗案》一文,就是因为它报道的是言论自由这样一个关乎公共利益的重大题材。获奖理由是这样写的:

> 公民被剥夺言论自由,官员滥用国家暴力。个案虽小,却是中国人言论窒息的范例和政治生活的标本:既可以看到渗入基层的"统治"习惯,也可以触摸到内化于人心的深刻恐惧。这正是《南方都市报》长期关注、力求切入的命题。报道引起公众震动,带来案件转折,是舆论监督彻底胜利的经典案例。再次成为引爆舆论的首发媒体,《南方都市报》正在延续自己的光荣。

---

① 文章发表于《南方都市报》2006 年 10 月 19 日第 A17—18 版。
② 访谈资料,南都执行总编辑庄慎之,2007 年 1 月 2 日,广州。

其次,从生产过程中的职责分工和风险担当看,南都对自我审查采取尽量规避,对政治风险的防范采取把关上移的机制。由于深度报道比较容易触及权力部门的利益,具有较高的政策风险,深度报道管理层就需要给记者更多的精神支援,也需要具有承担风险的勇气和意识。

对此,深度小组的负责人曾说:"我们从来都强调,政治风险由我们来抗,编辑、记者不要自己设限。实际上,他们在长期实践中会形成一定的自我把关的惯性,但每到具体事件发生时还是有很强的新闻冲动,只要能做就尽量去做。"这番话从新闻生产与社会控制的角度可以有两层意思的解读:一则,在深度小组实践中,编辑主管具有主动承担风险的意识,这种理念和机制可以避免记者碰到敏感题材时进行自我审查——先行把关看是否能做、能发;反之,却鼓励他们突破限制、大胆实践,争取采写出更多有价值和有意义的深度报道。这种将风险意识和把握责任上移的做法符合整个区域新闻部新闻生产的基本要求。二则,如果经常因政治风险或违反宣传纪律而导致稿件被"毙",记者碰到敏感题材很容易自我设限,即先行把关看是否能做、能发。避免这种自我审查需要编辑主管不断强化把关上移的操作理念,便是贯彻落实合理的稿费补偿机制。

再次,这种具有专业认同的组织控制还有赖于薪酬考核体系的完善、编辑部民主氛围的建立、报社内部新闻同行的肯定等。在深度报道的新闻生产实践中,组织的文化氛围是很多记者看重的东西,管理层的品质、业务探讨的气氛等对他们都有重要的激励作用。

如一位深度记者所言:"很多媒体的深度记者经常会面临我们不可想象的东西。例如,老总跟采访对象勾结在一起压稿子,或者根本不愿意支持记者去做深度报道。"这也是他选择南都的重要理由。2003年,山西繁峙矿难报道事件中,新华社记者鄯宝红等因收贿赂而受到开除等处罚,南都深度小组曾在内部BBS上讨论此事:"这次被挂名的,除新华社记者外,都是些非市场化的、边缘小媒体的记者。他们的生存状态很特别,价值观和行为方式也和我们这些在市场化媒体待的人迥异。很多人也有新闻理想,但在那种环境和那种媒体,注定要受打击。整个报纸往往都在疯狂寻租,从社长到记者都在拉广告、订报纸、用批评报道敲诈勒索。这些人就生活在这样的人格裂变之中。我觉得,在媒体大整顿的大背景下,做一下这些记者的生存状态,做一下记者受贿事件,应该是很有意思的。"①南都深度记者在关注同行寻租式生存状态的同时,亦多少流露出一些对自己身在南都工作感觉到的归属感。

总体上看,专业认同在南都深度报道生产过程中发挥着约束和支援的双重功能。从约束的角度看,编辑部建立了一套深度报道操作的专业规范,包括操作理念、选题标准、文本要求等,从业者必须遵循这些规范进行新闻生产。而从支援的角度看,管理层的敢于担当、不断完善的考核体系、强调把关上移的职责分工等,有利于减少一线从业者的精神压力和职业焦虑,使他们能更加从容、坚定地采写深度报道。因此,由这些因素构成的组织控制是南都深度报道生产中最重要的主导因素。

四、默契协同:行业控制的支援功能

南都深度报道的生产中也会受到整个深度报道行业发展水平、生存状况的控制。整体上看,国内比较专注做深度报道且有影响力

---

① 参见帖子《为什么要做记者选题》,smiling电子小组—深度小组,2003年9月28日。

的媒体和栏目并不算多,电视以中央电视台《新闻调查》、《焦点访谈》为代表,期刊以《财经》、《新闻周刊》、《三联生活周刊》等主流财经、新闻类杂志为代表,报纸则包括《南方周末》、《中国青年报·冰点周刊》、《新京报·核心报道》、《21世纪经济报道》等不同类型的媒体或栏目。南都深度报道从业者与这些同行媒体之间有着良好而积极的互动和合作关系。在长期的新闻实践过程中,深度媒体同行间形成的相互支持、呼应的合作,虽然没有借助任何契约加以组织化或机制化,却在各自深度报道的生产中发挥着积极的效用。

具体到新闻生产的过程中,这种对行业资源的维系、开发和运用策略主要表现在:① 集体作战,出于对新闻价值的共同判断,在一段时间里对同一重大题材进行集中报道,以引起社会的共同关注,形成广泛的公众舆论;② 稿件转投,将本报无法发表的调查性报道,转交其他行政级别较高或更敢于突破宣传控制的媒体发表,以达到揭露真相的目的;③ 同行评价,当某一篇深度报道产生强烈社会反响、推动社会公正时,作为同行,在新闻圈内对作者给予积极赞誉和鼓励;④ 报道协助,在不影响本报利益的情况下,给其他报社的深度记者提供力所能及的帮助,或共享新闻素材,或帮忙寻找线人,这种情况在中央媒体与地方媒体的合作中比较常见;⑤ 舆论制造,《南方都市报》与新浪、网易等商业网站建立伙伴式合作关系,重大的调查报道正式见报前发给网站编辑,请其在首页转载,以引起关注。这种协作的主要目的是想借助同行媒体及网络媒体的影响力,以最快速度制造媒介事件,引起公众关注,引发社会舆论。笔者2004年8月在北京、广州等地调研时,不少深度报道从业者都曾强调这种同行间的默契、呼应与支援的重要性。例如,《新闻调查》制片人张洁介绍说,《财经》、《南方周末》等国内同行的调查性报道做得不错,《新闻调查》明确提出以调查性报道作为最高理念后也整合了一批报纸和杂志调查记者的资源,"提供消息,联动,最重要的是,精神上的支持和鼓励"①。

这些同行支援背后实际上是深度报道从业者和媒介组织对行业性社会资本的有效利用。关于社会资本,布尔迪厄(1997)将其界定为一种实际或潜在的资源集合体,它与一种体制化的关系网络密不可分。对特定的行动者来说,其占有的社会资本数量依赖于可以有效加以运用的联系网络的规模和大小,以及和他有联系的每个人以自己的权力所占有的各种资本数量的多寡。詹姆斯·S·科尔曼(1999)则认为,社会系统由"行动者"和"资源"两部分组成,行动者拥有某些资源,并有利益寓于其中……行动者为了实现各自利益相互进行各种交换,甚至单方面转让对资源的控制,形成了持续存在的社会关系。南都深度报道记者去异地进行调查采访,经常会碰到深度报道同行,而且采访中往往又需要得到当地同行的帮助,因此,新闻实践中容易结交大批的朋友、哥们或知己,从而在人脉关系中积累可供使用的社会资本。

社会资本由构成社会结构的各个要素所组成,为结构内部的个人行动提供便利。需要指出的是,社会资本的获取既与行动者社会交往的能动性有关,更与其在社会结构中所处的位置及背景密切相关。它"通过占据战略网络位置(location)或重要组织位置(position)的社会关系"而获得,是"行动者在行动中获取和使用的嵌入在社会网络中的资源"(林南,2006:26)。从这个角度看,南都深度记者具有比一般都市报记者更多的优势条件,可以帮助他们广泛获取社会资本,例如:报社具有的影响力和公信力赢得专家学者的信赖,从而更乐于接受记者的采访;南都深度小组通过"孙志刚案"、

---

① 访谈资料,中央电视台《新闻调查》制片人张洁,2004年8月,北京。

"彭水诗案"等一系列经典报道确立的大胆作风,让许多都市报同行钦佩和羡慕,也更乐意给他们提供报道协助。虽然南都在报业权力结构中只是省级报业集团中的处级子报,但其超百万发行量的市场规模和敢冒风险的业界口碑为其建立了行业内的结构性优势。

除了南都拥有的独特优势外,这种深度报道媒体之间社会资本的共享、新闻生产的协作亦有其具有普遍意义的行业成因:第一,与一般条线记者相比,深度记者具有较浓的理想主义色彩,单论新闻生产的精力投入和经济产出比较吃亏,而且其新闻实践往往具有高风险、高压力和高强度。因此,这个从业者群体容易产生惺惺相惜的感觉,更容易在情感上获得彼此的认同。第二,调查报道由于题材重大而敏感,尤其舆论监督类报道涉及权力部门的腐败或失当行为,容易引起采访对象的阻挠、干预,或者触犯管理部门的宣传纪律。在应对这些社会控制因素时,不同行政级别、不同组织文化的媒体有不同的抵抗能力和风险意识。深度报道从业者之间的合作,有利于实现对权力干预、政策管制的集体协商,以达到"众人拾柴火焰高"的正面效应。

立足于西方政治制度的有关研究,往往将社会资本视为推动社会民主的积极力量,如罗伯特·D·帕特南(2001)认为,作为社会组织的社会资本,诸如信任、规范和网络等,能够通过推动协调的行动来提高社会效率;弗朗西斯·福山(2002)也强调社会资本中信任的润滑作用。如前文总结的那样,这种社会资本的运用可以帮助深度报道从业者更灵活地与政治控制形成协商,更积极地突破限制去揭示真相,更快速地提高报道的社会关注度等。这种深度报道从业者对社会资本的运用策略,笔者试图用"默契协同"一词来加以阐释和概括。所谓"协同",有相互支持、共同协作的意思,包括共享新闻资源和操作经验,相互利用新闻平台发稿,或分担政治风险等行为。

这种协同虽然是可见的、可复制的,但又是无契约、非组织化、无固定机制的,因此,其并非依赖于媒介组织的官方约定,而更多依赖于从业者之间的精神共鸣,是一种靠默契来维持的生产实践。这种新闻生产不仅源于新闻操作对新闻价值普遍规律的遵循,也与彼此间扶持支援、共同造势的发展要求有着重要勾连。

可见,"默契协同"是深度报道从业者在新闻生产过程中不可或缺的外部支援因素,也是中国特定的舆论环境和新闻制度下从业者自发协作形成的行业控制特征。南都的深度报道生产充分见证了这种社会资本运用的力量:正是以《中国青年报》等为代表的同行媒体对"孙志刚事件"穷追不舍的连续报道,才与《南方都市报》一起形成报道热潮,促使公众高度关注并形成公众舆论;也正是《中国青年报》、《北京青年报》对"妞妞事件"率先发表评论和调查,一定程度上提前承担和分担了报道的政治风险,才更加坚定《南方都市报》发表《妞妞资产大起底》一文的决心。

当下,这种"默契协同"有两种值得关注的具体形式:一是不同类型媒体之间的相互协作,主要体现为报刊对网络、电视媒体传播优势的运用。例如《中国青年报·冰点》曾发表《世纪末的弥天大谎》一文,报道某省重大典型人物闵伟德事迹造假的真相[①]。文章出来后不久,某省主管部门组成调查组进行调查,"他们此行的目的就是要全面否定这篇报道"。《中国青年报》也立即组成调查组,再次赴事发地采访,途中碰到中央电视台《新闻调查》报道组。"电视的好处是,你无法否认,一切都在你面前,'原装的'。"后来,《中国青年报》因这篇报道惹上官司,《新闻调查》的片子在诉讼中发挥了显著作用,遗憾的是最后并未播出。另外,报纸的深度报道从业者也越

---

① 参见蔡平:《世纪末的弥天大谎》,《中国青年报》2000 年 3 月 22 日。

来越懂得利用网络媒体的BBS获取新闻线索,又利用网络媒体快速传播的特点,将报道转载从而迅速引起社会关注、激发公众舆论。二是不同行政级别媒体之间的相互协作,尤其是地方媒体对中央媒体政治资源和权威优势的利用。一些地方媒体深度记者将本报无法利用的新闻线索或报道提供给中央媒体的记者,或者在决定是否发稿时采取类似南都那样的观望姿态,等中央媒体率先报道后立即采取积极行动。不过,正是由于这种"默契协同"停留于"默契"层面,而非"机制"或"契约"层面,在整体上是无保障的、随机性的,需要依赖深度报道从业者的个体意识或临场发挥。

第五节 深度报道的多重意义

有学者认为,一种主流报道形式的出现总与这个时代人们更好地认识世界、改造世界的主流要求联系在一起。因此,深度报道产生和崛起的社会本质是在人类生活的社会化程度极大提高的背景下人们头脑中"文化地图"大面积失效造成的(喻国明,2005)[①]。通俗地说,深度报道有助于读者更有效地解读获悉信息背后的意义

---

① 所谓"文化地图",喻国明教授这样解释:是一种形象性的比喻,指的正是人们的头脑中为每一条外来信息进行价值"释义"的意义定位系统。它的客观有效性取决于外来信息的性质与人们已有经验(主要包括以人生阅历为代表的直接经验和以书本知识为代表的间接经验)的范围及其质量的耦合程度:当外来信息的性质在相当大的程度上落入人们的经验范围之内,且人们理解此类信息的经验结构的质量水平比较高时,人们化解这类信息客观意蕴的"释义"质量就比较高;反之,当外来信息在相当大的程度上超出了人们的经验范围,或者人们理解这类信息的经验结构的质量水平比较低时,人们对这类信息的"释义"质量就比较低,化解其客观意蕴的水平就差。参见喻国明:《深度报道:一种结构化的新闻操作方式》,中华传媒网,www.mediachina.net,2005年12月20日。

和价值,更准确、理性地认识所处的社会和时代。

中外新闻界深度报道兴起和发展的背景各不相同,在不同时代和情境中发挥的功能也各有差异。例如,在 20 世纪 70 年代的美国,调查性报道"不仅成为新闻界的重要报道方式,也成为维护社会公益的一种新兴力量";在 80 年代初的中国,"许多记者发现,使用深度报道的形式来开启民智,是一种符合中国国情的报道方法",这个时期的深度报道由于关注新体制、新观念,都带有很强的启蒙特征(杜骏飞、胡翼青,2002:78—82)。被誉为"深度报道之父"的《中国青年报》记者张建伟,也在定义深度报道时强调其"解惑"价值:"使日常获得的信息,通过深度开掘——不要试图寻找什么新闻,而要努力使新闻变得重要起来——变成'解惑性'的深度报道。"(转引自陈力丹,2005)

沃尔特·李普曼(1920)在《公众舆论》中曾这样区别"新闻"和"真相"的本质差别:新闻的功能在于告知大众事件的发生,陈述事件显现在外的一些事实;而真相的作用则在于揭露事件背后隐藏的事实,并将这些隐藏的事实连贯起来,呈现出现实的真正面貌,使人们可以知所反应。相对于一般的新闻报道形式,深度报道将事实置于关联因素、关系脉络中,揭示事件背后的原因、本质和趋势,能够给读者提供更加接近真相的真实信息,以及更加符合事件本质的意义解释。新闻报道的微观真实不等同于全面真实,全面平衡的报道必然超越细节真实的报道,能够更大程度地接近真相本身。深度报道所执着追求的恰是这种真相的力量,而真相对加速转型期的中国社会来说具有重要意义。

一、业务标杆:激励内部新闻从业者

作为南都新闻产品的业务标杆,深度报道体现了一流的业务水平,对报社其他部门的同事起着激励作用,有利于推动南都报人在业务上精益求精、更上层楼。深度版编辑卢斌曾这样评价深度小组在南都编辑部的示范效应:

> 都市报的经营主要依托本地新闻,而深度主要做异地题材,加上日报的读者可能对深度的长篇幅报道缺乏阅读的耐心,所以深度报道对报纸的广告发行经营情况来说并不重要,没什么立竿见影的效果。但如果从新闻业务操作的职业追求和对报社内外编辑、记者的激励角度看,深度的内容非常重要,它能帮助都市报赢得行业内的口碑和尊敬,促进报社内部编辑、记者新闻业务水平的提升。深度小组的报道从理念和技巧两个向度都能促进南都对社会公平、正义和客观的追求。①

笔者在南都调研时,曾听到这样的说法:原总编辑程益中曾说,南都最好的两个记者,一个是陈峰,一个是姜英爽,这两名记者都是深度小组的成员。而在与区域新闻部社会新闻组跑热线的一些记者交流时,他们也都不同程度地流露出对深度记者的尊敬和钦羡,偶然跟深度记者搭档出去采访,还会称呼他们为"老师"。从这些说法和细节中都可以看出,深度小组在编辑部场域内具有示范和激励作用。

二、新闻品质:体现报纸主流化转型

作为南都主流化转型的重要内容,深度报道极大地提升了《南方都市报》的新闻品质。一系列重大题材的深度报道相继在读者

---

① 访谈资料,南都区域新闻部编辑卢斌,2005年7月18日。

和社会中产生巨大反响,也为报社的品牌塑造、口碑提升和影响力扩大发挥着关键作用。

一般来说,都市报的新闻内容主要以社会、民生、娱乐、财经等新闻为主,强调可读性、市民性和娱乐性,报道体裁多以消息为主,题材多为本地社会新闻,有些格调不高的都市报甚至靠主攻煽情路线来赢得市场。南都创办前几年所走的另类路线也大体如此。多数都市报仍然缺乏对新闻的深度整合和挖掘,除了给读者快速提供大量信息之外,很难给读者提供有关重大新闻事件的意义解读。在这方面,深度报道恰能凭借其新闻深度的优势,改变都市报新闻过"软"的情况,实现"软硬适中"的内容平衡,在"快"的基础上强化"深"的优势。

如前文所述,在南都的发展历程中,深度报道是作为报纸改版、走主流路线的重要举措来推行的,而实际效果也恰好达到了报社的初衷——以"孙志刚事件"报道为标志和起点,南都的深度报道以其专业的操作水平为报社赢得了业界的高度赞誉、社会的广泛影响和强大的品牌效应。

三、同行借鉴:操作策略及精神鼓励

南都较早开始的深度报道日报化、常态化实践,包括在报道风格和考评体系方面的摸索,给同行,尤其是同类都市报的深度报道实践提供了可资借鉴的经验。更重要的是,南都深度所开创的一些报道先例和突破的报道空间,在精神层面给国内深度报道从业者以旗帜性的鼓舞和激励。

例如,由南方日报报业集团与光明日报报业集团合办的《新京报》,追求"一出生就风华正茂"。该报的深度报道栏目《核心报道》就与《南方都市报》深度报道有非常重要的精神勾连。"《新京

报》的深度报道脱胎于《南方都市报》的深度报道,但是又有自己的创新,"一位深度编辑在访谈中说,"在这个版块上,读者可以看到各种报道类型,如解释性报道、调查性报道、科技类报道,都有所涉及。报道的方式是比较多元化的,与西方优秀的新闻作品和国内优秀的新闻作品的标准是一致的"①。

较之于技术层面的经验借鉴,更重要的是南都深度报道历史上那些经典个案所产生的激励作用。仅从对"孙志刚事件"报道的无数评论和研究论文中就能看出,这种专业精神上的认同和钦佩可以让诸多从业者深受鼓舞。

四、真相揭示:积极推动社会不断进步

对转型社会来说,南都深度报道所刊发的一系列重大报道,或揭开了被遮蔽的事实真相,或促进了公共政策的完善或调整,或拓展了时政报道和舆论监督的空间,或通过对复杂问题的分析促进了公民意识的培育和公民文化的传播……总之,这些深度报道更大程度地满足了公众的知情权,更积极地促进了人们对社会的整体认知,更有力地推动了一些社会问题的解决和部分公权机构的善治。

深度报道的意义首先在于全面深刻地记录历史,其次在于影响当下的社会发展,记录是其基础功能,影响和促进则是其功能的提升。2005 年南都深度小组所做的专题策划"寻访抗战老兵"就是这种记录历史、记录真相功能的最佳体现。为纪念抗日战争胜利暨世界反法西斯胜利 60 周年,从 4 月到 8 月,南都深度记者分

---

① 参见《新闻报道要确保客观公正 最大限度逼近事实真相》,搜狐网,2005 年 11 月 11 日。

赴全国各地采访,连做了60期报道,记述了飞虎队员龙启明、谢晋元,八百壮士之一杨养正,台儿庄国军营长仵德厚等60名抗战老兵的命运,构成了一部个人化的口述抗战史①。一位南都记者曾感慨②:"搞深度报道,压力无处不在,但是归根结底,压力来自心灵的深处……我愿意尝试,乐于突破,并且有一点很重要,做深度报道在一定意义上能够见证中国历史的发展。我是全然认同这一点的。"在见证历史、记录历史的基础上,影响正在发生的历史,同样是深度报道不可忽视的社会功能,其对社会的积极意义已经无须赘言。

* * *

深度报道力图展现的是事实背后的意义,是社会的整体真实,从业者努力用报道来拼凑更加全面、真实的社会图景,从而向公众提供更加有意义、更接近真相的新闻。

通过本章对南都深度报道的生产实践分析可以发现,新闻生产与社会控制之间呈现的关系具有比较复杂的张力特征:政治控制以维护稳定为管理目标,在很大程度上限制了大量深度报道被披露,但也正是在这种局促的空间中,从业者的实践策略才更显可贵。市场控制虽然造成了地方性报纸深度报道中异地题材与本地读者间的定位困惑,但也发挥着某种积极的作用,例如借助市场影响建立起来的全国口碑及行业声誉,为深度报道从业者获取社会资本,进行跨地域、跨媒介的同行合作提供了基础条件。专业认同作为组织控制的主导力量依然在编辑部内部发挥着主导作用,而且,关注公权、把关上移、特殊薪酬等操作体系扎实、有效地推进深

---

① 参见曹雪萍:《本报抗战专题报道结集成书》,《新京报》2006年1月4日。
② 参见蒯威:《深度报道见证历史的进程》,《南方都市报》2003年8月2日。

度报道从业者专业水平的提升。同时,从业者对行业资源的挖掘、运用又切实开拓了深度报道的生产空间,强化了行业共同体的精神塑造。虽然"默契协同"背后缺乏正式的协作机制,但并不妨碍这种社会资本的运用给新闻生产带来的积极影响。

结语：专业生产与公共传播

行文至此，关于《南方都市报》编辑部场域的历史建构、结构特征、生产惯习及资本争夺等，我们似乎已经做了大体清楚的叙述和分析。然而，到底是什么因素造就了这样一份具有独特精神气质的都市报？这份报纸的生产实践和发展路径在整个中国都市报行业是特殊的还是具有普遍意义的？它的精神历程又能给转型社会当下的中国传媒以怎样的启示？经由这个个案的新闻生产社会学分析，我们对大众传媒在社会控制的张力格局下承担的传播责任可以有哪些期待？这些正是结语所需要尝试回答的问题。

显然，笔者针对南都编辑部个案进行的新闻生产社会学考察，是留有遗憾和不足的，比如：对一些重要报道个案生产过程的梳理尚停留于简单叙述，未能清晰地揭示出背后的控制框架和力量逻辑；"场域"概念包含的权力关系视野还没有真正渗透于各章所论述的问题中去；厚重描述与理论阐释之间存在一定的割裂感；等等。所有这些缺憾都只能有待后续研究来弥补。在结语中，笔者试图先简要分析《南方都市报》个案的普遍性及特殊性，然后将此个案放在新闻业各种现实资源聚合转换的情境中，重新审视南都式新闻生产的独特价值，最后再就现实语境下市场化传媒如何承担公共传播的责任作出思考。

一、南都场域的特殊性

对影响《南方都市报》新闻生产的各种控制因素进行考察后,我们必然要回到这样的追问上:归根结底是什么促成了南都的诞生与成长、起步与转型?南都的新闻实践特征哪些是普遍的,哪些又是独特的?探讨这些问题,必须重新回到本文研究的核心问题:编辑部新闻生产与社会控制的互动关系。前文所概括的南都主流化转型的实质、对不即不离关系的把握、探求真相的突围策略、时评的思想启蒙功能,在国内都市报的新闻实践中都具有相当的特殊性。由于这些特征是在与各种社会控制因素的互动中积累形成的,因此,我们可以从这些控制因素的特征(即这些因素构成的场域特征)来分析其新闻生产特征形成的根源。

1. 广东场域

倘若运用场域的视野来观照,从宏观的角度看,南都的新闻生产始终都是在转型中国的现实语境中进行,并以其编辑部内外部各种因素的强烈互动给社会以回应;而从中观的角度看,正是由广东(广州)特殊的政治场、经济场、文化场等构成的区域性场域,才给南都编辑部的新闻生产提供了最贴近、最直接的社会情境。如前文所述,决定新闻生产最直接的两层控制要素,一则来自外部的社会情境,二则来自组织自身的文化特征和价值规则。广东场域便是直接造就南都新闻生产实践特点的外部情境。

在《南方都市报》总编辑王春芙看来,正是广东场域的社会环境与南方报业集团的组织环境,给南都提供了不可替代的"土壤":南都没有什么奥秘,是广东这片改革开放的热土孵化了它,"思想开放、观念新潮、经济繁荣、文化发达、社会有序、领导开明,为《南方都市报》的成长提供了一个良好的环境"(南方都市报,

2004:3)。结合对一位广州资深报人的访谈,笔者将广东政治、经济、文化等场域的典型特征简略概括如下①。

(1) 政治空间更加宽容。

由于地理环境的特殊性,广东与外界交往频繁,接触外界信息非常便利,自古具有开放传统。

(2) 市场竞争温和有序。

广东人商业意识浓、包容性很强,"人与人的交往温和,不太讲究你死我活",比较注重良性竞争。由于走市场化道路,报纸需要不断扩版,增加采编和设备投入,报业利润率比较低,三大报业集团(南方日报报业集团、羊城晚报报业集团、广州日报报业集团)都意识到搞价格战会没有赢家,"台面上喝酒,台面下亮功夫","你有你的领域,我有我的领域,没有搞太过激的竞争……把水蓄起来才能养鱼"。

(3) 岭南文化兼收包容。

广东的文化开放、包容,而且重商业不重政治,"就算《江西日报》、《河南日报》在广东,也要改变风格"。特殊的文化氛围,加上特殊的政治、经济条件,给广东报业提供了特别环境。有学者(徐南铁,2004)将广东文化的特征概括为"兼收包容",认为"无论是对内还是对外,岭南文化都呈现出一种兼容的常态,以宽阔的胸怀拥抱南北来风,吸纳新鲜空气。它的兼收包容也浸润着一种世俗化的宽容精神。正是这种兼容的特性,使岭南文化从历代南迁的移民身上不断摄取营养"。笔者在南都访谈时发现,诸多编辑、记者之所以选择留在广东、留在南都,也恰是因为喜欢广东文化的这种包容。

---

① 访谈资料,羊城晚报报业集团 L××,2005 年 8 月 12 日,广州。

有学者(陈怀林、黄煜,1997:251)针对中国大陆报业发展呈现的非均衡化形态分析指出:"传媒所在地区经济发展水平的高低、传媒规模的大小、传媒性质的不同,都影响到传媒商业化发展的速度和程度。"与国内其他同类都市报相比,《南方都市报》有着独特的发展路径,这种独特性也恰是报业发展非均衡化的生动体现,而其产生的土壤恰是广东场域独特的政治、经济和文化条件。

然而,紧接着的问题是:虽然广东在全国报业环境中具有独特的场域特征,为何同一场域中有三大报业集团,唯独南方日报报业集团出了南都,而非羊城晚报报业集团或广州日报报业集团?总编辑王春芙向笔者强调,南都的发展也离不开南方报业集团的支持和南都自身的文化。"整个集团办报环境最好,不仅报纸结构合理,而且在各领域占领最高点,《南方都市报》、《南方周末》和《21世纪经济报道》都一样。为什么?跟整个集团对人才的培养和使用分不开。这里确实是一个施展才华的平台,一个发挥才能的地方。南都就是在这样一个集团企业文化中发展起来的。也正是有南方报业集团这样一个母体,南都才能顺利成长。"[①]在他看来,南都的模式能否被复制,要看是否具备这种天时、地利和人和。"像南方报业集团这样的办报环境,据我所知,其他集团未必就有。要兼具这些因素可能非常难。"

由此,广东特殊的社会环境与南方报业集团特殊的集团文化,构成了《南方都市报》编辑部新闻生产两大外部场域因素。前者属于社会结构层面,更多在政治控制因素方面发挥作用,而后者属于组织结构层面,更多在经济指标、经营策略等方面施加影响,都成为南都发展无可替代的外部因素。从这个角度看,南都的两大

---

① 访谈资料,南都总编辑王春芙,2005年8月10日,广州。

"地利"因素(广东和南方报业集团)都具有相当的特殊性,这种特殊性在国内其他区域或报业集团中基本是不可复制的。

2."人治"模式

如果说,对广东场域的分析有助于我们理解南都所处的结构性特征的话,那么,对其组织内部控制因素(编辑部价值观、从业者专业理念等)进行分析,则有助于我们理解内部场域的主要特征,以及外部结构与内部行动到底是如何发生关系和作用的。

笔者在《南方都市报》调研期间,绝大多数从业者都会强调前总编辑对南都的重要影响。这里头有很多偶然的原因,比如,为什么偏偏在广东,为什么偏偏在南方报业集团,为什么偏偏是这样一个没有任何背景、这样性格的报人,这些偶然因素能加起来促成一份报纸的成功,里头有必然因素。这个报纸的风格就是这个人的风格。因此,《南方都市报》的成功是无法复制的。

关于"地利"(广东和南方报业集团)与"人和"(南都核心层)对南都影响孰轻孰重的问题,"有很多内地报纸都来《南方都市报》取经,最后都有一个感慨:还是广东开明。我觉得这话不全然对。《南方都市报》之所以出现在广东,广东之所以有《南方都市报》这样的报纸,不能全部归于广东……广东的政府和上海的政府本质上没有任何区别,行政的能力和执政的水平完全都是一样的,差异的是我们这些被管理者是不同的,我们不停地扩大和探索这样(媒介与政府的互动)的可能性"①。在程益中看来,作为国有企业,南都的"人治"特征是毋庸置疑的。"成也人治,败也人治。其实企业即人嘛,人即企业,我个人感觉领导人与企业之间是互相被异化的过程:一方面,可能由于企业的观念和属性强加了领导人的某种特

---

① 访谈资料,南都原总编辑程益中,2005年8月8日,广州。

质,你必须要这样去做;另一方面,领导人的风格、个人的特点也赋予了企业的因素。这都是互相改变或被改变的一个过程。"

洪兵在考察《南方周末》时,编辑和记者再三向他提及主编江艺平,认为她代表着20世纪90年代后期《南方周末》"领导者所具有的人格力量和管理风格"。记者调查中受到恐吓时,她会通过私人关系寻求公安部门的协助。自己的同学到报社做说客时,她会鼓励记者继续调查、准备发稿。她在编辑部内部建立的业务民主氛围以及给记者的示范激励作用,很大程度上影响着这一时期《南方周末》的新闻生产实践(洪兵,2004:63—64)。

这些知名的新闻从业者在长期的新闻实践中,将自己的独特个性和专业理念融合于所主持的媒介或栏目中,体现出典型的"人治"模式。要探析这种从业者与媒介之间的密切关系,必须进行多角度的思考,例如:新闻作为一种特殊的知识生产过程和精神文化产品,本身就带有相当的个性化特征和不可复制性,这种本质上难以标准化、工业化的特征是其"人治"模式的产业规律基础;即使从一般企业的管理来看,鲜明组织文化的形成均离不开管理者的独特个性,由此,媒介组织的文化与总编辑的风格保持一致也是一种普遍现象;中国式的新闻生产面临宣传政策、经济控制等诸要素的社会控制,其中,尤以宣传部门和政府部门的权力控制不确定性较强,如何应对这种组织外复杂因素的变动,从业者的临场发挥或治理能力显得更为有效;作为国有企业,包括党报、晚报、都市报在内的中国传媒,内部治理方式均有较强的个人风格特点,其管理者拥有相对权威地位和强势决策能力,对组织目标、价值观和生产方式均有较大影响。

从这些角度思考,尤其从传媒业的宏观环境、制度特征和管理方式看,"人治"模式似乎具有相当的普遍性和规律性。但是,如果从《南方都市报》的微观实践看,"人治"模式在不同媒介呈现的新闻生产特征又是截然不同的。笔者认为,在对新闻生产的普遍规律、媒介组织的管理特征及中国传媒的现实语境进行分析后,必须将南都的"人治"模式置于从业者专业理念与媒介组织价值观、知识分子的精神情怀与转型社会关系的视野中加以考察。"人治"的根本在于"人",而具体到新闻人,从业者的职业精神和专业理念是其自我控制和诉求的核心动因。无论南都、《新闻调查》或者《南方周末》,这种从业者的自我控制在很大程度上决定其所在媒介新闻生产的价值取向和主要特征。

新闻从业者是知识分子群体的重要组成,知识分子与社会之间的关系也是无数学者思索不倦的命题。在复杂的知识分子图景中,新闻从业者的各自行动和表现是迥然相异的,南都前期总编辑等少数职业新闻人显然更具有专业理念和理想精神,他们更善于承担媒介社会效益与经济效益并举的双重使命,探求在有限空间内报道真相的策略,坚守传媒责任以服务于公共利益等。爱德华·W·萨义德(2002:17)认为:"知识分子是具有能力'向'(to)公众以及'为'(for)公众来代表、具现、表明讯息、观点、态度或意见的个人",他们"在扮演这个角色时必须意识到其处境就是公开提出令人尴尬的问题……其存在的理由就是代表所有那些惯常被遗忘或弃置不顾的人们和议题"。萨义德强调,知识分子"要在最能被听到的地方发表自己的意见,而且要能影响正在进行的实际过程",要"小心衡量不同的选择,择取正确的方式,然后明智地代表它,使其能实现最大的善并导致正确的改变"(爱德华·W·萨义德,2002:85—86)。中国的知识分子不可能独立于体制之外,当然也就不存在所谓对抗的可能,但在体制之内能够多大程度地说真话却因人而异。程益中领导的《南方都市报》通过"孙志刚事件"、"妞妞事件"及"非典"等重大事件报道,不断在体制内进行着"说真话"的尝试甚至冒险,这种选择正确方式、试图达成改变的实践体现了从业者的知识分子精神。

有学者在考察专业主义的本土呈现时指出:"中国新闻改革的话语场域集合了三个不同的传统:中国知识分子以办报启迪民心、针砭时政的传统,中国共产党'喉舌媒体'的传统,源自西方却被'本土化'了的独立商业媒体的传统。""在中国传媒改革的历程中,中国文人'先天下之忧而忧'的历史使命感、党的宣传工作的要求,以及西方的新闻专业理念和商海的诱惑,构成了中国新闻从业者内部错综复杂的内心冲动。"(陆晔、潘忠党,2005)笔者在访谈中发现,对于南都新闻人,党的宣传要求更多作为外在因素存在,传统知识分子的家国情怀和西方新闻专业理念更多作为自我控制因素发挥作用,这些因素融合而成造就其核心的价值观、新闻观,促使其在"人治"模式的新闻生产过程中不断实践。

3. 主流化转型

关于《南方都市报》向主流大报的转型,前文已经试图通过分析指出其实质所在:不仅寻求市场效益和经济规模的增长,提升报纸的竞争能力和战略地位,而且寻求报道事实真相的探底策略,承担公民意识培育的启蒙功能,维系"不即不离"独立判断角色。在笔者看来,相对国内其他都市报,南都的主流化转型既追求利润指标的最大化,也追求公共利益的最大化;既有相当浓厚的商业性,更有日渐明晰的公共性。这种双重目标的实践,尤其通过其深度、时评所张扬的责任感,恰是一般都市类报纸"小报大报化"转型所不具备的特质。这种特殊意义中包含着我们对媒介负责任的公共传播职能的期待,包含着媒介市场改革过程中对民主政治的促进,是广东场域与"人治"模式结合在特定时空情境中的特定产物。至少从其主流化转型的特征和结果看,这种实践在国内都市报业中具有相当的特殊性。

倘若要进而探讨这种主流都市报新闻实践的可复制性有多大,则必须要提及另一份与南都有着重要精神勾连的报纸——《新京报》。该报2003年11月11日由南方日报报业集团与光明日报集团在北京创办,"一出生就风华正茂",立志要做"负责报道一切"的主流都市报。在成立大会上,程益中曾将其风格概括为法制与敬业精神、负责任、积极稳健有见地、大气从容等(程益中,2003)。实践证明,这份新兴的都市报以高端、大气的风格快速在北京报业市场中站稳脚跟,短短一年时间完成3.8亿元广告额。更值得关注的是,除日常的时政新闻、国际新闻、文化新闻占大量报道篇幅外,该报的深度、时评与南都的新闻实践具有非常相似的形态。

曾任南都副总编辑、时任《新京报》总编辑杨斌这样强调两张报纸紧密的传承关系:"《南方都市报》对于《新京报》的孕育和成长所起到的决定性作用,是不可更改的铁的历史。《新京报》承载的,正是《南方都市报》延伸的声音和梦想……由于体制上的滞后和突如其来的磨难,使得《南方都市报》和《新京报》没有建构起非常重要的法律上的紧密联系。但我固执地认为,总有些东西,是冰冷的法律契约和可以量化的物质利益所永远无法取代的,这些东西,就是道义。我所理解的道,就是《南方都市报》和《新京报》有着最为共同的方向、最为共同的理念、最为共同的策略、最为共同的文化。我所理解的义,就是《南方都市报》和《新京报》有着最为共同的感情、最为共同的人脉、最为共同的故事、最为共同的话语。"(杨斌,2004)

二、南都式生产：负责任的公共传播

如笔者在第一章中所述，媒介社会学的三种研究取向（传播政治经济学、新闻生产社会学、文化研究）彼此之间并非割裂，而是始终紧密勾连、互动的。本书的研究视角集中于《南方都市报》编辑部，中心议题围绕南都新闻生产与社会控制的互动关系，这种相对中观的考察给我们认识其新闻实践的特征提供了有效路径。然而，思考南都主流化转型过程中可能承担的公共责任，总结其新闻生产的价值取向与社会功能，探求其在中国报业发展进程中的特殊或普遍意义，似乎都主要停留于"是什么"（what）和"为什么"（why）的层面。紧接着，便要追问"又怎么样"（so what）的问题，这便牵涉到本书研究的落脚点：这种针对报纸个案的新闻生产社会学考察，最终的价值归宿在哪里。C·赖特·米尔斯（2001：6，20）认为，社会学的想象力可以帮助我们区分"环境中的个人困扰"和"社会结构中的公众论题"，社会科学分析的基本特征是"关注历史中的社会结构；而且它的问题是与紧迫的公众论题和持续的人类困扰直接关联的"。

依此为据，本书中也必须包含能够抽离出来的公众论题。针对新闻生产社会学的研究路径，有学者（潘忠党，2005）认为，以前的考察"基本上没有放在民主发展的大背景下来考察新闻生产的，而我们今天已经面临这样的任务——必须放在民主发展的大背景下来研究新闻生产"。本书在对《南方都市报》个案考察的基础上，简要回顾市场、媒介与民主的复杂关系，继而结合中国传媒的现实语境，探讨都市报怎样更好地承担公共传播的责任。

1. 市场、媒介与民主

根据现代政治文明的观点，政府的决策必须代表和符合人民的利益和愿望,始终以实现公共福祉为己任,其行为要随时接受人民的监督。而人民要行使自身的民主权利必须通过各种途径,其中,大众传媒扮演着非常重要的功能和角色。从理想的角度看,肩负人民赋予使命的传媒,能够尽最大可能给人民提供表达的空间和平台,反映人民的普遍利益和诉求,报道和监督政府的行为、决策和信息。与这些媒体职责相对应的是人民接触和使用媒体的权利,如知情权、表达权等。

然而,大众传媒的这种民主功能在社会现实中总会受到无所不在的限制,其中,最重要的控制因素主要来自权力和市场两方面,其极端表现莫过于集权主义报刊理论所对应的封建社会对媒体的极端控制,以及社会责任论试图解决的媒体因过度自由、被市场控制的困扰。

由此,保持新闻媒体的自主性便成为诸多西方学者非常强调的关键,他们寄希望于媒体的独立能够促使其更好地扮演社会公器的角色和承担公共福祉的作用。例如,耶鲁大学教授欧文·M·费斯(2005:51—53)认为,有组织的新闻媒体(包括电视)是现代社会中发挥民主功能的最主要的机构……"如果没有一种强有力的自主措施,很难想象新闻媒体能否发挥它们的民主功能。"他继而结合美国的制度和传媒环境指出,美国新闻媒体的这种自主性既表现在经济的独立性方面,又表现在司法的自治性方面,"但还存在另外一些力量——最重要的是市场——它抑制了新闻媒体对公共问题的报道,可能使媒体无法履行其保持公共知情这一职责"。

美国学者詹姆斯·库兰(James Curran)理性而深刻地指出,过分强调媒介监督及对抗政治与过分追求媒介的自由市场均可能带来弊端。"媒介作为民主政体的看门狗这一概念是重要的,但是这并不能使新自由主义者所宣称的自由市场的体制合法化。市场压力会降低调查新闻的格调以迎合娱乐的需要,和公司的关系会抑制对公司权力的批评性监视。更重要的是,私有媒介的所有者会与那些掌权者结盟,或者与政府保持一种雇佣关系,对官方的违法行为三缄其口。"针对民主媒介体制的复杂要求,他做了如下概括(James Curran,2000:147—148):

> 一个民主的媒介体制,应该使人们能够探询、讨论并知晓他们自身利益的所在;应该能够培养某种局部的一致性(sectional solidarities),以强化那些对各种集体利益的有效表征来说是必不可少的组织功能;应该保有对政府和各种权力中心警觉的监督;应该给予那些弱小的、尚未组织化的利益集团各种保护和补偿的来源;应该为真正的社会协议或妥协创造条件,这些协议或妥协是建立在各种意见开放运作的基础之上,而不是某种由精英主导的、刻意的共识。

从具体的实践看,市场、媒介与民主在中西方不同语境、不同阶段所呈现的互动关系和结果是不断变化、迥然相异的。然而,其背后的力量体系和逻辑框架又是大致相仿的——决定大众传媒民主功能以何种形式体现、多大程度能发挥作用,就要看这些因素在互动中形成的力量格局。施拉姆曾经试图点出传播机构与社会控制的实质及其在不同制度情境中的差异表现(威尔伯·施拉姆等,1984:189):

> 基本的原则是,任何社会对它的传播机构所施加的控制都是从这个社会中产生出来并代表它的信仰与价值观的。苏联的制度是把它们纳入它的整个政治体制以便把它们像任何其他政治机构一样控制起来。非共产主义的专制制度采取的

是一种"包办代替"的观点,它通过对政府的限制和监督,也往往通过政府的所有权对媒介施加控制。美国的社会制度只行使最低限度的政治和政府的控制,同时通过私有制容许实施大量的经济控制。

在美国社会,施拉姆描述的经济控制问题正变得日益严重。尤其自1996年美国联邦通讯委员会(FCC)采取放松管制的新政策后,传媒市场的集团化、垄断化趋势快速加剧,再加上伊拉克战争后美国社会心理的整体保守趋向及政府利用战争对传媒的施压,都导致"对民主产生不利影响的现状"。心存担忧的赫伯特·甘斯这样描述美国新闻业面临的困境和问题:"他们对编辑部的控制权在弱化,地位下降,营销、广告和财务部门以客户或读者的名义加强了对编辑部的影响力;利润目标及预算控制压缩了新闻媒体及从业者的使命感和可能性,严肃节目开始走向娱乐与软性化,而政论谈话节目则是展现中间派与右派的观点,左派观点早已在电视上被迫销声匿迹……新闻的'量产'(mass-production)出自'效率'的追求,希望生产成本低但对读者有吸引力,又希望获利高且对广告客户有吸引力。这种形式不仅影响新闻媒体的自我定位,也导致新闻实务处处被动,受制于组织化的新闻来源,无法成为对民主政治与公共生活较有助益的'主动新闻业务'(active journalism),发微掘隐,贴近公民需求。"(转引自罗世宏,2005)

与美国新闻业中市场日益强化的控制功能不同的是,在中国,媒体的市场改革方兴未艾。自20世纪80年代初提出"事业属性,企业化运作"的总体原则后,中国传媒的市场化进程不断加快,纷纷走上依靠发行、广告经营自负盈亏的征途。1997年广州日报率先成立报业集团后,集团化改革又迅速在报业、广播电视业推进,而文化产业试点改革更从体制上尝试对传媒业进行分类定性、分类管理,以促使媒体获得制度松绑后更好地进行市场运营。根据制度的设计,我国媒体的产权均归国有,主要承担党和政府的"喉舌"功能,必须接受宣传部门和政府部门的领导。在中国新闻业当下的实践中,虽然政治因素仍居于主导地位,媒体在政治约束、市场导向、专业自觉和组织诉求的多重力量规制格局中,已经实质上呈现目标分化、形态复杂、功能多样等特征。伴随媒体市场化改革的深入,传媒类型多样化、发展目标多元化,市场发挥的作用日益凸显。

通过本节简要比较,我们不难发现,与美国新闻业不同,中国新闻业面临的挑战是,如何在多重权力因素的制约场域中更好地平衡传媒经济与社会效益的关系、"喉舌"功能与公共责任的关系。

2. 南都个案的张力特征

学者潘忠党(2005:121)认为,作为文本的新闻在各个社会都有,那只是形式而已。"新闻实践必须有灵魂,有其社会存在的理由,这灵魂存在于将新闻这种社会实践与民主体制相勾连,在于以新闻实践不断提升民主生活、健全民主体制。"在笔者对《南方都市报》的个案考察中,这种灵魂已然闪烁于从业者的话语表达中,体现于新闻生产的日常实践中,验证于其对社会的实际影响中。毋庸置疑的是,南都的新闻从业者拥有高度的专业自觉和价值诉求,这种精神的要核在于:如何在现实新闻场域的力量互动中,更大程度地实现媒体的民主功能。

通过对南都的新闻生产社会学考察,本书试图将其在市场、媒介与民主关系结构中呈现的张力,以及这种张力体现于其新闻生产的特征和功能概括为三个方面。

第一,作为传媒业发展的重要动因,市场确实可以在实践中体现出积极的、解放性的力量。在南都从诞生到成长再到强大的嬗变轨迹中,市场发挥着不同阶段的不同功能:早期,占领市场、摆脱亏损的欲求促使其选择煽情与"另类"路径;中期,逐渐盈利后能够通过不断改版、完善新闻品质;后来,在规模和效益快速增长的基础上,主动向主流转型,借助时评、深度、时政报道等严肃内容全面提升其对公共利益和社会民生的报道、阐释与影响功能。从《南方都市报》新闻生产的价值取向和实际影响看,市场的解放性力量正使其在"党-政府和市场"联姻控制舞台上,寻求和生长出相当的独立判断立场和公共责任意识。从整个传媒业态看,市场的积极介入和影响,使传媒获得了更大的报道空间和阐释社会的可能,更好地承担其公共传播的责任。从新闻生产与社会控制的关系看,也正是市场这个积极因素,与从业者的专业理念、公众与社会的利益诉求等因素交相融通,在与政治控制的不断互动中,才使得传媒告别单一控制的模式,走向多元控制模式,告别宣传本位的单一目标,走向"市场+宣传+公众"的多元目标。

第二,市场作为解放性的力量在不同的媒介组织的实践特征和功能发挥,必须有赖于特定的场域基础及从业者"人治"模式的协同。《南方都市报》在相当长时间里,都打上明显的程益中"烙印",这种"人治"模式也同样适用于总结孙玉胜负责的中央电视台《东方时空》、崔恩卿时期的《北京青年报》、江艺平时期的《南方周末》以及张洁主持下的《新闻调查》。这种"人治"模式背后既反映出传媒运营因缺乏法制约束而导致的管理权限模糊,更反映出中国特色新闻场域下新闻实践的典型特征。从这个角度看,"人治"并不意味着特殊性,反倒折射出规律性和普遍性。必须强调的是,这种从业者的理念与能力必须在特定场域中才能真正得以实践。倘若没有广东特殊政治、经济和文化等条件因素,南都编辑部组织的新闻生产就没有结构性的社会情境,南都揭示真相、报道民生、启蒙思想与影响社会的功能便没有真正的场域基础。

第三,市场虽然在整体上发挥着解放性的力量,在具体新闻生产和经营管理实践中则呈现出利弊共存的特点。从正功能看,有序的市场竞争有利于治理传媒业普遍存在的有偿新闻问题。自90年代开始,报业的市场改革不仅导致部分媒体的庸俗、煽情风格,也导致部分从业者利用新闻资源进行权力寻租,而最普遍的现象就是有偿新闻的泛滥始终难以遏制和解决。究其原因在于,报业改革过程中其曾经单一的宣传功能发生改变,信息告知的功能大大强化,加之企业公关传播的需求快速增加,媒介(从业者)与信源的卖方关系给从业者提供了利用新闻换取利益的空间。对如何防止记者受贿,南都一位编委曾给出自己的答案:"媒体市场化和相对独立化应该是根本出路,大量基于行政力量的媒体,既没有市场生存能力,也没有新闻发展空间,这是导致新闻寻租的根本原因。"南都和广东报业的实践证明,市场的相对完全竞争有助于媒介与信源的关系调整,除公关新闻外,时政、社会等领域信源成为各家报纸争夺的对象。这种情况下,信源有偿使用媒介版面的情况大为减少,有偿新闻牵涉的职业道德问题便在技术上得到较好解决。必须强调的是,《南方都市报》试图解决此问题的策略主要并非来自外部市场竞争,而更多来自编辑部确立的价值观和生产机制,仅从其对广州时政的条线改革便可管窥其独立判断和操作的新闻理念。

从市场对南都新闻生产的负功能看,主要体现在三个方面:首先,新闻报道风格上,容易导致媚俗倾向。这种倾向与南都早期的另类风格有所延续,主要针对报道风格而言。由于高度市场化,容易使都市报在争夺读者和广告过程中不择手段,在南京、成都等地主要表现在以价格战为代表的恶性竞争,而在广州主要表现在各家报纸生产社会新闻中的"生猛"取向,这个问题在南都、《信息时报》等身上体现得尤其突出。其次,广告经营策略上,无法杜绝短视的功利行为。作为一张市场化报纸,让南都抛开市场目标去谈公共责任或民主功能是不现实的。在国家工商总局曾经公布的违法广告中,南都被点名批评:"《南方都市报》1月13日B14版发布中大医院病毒疣、疱疹治疗中心医疗服务广告,违反医疗机构内设科室不得发布广告、不得发布治疗性病广告等禁止性规定,且多处违反医疗广告法律规定的内容。"(中国青年报,2006)再次,组织内部管理上,公司化运作导致归属感缺乏。南都虽然采取公司化的管理机制和运行模式,但本质上没有独立的法人地位,虽然属于事业型集团的下属子报,但绝大多数员工又无法享受事业单位的社会保障①,加之计件制的薪酬体系②、大规模的人员结构、科层化的管理结构、流水线式的采编流程,使其面临多数员工缺乏归属感和安全感的严峻考验。如一位编辑在访谈中向笔者抱怨:"目前,都市报计件式的工资确实存在缺陷。非集团编制的人底薪非

---

① 据笔者了解,南都聘用员工的类型有三种:一是只跟报社签约,临时合同,不跟集团签约,没有记者证,也没有社会保障;二是和集团签约,一年一签,无集团正式编制,但有连续签五年能转正的说法,没有医保,但有记者证;三是集团正式编制,享受相关待遇和社保,但在南都数量极少。总体来说,没有集团编制的员工主要差别在于没有记者证、无法享受年月累积的福利两方面。

② 《南方都市报》编辑部的考核制度整体上呈现出比较明显的计件制和惩罚制特点。计件制的薪金包括基本底薪和稿费。这种考核体系有很强的量化导向,主要靠"多劳多得,少劳少得"。2005年8月,笔者在南方都市报社调研时,主管区域新闻部的编委王钧正在草拟一项新的考评体系。据说新体系将把员工在南都工作时间长短、学历和能力状况等因素考虑在内,以期更加公平和科学。

常低,只有 800 元,其他都靠工作量(版面和稿费)。计件是必要的,但如何平衡计件与贡献之间的关系,需要改革。归根结底,每个人的福祉是最重要的,但这个报社既有机关的毛病,也有企业的毛病,集团编制内的人不用担心随时被炒鱿鱼,而非集团编制的人干得特别辛苦,却无法真正享受回报。从这点看,这个制度很残酷,报社也像一个残酷的企业。"[1]这种内部组织文化的缺陷具体体现在:基层新闻从业者习惯于将自己视为"新闻民工",把个人和报社的关系当成简单的劳资关系,对报社及新闻行业缺乏职业理想和职业归属,这种情况在很大程度上导致专业主义理念在基层的消解,容易对其公共传播责任的承载产生不利且深远的负面影响。

总体看来,这些关于市场对媒介新闻生产和运营管理的影响,是正负交错、彼此关联的。对有偿新闻的治理需要内部不断完善防范机制和形成专业新闻理念,对报道媚俗风格及违规经营行为的改变需要不断平衡采编与经营的关系,而如何实行科学化的企业管理,建立具有认同感的组织文化,则涉及集团体制乃至整个传媒制度的变革与创新。

3. 超越市场的传播责任

置身于中国报业发展的历史过程看,南都的主流化转型具有重要意义。这种转型不仅是经济的、市场的,更是政治的、公共性的,体现了报业改革过程中传媒社会功能的升级与转型。笔者认为,20 世纪 90 年代中后期,以晚报兴起为代表的报业改革,把报纸的功能从党报时代政府自上而下的喉舌宣传转变成群众自下而上的信息需求满足。而 21 世纪初,南都的主流化转型则以其报道

---

[1] 访谈资料,南都区域新闻部编辑 L×,2005 年 7 月 18 日,广州。

社会民生、揭示社会真相、实践思想启蒙、关注公共责任的实践，又使报纸的功能有可能超越喉舌宣传与信息满足，提升至公共传播责任的承担和公民社会的培育上来。这种都市报的主流化改革既延续了晚报改革所确立的自下而上满足群众信息需求的功能定位，又体现了都市报人某种自上而下（超越读者）的精英理念与启蒙诉求，是大众传媒在转型社会中更具公共性的传播实践。然而，放眼中国，跳开《南方都市报》这一"孤证"（《新京报》尚有待观望），这种更具公共性的新闻生产实践，在北京、上海、成都乃至其他地区都尚未出现。

我们对于大众传媒公共传播责任的寄望，始终无法脱离现实语境，传媒民主功能的实践也必然需要民主社会的基础。现代社会的自由民主理论发源于西方资产阶级革命对封建专制制度的批判，这场批判开始于16世纪，并最终在18世纪的法国大革命中达到巅峰，并由此确立了"自由、平等、博爱"的基本理念。自由民主的政治理论在实践中不断演变，从最初强调民主政府的确立逐步过渡到强调个人民主，使之不受国家侵犯。英国学者布赖恩·麦克奈尔（2005：17—18）把民主政体的特性归纳为立宪、民主参与和理性选择。在这种相对理想的设计中，民主直接体现为公民的参与公共事务的意识、理性作出选择的能力以及保证这种参与得以实现的合法化机制。他继而又把理想化民主社会中媒体的功能概括为五种：① 监控社会，即告知民众事实与真相；② 教育民众，即帮助他们了解新闻事实背后的意义；③ 公共平台，即给公众意见提供表达空间，促进公众舆论的形成；④ 监督政府，即让政府保持更大透明度；⑤ 政治讨论，必须保证不同政党在媒体中传播观点和进行讨论时做到晓畅无误和真实可信。民主政治假定了"一个开放的社会，所有的人民都可以参与决策,并能够接近媒体和其他存在政治辩论的信息网络"(布赖恩·麦克奈尔,2005:21—22)。

而另一些传播学者则将大众传媒应该发挥的公共职能概括为:① 出版自由,从历史的角度看,指不受政府的审查控制,也不受私人利益和私人权力的不良影响;② 平等和公正,即给予社会各种不同的声音以均等的表达机会;③ 社会秩序和团结,"即使最多元的民主也需要某种程度的意见与价值观的一致,公共传播对于建立和保持这种一致起着至关重要的作用",新闻有助于推动公共话语的形成(罗伯特·哈克特、赵月枝,2005:10)。无论哪种观点,都殊途同归地指向了媒介能够自由地记录和阐释社会、服务和维护公共利益。恰如美国学者詹姆士·W·凯里(James W. Carey)所强调的那样,新闻的目的"是理解,并通过这份理解,以人文关怀为尺度对现实生活作出批判,而且还要在此基础上促进社会的进步与改造,使我们的生活在新的境界上更接近人文价值的标准,其核心是人的自由、平等和尊严"(潘忠党,2005:111)。

虽然传媒理想化的公共传播责任,在现实语境中总因受到各种限制而打折或异化,然而,恰恰也是这些限制为新闻从业者和媒介自身通过有效互动去承担责任提供了潜在空间。本书以《南方都市报》为研究个案,以其新闻生产过程为研究重点,以编辑部场域为研究层次,考察了一份报纸与社会之间十年的互动过程。回过头看,这种新闻生产与社会控制关系的理论视角,正是试图为我们思考市场化传媒能否又如何承担公共传播责任所做的努力。

笔者认为,国内的都市报可以从南都个案中获得启示,在发展市场的过程中怎样超越市场,促进公共传播事业的形成,切实的行动路径至少包括:第一,坚守公共利益至上的原则,最大可能地对事实和真相负责,满足公众的知情权,承担传媒监控环境的基本职能；第二，维护不同阶层的权益，促进多元意见的表达，不仅将公众视为消费者，更将其视为公民，促进公民意识的培育、公民文化的传播和公民社会的形成；第三，以积极而理性的实践，探寻传媒与政府、市场之间的平衡关系，进一步服务国家治理现代化。

参 考 文 献

一、中文

[1] 艾晓明、许燕.媒体是公民社会透明度的一个标尺[EB/OL]. http://www.cc.org.cn/newcc/browwenzhang.php? articleid = 2536,2004-12-31.

[2] 曹锦清.黄河边的中国:一个学者对乡村社会的观察与思考[M].上海:上海文艺出版社,2003.

[3] 陈峰.我是这样采写《孙志刚之死》的[J].南方新闻研究,2003(9).

[4] 陈怀林、黄煜.论中国大陆报业的商业化与非均衡发展[C].陈韬文、朱立、潘忠党.大众传播与市场经济.香港:卢峰学会,1997:251—265.

[5] 陈怀林、陈韬文.鸟笼里的中国新闻自由[C].何舟、陈怀林主编.中国传媒新论.香港:太平洋世纪出版社有限公司,1998:50—63.

[6] 陈君聪.建立效益型报纸发行模式[J].当代传播,2002(1):66—69.

[7] 陈力丹.深度报道的深度与存在的问题[EB/OL].http://academic.mediachina.net/academic_zjlt_lw_view.jsp? id = 4493&peple = 4517,2005-12-2.

［8］陈韬文、黄煜、马杰伟、萧小穗、冯应谦.传媒的公共性是传媒研究的核心议题［J］.传播与社会,2009(8).

［9］陈向明.质的研究方法与社会科学研究［M］.北京：教育科学出版社,2000：7—9.

［10］陈阳.我国新闻生产的影响机制之研究——以妇女新闻为个案［J］.新闻与传播研究,2008(2)：71—77.

［11］陈云良.政府干预市场方法之批判［J］.新东方,2002(4)：19—23.

［12］陈志华.《孙志刚之死》的报道技巧及"孙志刚事件"的意义［J］.南方新闻研究,2003(9).

［13］程益中.过去是不存在的,只有未来——《南方都市报》执行总编辑程益中答问录［R］.广州：南方都市报社,2002.详见《〈南方都市报〉员工手册》.

［14］程益中.我们从哪里来？我们要到哪里去？我们现在怎么办？——在南方日报报业集团人力资源中心培训班上的演讲［R］.广州：南方都市报社,2003.

［15］程益中.我们到底要办一张什么样的报纸——程益中在新京报成立大会上的演讲［EB/OL］.http://www.people.com.cn/GB/14677/21965/22070/2187213.html,2003-11-13.

［16］大公网.新京报高层人士要求照常出报［EB/OL］.http://www.takungpao.com/news/05/12/31/ZM-505176.htm,2005-12-31.

［17］戴自更.从新京报看都市报和机关报融合趋势［EB/OL］.http://www.jhcm.com/article/image/article/299.html,2003-12-30.

［18］丁玲华.培养一代言论读者——以《南方都市报》时评版为例

[EB/OL]. http://www.chinatv-net.com/tv/cmw/info.jsp? id=0000023233&send=1&boardid=130&ctype=6,2004-1-6.

[19] 东方源.报业风云——南方都市报经营实录[M].北京:中国财政经济出版社,2002:11,221.

[20] 杜骏飞、胡翼青.深度报道原理[M].北京:新华出版社,2002:78—82.

[21] 杜骏飞、胡翼青.新闻深度:对深度报道的重新诠释[EB/OL]. http://www.zjol.com.cn/gb/node2/node26108/node27331/node30268/userobject15ai1827366.html,2003-9-10.

[22] 冯超.《南都周刊》正式创刊[EB/OL]. http://chinese.mediachina.net/index_news_view.jsp? id=80695,2006-3-1.

[23] 高宣扬.布迪厄的社会理论[M].上海:同济大学出版社,2006:139.

[24] 龚立堂.主流媒体·主流新闻·主流受众——论都市类报纸的转轨变型[J].新闻爱好者,2003(6):11—12.

[25] 郭小平、杨晓刚.新老传播媒体互动传播中的引导艺术——解读《南方都市报》"深圳,你被抛弃了吗?"大型系列报道[J].报刊之友,2003(3).

[26] 何雪峰.公众论坛:公民的"思想周会"[J].青年记者,2006(6月上):9—11.

[27] 何舟.从喉舌到党营舆论公司:中共党报的演化[C].何舟、陈怀林主编.中国传媒新论.香港:太平洋世纪出版社有限公司,1998:66—107.

[28] 何舟、陈怀林.中国传媒新论[M].香港:太平洋世纪出版社有限公司,1998.

[29] 洪兵.转型社会中的新闻生产——《南方周末》个案研究(1983

年—2001年）[D].上海：复旦大学,2004.
[30] 黄旦.新闻专业主义的建构与消解——对西方大众传播者研究历史的解读[J].新闻与传播研究,2002(2)：2—9.
[31] 黄旦.新闻传播学[M].杭州：浙江大学出版社,2003：84,87.
[32] 黄旦.传者图像：新闻专业主义的建构和消解[M].上海：复旦大学出版社,2005：187—208.
[33] 黄旦.导读：新闻与社会现实[C].[美] 盖伊·塔克曼.做新闻.北京：北京大学出版社,2008：1—29.
[34] 黄光玉.新闻产制专题研究课程大纲[R].台北：世新大学传播研究所,2001.
[35] 黄匡宇.铁肩道义写真情[N].南方都市报,2000-12-10.
[36] 黄匡宇.关注民生"揭开医托黑幕"及"深圳豆腐黑幕"报道点评[N].南方都市报,2001-7-16.
[37] 蒯威.深度报道见证历史的进程[N].南方都市报,2003-8-2.
[38] 姜英爽.写对话的一点心得（一）[EB/OL].http://www.yingshuang.com/prog/ShowDetail.asp?id=124,2003-11-14.
[39] 孔曦.惊闻"缺页事件"[EB/OL].http://news.eastday.com/eastday/news/node4472/node4506/node6691/node6694/userobject1ai638862.html,2004-11-9.
[40] 李大同.冰点故事[M].桂林：广西师范大学出版社,2005：368—372.
[41] 李海华.时评,一个报纸走向成熟的标志[C].南方都市报.八年.广州：南方日报出版社,2004：206.
[42] 李金铨.大众传播理论[M].台北：三民书局股份有限公司,2005：14,21—22,49,53—55.
[43] 李金铨、黄煜.中国传媒研究、学术风格及其它[J].媒介研究,

2004(3):31—45.

[44] 李金铨.文人论政:知识分子与报刊[M].桂林:广西师范大学出版社,2008.

[45] 李良荣.新闻学概论[M].上海:复旦大学出版社,2001:161.

[46] 李良荣.西方新闻事业概论(第二版)[M].上海:复旦大学出版社,2003:81,129,132,133—135.

[47] 李明.都市报"主流化"的现实动因及其困境[J].青年记者,2006(2).

[48] 李鹏、陈翔.华西都市报的三次理论创新[J].新闻战线,2002(6):66—69.

[49] 李鹏、陈翔.从"市民生活报"到"新市民生活报"——华西都市报市场定位调整的实践与思考[J].新闻记者,2004(9):24—26.

[50] 李书藏.《南方都市报》孙志刚案首次报道中的理性和自律成份分析[J].现代传播,2004(3):133—134.

[51] 李思坤."对话"开创全新文体[N].南方都市报,2002-3-10.

[52] 李文凯.南方都市报时评的理念与操作[EB/OL].http://club.news.sohu.com/read_art_sub.php?b=meitigc&a=464&allchildnum=2,2004-11-30.

[53] 李艳培.布尔迪厄场域理论研究综述[J].决策 & 信息,2008(6):137—178.

[54] 刘畅.忽视平衡意味忽视社会责任——阿星事件一些媒体报道反思[N].中国青年报,2005-7-18.

[55] 刘海龙.大众传播理论:范式与流派[M].北京:中国人民大学出版社,2008:405.

[56] 刘建明.解读主流媒体[J].新闻与写作,2004(4):3—5.

[57] 刘擎.当代中国知识场与公共论争的形态特征[C].许纪霖、罗岗等.启蒙的自我瓦解:1990年代以来中国思想文化界重大论争研究.长春:吉林出版集团有限公司,2007:251—279.

[58] 梁小民.固话月租费为何难以取消[N].南方都市报,2005-3-3.

[59] 龙应台.你可能不知道的台湾——观连宋访大陆有感[N].中国青年报,2005-5-25.

[60] 陆晔、俞卫东.传媒人的职业理想——2002上海新闻从业者调查报告之二[J].新闻记者,2003(2).

[61] 陆晔、俞卫东.社会转型过程中新闻生产的影响因素——2002上海新闻从业者调查报告之三[J].新闻记者,2003(3):64—67.

[62] 陆晔.权力与新闻生产过程[J].二十一世纪,2003(6)

[63] 陆晔.新闻生产过程中的权力实践形态研究[C].第二届中国传播学论坛.信息化进程中的传媒教育与研究.上海:复旦大学出版社,2003:96—107.

[64] 陆晔、潘忠党.成名的想象:中国社会转型过程中新闻从业者的专业主义话语建构[J].新闻学研究,2002(71):17—59.

[65] 罗建华."后都市报时代":向主流媒体演进[J].南方新闻研究,2004(4).

[66] 罗文辉.新闻记者选择消息来源的偏向[J].新闻学研究,1995:1—13.

[67] 罗世宏.共和的新闻想象:评介甘斯的《民主与新闻》[J].新闻学研究,2005(82)

[68] 南方都市报.八年[M].广州:南方日报出版社,2004.

[69] 欧阳明.深度报道写作与原理[M].武汉:武汉大学出版社,2004:9.

[70] 潘忠党.新闻改革与新闻体制的改造——我国新闻改革实践的传播社会学之探讨[J].新闻与传播研究,1997(3):62—99.

[71] 潘忠党."补偿网络":作为传播社会学研究的概念[J].国际新闻界,1997(3):34—46.

[72] 潘忠党.作为一种资源的"社会能见度"[J].新闻与传播研究,2003(10):12—14.

[73] 潘忠党、王永亮.潘忠党:学为问,学而知不足[EB/OL].http://www.people.com.cn/GB/14677/21965/22072/2330295.html,2004-2-10.

[74] 潘忠党.解读凯利·新闻教育·新闻与传播之别[C].张国良主编.中国传播学评论.上海:复旦大学出版社,2005:103—124.

[75] 潘忠党.传媒的公共性与中国传媒改革的再起步[J].传播与社会,2008(6):1—16.

[76] 芮必峰.政府、市场、媒体及其他——试论新闻生产中的社会权力[D].上海:复旦大学,2009.

[77] 邵建."公民写作"塑造现代公民[N].南方都市报,2005-3-5(3).

[78] 社会学概论编写组.社会学概论[M].北京:新华出版社,1993:309—338.

[79] 苏钥机.完全市场导向新闻学:《苹果日报》个案研究[C].陈韬文、朱立、潘忠党主编.大众传播与市场经济.香港:卢峰学会,1997:215—233.

[80] 孙玮.论都市报的公共性——以上海的都市报为例[J].新闻大学,2001(4):15—20.

[81] 孙玮.中国现代化进程中的都市报——都市报的产生及其实

质[J].新闻大学,2003(4):7—13.

[82] 孙玮.日常生活的政治——中国大陆通俗报纸的政治作为[R].昆明:2004年中国传播学论坛,2004.

[83] 孙玮.批判、整合或是操纵——论都市报的公共性[R].广西:2005年中国传播学论坛,2005.

[84] 孙玮.人类将会娱乐至死吗?——波兹曼《娱乐至死》引读[J].新闻记者,2005(10):64—67.

[85] 孙玮.现代中国的大众书写——都市报的生成、发展与转折[M].上海:复旦大学出版社,2006.

[86] 孙五三.批评报道作为治理技术——市场转型期媒介的政治—社会运作机制[C].全球信息化时代的华人传播研究:力量汇聚与学术创新,2004.

[87] 孙玉胜.十年——从改变电视的语态开始[M].北京:生活·读书·新知三联书店,2003.

[88] 孙志成.组织行为学[M].大连:东北财经大学出版社,2004:2—3.

[89] 童兵.试论中国都市报的第二次创业[J].新闻记者,2005(4).

[90] 童静蓉.中国语境下的新闻专业主义社会话语[J].传播与社会学刊(香港),2006(1):91—119.

[91] 涂光晋.新闻评论的历史性变迁[J].中国记者,2004(12).

[92] 吴飞.传播学研究的自主性反思[J].浙江大学学报(人文社会科学版),2009(3):121—128.

[93] 吴冠军.当代中国思想状况的话语分析——以"新自由主义"与"新左派"的诸种符号斗争为例[C].许纪霖、罗岗等.启蒙的自我瓦解:1990年代以来中国思想文化界重大论争研究.长春:吉林出版集团有限公司,2007:280—324.

［94］吴靖、云国强.新闻工作者的自我审查:社会控制的内化［J］.中国传媒报告,2005(3).

［95］吴麟.学人论政风范存——《大公报》"星期论文"编辑经验探析［EB/OL］.http://academic.mediachina.net/xsjd_view.jsp?id=2082,2005-10-17.

［96］汪凯.转型中国:媒体、民意与公共政策［M］.上海:复旦大学出版社,2005:21.

［97］谢晓.南方报,我的青春我的家［C］.南方日报报业集团.南方之光——南方日报创刊55周年纪念文集.广州:南方日报出版社,2004:241—244.

［98］新华社"舆论引导有效性和影响力"课题组.主流媒体如何增强舆论引导有效性和影响力之一:主流媒体判断标准和基本评价［J］.中国记者,2004(1):10—11.

［99］新京报.发刊词——责任感使我们出类拔萃［N］.新京报,2003-11-11(1).

［100］许纪霖、罗岗等.启蒙的自我瓦解:1990年代以来中国思想文化界重大论争研究［M］.长春:吉林出版集团有限公司,2007.

［101］徐南铁.多元汇通、气象开阔:岭南文化的兼容特征和现代性审视［EB/OL］.http://www.yuehaifeng.com.cn/Chief/xnt-20a.htm,2004-7-17.

［102］杨斌.在南方都市报创日报8周年内部庆典晚会上的讲话［R］.广州:南方都市报创日报8周年内部庆典晚会,2004.

［103］殷晓蓉.战后美国传播学的理论发展——经验主义和批判学派的视域及其比较［M］.上海:复旦大学出版社,2000:143.

［104］喻国明.关于传媒影响力的诠释——对传媒产业本质的一

种探讨[J].新闻战线,2003(6):24—27.

[105] 喻国明.变革传媒——解析中国传媒转型问题[M].北京:华夏出版社,2005.

[106] 喻国明.深度报道:一种结构化的新闻操作方式[EB/OL].http://academic.mediachina.net/academic_zjlt_lw_view.jsp?id=4081,2005-12-20.

[107] 臧国仁.新闻媒体与消息来源——媒介框架与真实建构之论述[M].台北:三民书局股份有限公司,1999:6,333.

[108] 展江.中国社会转型的守望者——新世纪新闻舆论监督的语境与实践[M].北京:中国海关出版社,2002:1.

[109] 张丹萍.重点版的任务在于及时出击[N].南方都市报,2003-8-2.

[110] 张志安.传媒与公共领域——读哈贝马斯《公共领域的结构转型》[EB/OL].http://www.gongfa.com/gonggonglingyuchuanmei.htm,2002-5-30.

[111] 张志安.中美深度报道的差异[J].青年记者,2005(8):55—56.

[112] 张志安、瞿旭晟.公共表达的实践——《南方都市报》时评版分析[R].广西:2005年中国传播学论坛,2005.

[113] 张志安、瞿旭晟.试论都市报的主流化——兼评《南方都市报》的转型[R].上海:2005年中国新闻传播学科研究生学术论坛,2005.

[114] 张志安.编辑部场域中的新闻生产——《南方都市报》个案研究(1995—2005)[D].上海:复旦大学,2006.

[115] 张志安.30年深度报道轨迹的回望与反思[J].新闻记者,2008(10):22—24.

[116] 张志安.新闻生产与社会控制的张力呈现:对南都深度报道的个案分析[C].新闻与传播评论.武汉:武汉大学出版社,2008(12):165—173.

[117] 赵治国.国内晚报都市报角逐时评版[EB/OL].http://chinese.mediachina.net/index_news_view.jsp?id=68150,2004-3-19.

[118] 中国青年报.工商总局公布10种电视报纸违法广告[N].中国青年报,2006-3-3.

[119] 周胜林.论主流媒体[J].新闻界,2001(6):11—12.

[120] 庄慎之.《南方都市报》主编庄慎之作客新浪聊天实录[EB/OL].http://tech.sina.com.cn/me/media/gc/2004-01-06/1527278299.shtml,2004-1-6.

[121] 朱健国."时评热"与"民主泡沫"[EB/OL].http://www.cc.org.cn/old/pingtai/030312300/0303123019.htm,2003-3-12.

[122] 朱学勤.1998:自由主义学理的言说[C].朱学勤.书斋里的革命.长春:长春出版社,1999.

[123] 曾丽红.浅析新闻评论的平民化趋势——以南方都市报"时评"版为例[J].新闻与写作,2004(8):12—14.

[124] 曾文琼.永远当一名负责任的记者[C].南方日报报业集团.南方之光——南方日报创刊55周年纪念文集.广州:南方日报出版社,2004:238—240.

[125] [德]哈贝马斯,曹卫东、王晓珏、刘北成、宋伟杰/译.公共领域的结构转型[M].上海:学林出版社,1999.

[126] [德]马克斯·韦伯.社会学的基本概念[M].桂林:广西师范大学出版社,2005:64—67.

[127] [法]布尔迪厄,包亚明/译.文化资本与社会炼金术——布尔

迪厄访谈录[M].上海:上海人民出版社,1997:143—144,202.

[128] [法]皮埃尔·布迪厄、[美]华康德,李猛、李康/译.实践与反思:反思社会学导引[M].北京:中央编译出版社,1998.

[129] [法]皮埃尔·布尔迪厄,许钧/译.关于电视[M].沈阳:辽宁教育出版社,2000.

[130] [法]布迪厄,蒋梓骅/译.实践感[M].南京:译林出版社,2003.

[131] [法]皮埃尔·布尔迪厄,谭立德/译.实践理性:关于行为理论[M].北京:生活·读书·新知三联书店,2007.

[132] [加]罗伯特·哈克特、赵月枝.维系民主?西方政治与新闻客观性[M].北京:清华大学出版社,2005:7.

[133] [美]爱德华·W.萨义德,单德兴/译.知识分子论[M].北京:生活·读书·新知三联书店,2002:17,85—86.

[134] [美]艾尔·巴比,邱泽奇/译.社会研究方法[M].北京:华夏出版社,2000:359—361.

[135] [美]Bernard Roshco,姜雪影/译.制作新闻[M].台北:远流出版事业股份有限公司,1994:11—14.

[136] [美]C·赖特·米尔斯,陈强、张永强/译.社会学的想象力[M].北京:生活·读书·新知三联书店,2001:6,20.

[137] [美]戴维·斯沃茨,陶东风/译.文化与权力:布尔迪厄的社会学[M].上海:上海译文出版社,2006.

[138] [美]David M. Fetterman,赖文福/译.民族志学[M].台北:弘智文化事业有限公司,2000:26—27.

[139] [美]盖伊·塔奇曼(Gaye Tuchman),麻争旗、刘笑盈、徐扬/译.做新闻(Making News)[M].北京:华夏出版社,2008.

[140] [美]罗德尼·本森,韩纲/译.比较语境中的场域理论:媒介研究的新范式[J].新闻与传播研究,2003(1):2—23.

[141] [美]罗杰斯,殷晓蓉/译.传播学史[M].上海:上海译文出版社,2002:248.

[142] [美]罗伯特·K·默顿(Merton R. K.),唐少杰、齐心等/译.社会理论和社会结构[M].南京:译林出版社,2006.

[143] [美]迈克尔·舒德森.新闻生产社会学[C].[英]詹姆斯·库兰、[美]米切尔·古尔维奇.大众媒介与社会.北京:华夏出版社,2006:164—187.

[144] [美]迈克尔·舒德森,常江/译.发掘新闻——美国报业的社会史[M].北京:北京大学出版社,2009.

[145] [美]尼尔·波兹曼,章艳/译.娱乐至死[M].桂林:广西师范大学出版社,2004.

[146] [美]欧文·M·费斯,刘擎、殷莹/译.言论自由的反讽[M].北京:新星出版社,2005:51—53.

[147] [美]威廉·C·盖恩斯,刘波、翁昌寿/译.调查性报道(第二版)[M].北京:中国人民大学出版社,2005:1.

[148] [美]威尔伯·施拉姆、威廉·波特等,陈亮、周立方、李启/译.传播学概论[M].北京:新华出版社,1984:189.

[149] [美]沃纳·塞佛林、小詹姆斯·坦卡德,郭镇之/主译.传播理论——起源、方法与应用[M].北京:华夏出版社,2000:360—361,365.

[150] [美]沃尔特·李普曼,阎克文、江红/译.公众舆论[M].上海:上海人民出版社,2002.

[151] [美]托德·吉特林(Gitlin Todd),张锐/译,胡正荣/校.新左派运动的媒介镜像[M].北京:华夏出版社,2007.

[152] [英]奥利弗·博伊德-巴雷特、克里斯·纽博尔德,汪凯、刘晓红/译.媒介研究的进路——经典文献读本[M].北京:新华出版社,2004:333—339.

[153] [英]安东尼·吉登斯,李康/译.社会的构成:结构化理论大纲[M].北京:生活·读书·新知三联书店,1998:213—216.

[154] [英]布赖恩·麦克奈尔,殷祺/译.政治传播学引论[M].北京:新华出版社,2005.

[155] [英]丹尼斯·麦奎尔、[瑞典]斯文·温德尔,祝建华、武伟/译.大众传播模式论[M].上海:上海译文出版社,1997:47—49.

[156] [英]戴维·巴特勒,赵伯英、孟春/译.媒介社会学[M].北京:社会科学文献出版社,1989.

[157] [英]约翰·基恩,邰继红、刘士军等/译.媒体与民主[M].北京:社会科学文献出版社,2003.

[158] [英]詹姆斯·库兰,[美]米切尔·古尔维奇,杨击/译.大众媒介与社会[M].北京:华夏出版社,2006.

[159] 詹姆斯·S·科尔曼.社会理论的基础[M].社会科学文献出版社,1999:28—29.

[160] 林南,张磊/译.社会资本——关于社会结构与行动的理论[M].上海:上海人民出版社,2006:24.

[161] 罗伯特·D·帕特南,王列、赖海榕/译.使民主运转起来:现代意大利的公民传统[M].南昌:江西人民出版社,2001.

[162] 弗朗西斯·福山,刘榜离等/译.大分裂:人类本性与社会秩序的重建[M].北京:中国社会科学出版社,2002.

二、英文

[1] Bennett, W. L., Gressett, L., & Haltom, W. (1985). Repairing

the News: A Case Study of the News Paradigm. *Journal of Communication*, 35, 50-68.

[2] Doug Underwood (1995). *When MBAs Rule the Newsroom: How the Marketers and Managers Are Reshaping Today's Media*, New York: Columbia university press.

[3] Gaye Tuchman (1978). *Making News: A Study in the Construction of Reality*, New York: The Free Press, 12.

[4] Harold Lasswell (1948). *The Structure and Function of Communication in Society*, In Lyman Bryson, the *Communication of Ideas*, New York: Harper and Row.

[5] Herbert J. Gans (1979). *Deciding What's News: A Study of CBS Evening News, NBC Nightly News, Newsweek, and Time*. New York: Vintage, 39-53.

[6] James Curran & Michael Gurevitch (2000). *Mass Media and Society*, London: Oxford Universtiy Press Inc, 120-154, 177.

[7] Jeremy Tunstall (1971). *Journalists at Work*, London: Sage Publications Inc, 6.

[8] Michael Schudson (2000). The Sociology of News Production Revisited (Again), In James Curran & Michael Gurevitch, *Mass Media and Society*, London: Oxford University Press Inc, 175-200.

[9] Peter Golding & Graham Murdock (2000). Culture, Communications and Political Economy, In James Curran & Michael Gurevitch, *Mass Media and Society*, London: Oxford University Press Inc, 175-200.

[10] Pierre Bourdieu(2005). The political Field, the Social Science

Field, and the Journalistic Field, In Rodney Benson & Erik Neveu, *Bourdieu and the Journalistic Field*, Malden: Polity Press, 29-46.

[11] Robert E. Park (1940). News as a Form of Knowledge: A Chapter in the Sociology of Knowledge, In Howard Tumber, *News: A Reader*, London: Oxford University Press Inc, 11-15.

[12] Rodney Benson & Erik Neveu (2005). *Bourdieu and the Journalistic Field*, Malden: Polity Press.

[13] Warren Breed (1955). Social Control in the Newsroom: A Functional Analysis, In Howard Tumber, *News: A Reader*, London: Oxford University Press Inc, 79-84.

[14] White, David Manning (1950). The "gate keeper": A Case Study in the Selection of News, *Journalism Quarterly*, 24: 383-390.

后　　记

一、博士论文交稿后记

在复旦读书近十载，原打算用这篇博士论文来给自己的学生时代画上句号，等到在电脑前敲完结语才发现，心里满是问号。只能自我打气，权把这篇论文当作起点，重新上路，继续征途。

在学术之路上，很多人给我不吝关爱：导师李良荣教授恩情似海、绵延终生，许多亲人般（学术上真正值得亲近的人）的师长共享资料、无私指教，还有诸多同窗知己、同道中人、亲朋好友提供帮助、给予支持。对这些，无以回报，仅勉励自己探寻自由与真理的步伐走得更坚定和踏实些。

因为某些顾虑，书中隐匿了多位《南方都市报》从业者的身份和姓名，虽然他们的面孔是模糊的，但蹚出的脚印却是清晰的。从事实到真相的抵达过程，始终充满突围与妥协、激情与迷惘。在职业新闻人承载责任、彰显良知的征途上，我们所能尽的微薄之力便是真诚地鼓与呼，勤勉地思与行。

2006年5月，复旦大学

二、博士论文出版后记

这是一本迟来的书，因为个人精力，答辩完成、拿到学位后，没有第一时间交给出版社。之后十多年间，整个中国媒体生态发生重大变化,《南方都市报》所处的环境、自身的定位和媒介组织的文化都发生了巨大改变,要想做跟踪和深入研究,得重新写一本新书。

现在拿出来的这个版本,没有大刀阔斧的改动,基本上是原汁原味的博士论文。2009 年 9 月,我结合南都的发展动态做过一些情况更新和理论补充,目前版本的时间节点就截止于十年前的那次最后增补。用今天的学术标准去审视,的确存在不少遗憾,还原到当年的知识场景中,有一些青春的冒险和尝试的勇气。

比较忠实地呈现原版,至少可以有三点教训或启示可供读者参考:一则,博士论文是一个学者求学路上最重要的起步和见证,必须筚路蓝缕、殚精竭虑,若非全力以赴,必然留下遗憾。二则,博士论文的出版,还是要趁热打铁,否则越拖越难,时间越久,回过头看,越觉得粗粝。这是成长的反思,也是成熟的无奈。三则,针对中国媒体的实证研究,面临着社会转型和技术革命的双重不确定性,需要研究者有持之以恒的热情和坚持不懈的执着。

2019 年 9 月,中山大学

图书在版编目(CIP)数据

编辑部场域中的新闻生产:基于《南方都市报》的研究/张志安著. —上海:复旦大学出版社,2019.12
(新闻传播学术原创系列)
ISBN 978-7-309-14758-2

Ⅰ.①编… Ⅱ.①张… Ⅲ.①新闻工作-研究-中国 Ⅳ.①G219.2

中国版本图书馆 CIP 数据核字(2019)第 255052 号

编辑部场域中的新闻生产:基于《南方都市报》的研究
张志安 著
责任编辑/朱安奇

复旦大学出版社有限公司出版发行
上海市国权路 579 号 邮编:200433
网址:fupnet@ fudanpress.com   http://www.fudanpress.com
门市零售:86-21-65642857   团体订购:86-21-65118853
外埠邮购:86-21-65109143
上海崇明裕安印刷厂

开本 890×1240 1/32 印张 10.75 字数 237 千
2019 年 12 月第 1 版第 1 次印刷

ISBN 978-7-309-14758-2/G·2052
定价:42.00 元

如有印装质量问题,请向复旦大学出版社有限公司发行部调换。
版权所有   侵权必究